教師の
Excel
Excel for Teachers

校務（個人業務＋チーム業務）カイゼン
のためのデジタルリテラシー

［著者］
久保 栄

［監修者］
大村 あつし

技術評論社

JN026027

はじめに

　私は現在、ITエンジニアとしてシステムの開発・改修やICT支援等を生業にしていますが、転身前は関東のとある教育機関に20年以上勤務していました。教育現場に身を置いた時間が長かったことから、「学校の組織体系」「学校の文化」「先生方を取り巻く環境」「先生方の属性」といった現場の状況や課題を、身をもって体験してきました。その中で感じた大きな課題は、先生方の多様で守備範囲の広い業務とその量の多さです。

　同時に、ICT化が進む現場で「Excelの基本的な操作、データに関する簡単なルールの共有、そしてチーム作業の円滑化」といったデジタルリテラシーの課題も目の当たりにしてきました。

　教育現場の多様な業務に対する声は各所で上がっており、実際に新聞やオンラインの記事、ニュースで取り上げられるなど、社会的にも注目されています。また、近年、文部科学省の企画である「教師のバトンプロジェクト」には、現役教師の疲弊した声があふれています。

　教師にとって最も重要な業務は、こどもに向きあう、こどもに寄り添う、教科指導や生活指導の研究をこどもの学びに還元することだと考えます。しかし多くの現場では、多様な業務に時間が割かれ、「教師の本分」とも言うべき時間が圧迫される状況となっています。

　先生方がこどものための業務に注力できるよう、さまざまな業務の負担を減らすことが急務なのは各現場に共通することでしょう。そのためには、声を上げるとともに、より積極的に仕組みを整える必要があります。大きな仕組みを整えることは文部科学省や各自治体になりますが、小さな仕組みでしたら学校単位や先生方の連携で整えることが十分に可能です。そして、本書でお伝えしたい小さな仕組みというのが、前述したデジタルリテラシーを向上させることによるチーム作業の円滑化や業務の効率化なのです。

　車の運転には交通ルールが必要なように、簡単な共通のルールを皆で意識することは非常に大切です。そして、その共通のルールに基づくことが、交通の場合であれば事故の減少につながっていることは明白です。

　先生方の中にはICTに苦手意識をお持ちの方もいらっしゃることでしょう。そして「Excelをバリバリと使いこなす必要があるのか？」と不安を覚える方もいらっしゃるかもしれませんが、その必要はないと私は考えます。先生方の通常業務の中で、そこまで高いExcelの知識・技能が求められることはないからです。

　しかし、そうは言ってもデータを扱う基本となるExcelをある程度使えなければならないのは論をまちません。そこで本書では、「教育現場」という観点から「覚えるべきExcelの機能」を紹介することを一つのメインテーマにしています。

　また、別のメインテーマとしては「チーム作業の円滑化」が挙げられます。教師に限らず組織の中では、Excelファイルをはじめとするデータの共有や、ファイルを次年度に引き継ぐなどの「チームで作業をする」ケースが多々あります。そして、そのために必要なのがデータに対する共通の認識を持って、それをルール化することです。

　本書は、Excelの入門者向けの操作解説のみならず、Excelファイルやデータの扱いに関する共通の簡単なルールを前提とすることで、先生方の業務の負担を減らすことを目的としています。そのため本書の内容は、先生方の業務に則したものに絞っています。教育機関において、身に付けておきたい知識・技能・ルールをまとめた本書が、先生方の業務改善に繋がれば幸いです。

2023年　久保 栄

第3章　Excelで並べ替えや集計をするために知っておくべきポイント

本書の構成と使い方

▶ 構成

本書は第0章に続き「チーム業務効率化編」と「個人業務効率化編」の2つのパートで構成されています。そしてそれぞれのパートは4つの章に分かれています。

▶ 使い方

各パートの各章は独立していますので、読者の状況に応じて、必要なパート・章をお読みください。

学習に関する部分ではサンプルファイルを準備しており、実際に手を動かしながら学ぶ形になっています。

▶ サンプルファイルについて

本書に掲載している事例は、技術評論社のWebサイトからサンプルファイルをダウンロードできます。詳しくは下記URLをご覧ください。

URL https://gihyo.jp/book/2024/978-4-297-13963-6/support

サンプルファイルは以下の環境で動作確認を行っています。

OS 　：Windows 10 Pro / Windows 11 Home
Excel：Excel 2019 / Microsoft 365

また、本書に掲載の操作や画面は、Windows 11でMicrosoft 365を使用する場合を例にしています。ご使用の環境によっては、掲載されている操作や画面と異なる場合があります。

▶各章の概要

本書の各パート、各章の概要を示します。

第0章　学校組織の業務を効率化するために
　教育現場の状況や本書のゴールを記載しています。

Part 1 チーム業務効率化編

第1章　学校で扱うデータの基礎知識
　データを扱う上での基礎知識を中心に解説しています。
　`Keyword` データ、拡張子、CSV、データベース

第2章　チーム業務に貢献する教育現場のExcel基礎知識
　Excelでデータを扱う上での失敗しやすいポイントを取り上げています。
　`Keyword` セルの書式、コピー＆貼り付け、CSVファイル読み込み、印刷、PDF、ファイル名

第3章　Excelで並べ替えや集計をするために知っておくべきポイント
　利用しやすい共有データを作成するポイントをまとめています。
　`Keyword` 総務省の報道資料

第4章　共有ファイルの作成と扱い方
　共有ファイルを作成する場合と、使用する場合のポイントをまとめています。
　`Keyword` ファイル構成、シートの保護、シートの表示・非表示、ブックの保護、入力規則、読み取り・書き込みパスワード

Part 2 個人業務効率化編

第5章　名簿・一覧表の操作を素早く正確に行うテクニック
　基本的な操作の確認と、基本的な機能を解説しています。
　`Keyword` セル選択、オートフィル、フラッシュフィル、ふりがな

第6章　成績データを素早く有用に活用するテクニック
　成績などのデータを有用に活用するための、並べ替えや抽出などの機能やポイントを解説しています。
　`Keyword` 条件付き書式、並べ替え、フィルター、ワイルドカード

第7章　関数を使った成績集計のテクニック
　集計表や分布表の作成を通じて、基本的な関数の解説と気を付けるべきポイントを解説しています。
　`Keyword` 関数、数式、参照

第8章　学校で役立つ簡単なシステムとその使い方
　サンプルファイルの簡単なシステムの使い方と、使用している関数やテクニックについて解説しています。
　`Keyword` 座席表、時間割表、個人成績票、名簿作成支援

第**0**章

学校組織の業務を
効率化するために

学校は、一般的な企業と組織の構成や特徴が異なります。また、学校の中でも地域や校種（小学校・中学校・高校といった学校の種別）、そして公立・私立によってもその文化は異なります。

最初に、学校の組織体系や先生方を取り巻く環境について、そして本書の目指すゴールをお伝えします。

0-1 教育現場の内情

▶教育組織の構成と特徴

　学校は鍋蓋型組織だと言われます。学校によって多少の違いはありますが、校長をはじめとする管理職が上に位置し、その下にそれ以外の教員が位置します。そして管理職以外の教員は年齢に関係なく基本的には同じ立場となります。

図0-1 学校の鍋蓋型構成例

　このような鍋蓋型になるのは、管理職以外は全員横並びという組織構成が理由になっています。

　また、学校という組織内にはさまざまなタイプの縦型の層があり、層ごとに各教員の役割や関係性が変化します。

図0-2 学校における縦型の層例

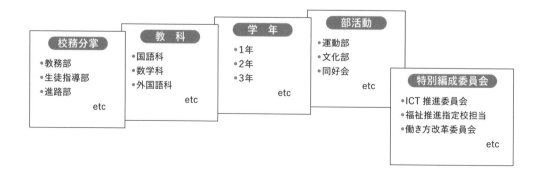

では、1つの例として、勤続年数の異なる2人の教員の層ごとの役割を見てみましょう。

表0-1 勤続年数の異なる2人の教員の層ごとの役割

層	例① 勤続30年	例② 勤続3年
校務分掌	教務部	生徒指導部
教科	外国語科	体育科
学年	高校2年生　進路担当	高校1年生　イベント・会計担当
部活動	バスケットボール部副顧問	バスケットボール部主顧問
その他	働き方改革委員長	福祉推進指定校担当、働き方改革委員

このように、縦型の層によって役割や関係性が変わります。

先に挙げた「校務分掌」「教科」「学年」「部活動」は代表的な層であり、その他にもイベントごとに担当が割り振られるなど、以下のような期間の短い層が定期的にできたりもします。

- 学校行事（入学式・卒業式、学園祭、入試、授業参観など）
- 学年行事（林間学校、修学旅行など）
- 教科関連行事（体育大会、マラソン大会、合唱コンクール、スピーチコンテストなど）

また、上記以外にも、次のような役割を任命されることがあります。

- 学校からの配付物担当
- 国際交流担当
- Webサイト担当（記事作成、写真・動画撮影、サイト更新など）

層ごとに中心となる担当が変わり役割も変化するため、固定化されたピラミッド型の組織ではないのです。

▶現場の教師に求められる柔軟な対応力

教師には柔軟な対応力が求められます。その最たるものが、年齢や背景、関係性の異なる多様な属性の人々とのやりとりです。具体的な例を挙げてみます。

- 児童・生徒
- 保護者・PTA役員
- 教師（学年、教科、校務分掌、部活、他校の教師）
- 校種外（中学校から見た場合の小学校や高校といった、校種が異なる学校）の関係者
- 受験生・受験生保護者
- 卒業生

- 業者 (イベント関係者など)
- 地域住民
- 外部指導員・コーチ・カウンセラー
- 外部組織担当者 （児童相談所、医療関係など） など

　人間が相手ですので「ああしたらこうなる」といった正解はなく、背景や状況に応じた最適解を求められます。

　また学校は突発的なことが起こるため、臨機応変の対応を求められることも多々あります。
　教師は多くの人間と関わるので、楽しさや嬉しさ、喜び、やりがいといった魅力はありますが、それぞれの属性・関係性に合わせた対応力が必要とされるのです。

▶ 忙しい教師の日常

　組織の縦型の層構成からも想像できるように、教師の業務の守備範囲はとても広く、具体的には次のようなものが挙げられます。

- クラス・部活・委員会運営
- 校務分掌
- 生徒指導
- 教科指導
- 授業計画・授業研究
- 成績 (採点、評価、出力)
- 出席 (管理、出力)
- こどもの見取り・指導要録
- イベント関連 （修学旅行、学園祭、体育大会、林間学校、海外研修、地区音楽会など）
- その他　研修、部会、任命業務　など

　教師の忙しさや負担感は、多様な属性の人々とのやりとりや、正解がないこと、そしてここに挙げたような多岐に渡る守備範囲の広い業務によるところが大きいのは明白です。

　学校を外部から見ると、学校は動きが遅い、新しい仕組みや習慣などが定着しないとの印象を受けるかもしれませんが、新しいことを導入しにくい組織構成や、すでに手一杯の先生方を取り巻く背景や状況に、その一因があることをおわかりいただけたのではないでしょうか。

0-2 本書の目指すゴール

▶ 前提を一致させる

　合唱や合奏において、一人一人が素晴らしいプレーヤーであっても、まとまりの良くないケースがあります。それは、基準とする音、テンポ、音量、バランス、表現方法などがあっていないことに起因しています。

　そこで大切になるのが前提の一致です。合唱や合奏の参加者全員が、基準とする音、テンポ、表現方法などをあらかじめ共有し、前提とするイメージを一致させることで、まとまりが生まれるのです。

　「前提の一致」は組織・チームにおいて、スムーズに物事を進めるポイントとなります。同質性の高い組織・チームにおいて、前提は「間・呼吸」といった「文化」として共有されます。一方、異質性が高い場合には、前提は明示することで共有する「ルール」となります。

　教師は「学校の先生」とひとくくりにされますが、異質性の高いチームとしての側面も多くあります。
　教師によって年代が異なり、専門が異なり、配属や担当が異なり、物事の見方やアプローチの仕方が異なるためです。さらには、デジタルリテラシーの水準がまったく異なるケースも少なくありません。

　本書は、教育現場のデータやExcelに関する共通のルールによる、「デジタルリテラシーに対する前提の一致」を目指しています。
　データやExcelの原理を押さえることが、今後も更に展開の進む教育現場のICT化に対する理解を助け、ICTに関するチーム業務を必ずやスムーズなものにすることでしょう。

▶ 先生方、このようなことはありませんか?

　本章の最後に1つ質問をさせてください。先生方の中で次のような経験をしたことがある人はいませんか。

- 教科で共有していた成績集計ファイルの動作がおかしくなっていた。
- 教務や進路で使用していたExcelファイルがブラックボックス化し、誰も修正できない。
- 過去のExcelファイルを理解するのが大変、もしくは理解できない。

- あちこちに似たようなファイルがあり、どれが正式なものかわからない。
- 校務システムに、指示どおりに入力・アップロードしたのに正常に反映されない。

このようなことは、交通にたとえると事故や渋滞にあたります。

そして、これらの修正や対応で不毛な時間を取られることは、気持ちの負担感や他業務への時間の圧迫につながります。

だからこそ、データやExcelの扱いに関する共通のルールによる「前提の一致」が重要になります。「前提の一致」を図れれば、このような問題の多くは解消され、チームとしても個人としても負担感を減らせ、さらに「価値のある」データ資産を今後に引き継ぐことができるようになるのです。

では、次章からそのための具体的な知識、テクニックを学んでいくことにしましょう。

第**1**章

学校で扱うデータの基礎知識

　学校は年度ごとに新しいチームが組まれ、チーム環境が大きく変化します。もちろん、毎年チームがバラバラになるわけではありませんが、数年でメンバーが大幅に入れ替わることも多く、チーム作業が定着しにくいという環境です。こうした状況で効率的な仕組みを維持するためには、個々のメンバーが一定の基礎知識を持たなければなりません。

　そこで本章では、チーム作業の要となる「データ」について丁寧に解説します。

1-1 学校のチーム業務の 1st ステップ

「データ」と「書式」とは

　学校は、教師がほかの学校に異動になったり、受け持つ学年やクラス編成が変わることで担当する授業や学年行事が変わるなど、極めてチーム作業が定着しにくい組織です。

　しかし、だからといってチーム作業をないがしろにしてよい理由にはなりません。

　学校に限らず、あらゆる職場でチーム作業を円滑に行うためには、何をおいても「データの取り扱い」に関して共通のルール、認識を持つ必要があります。

　ではさっそく、本節でその肝となる「データ」と「書式」について見ていくことにしましょう。

▶「データ」の定義

　普段何気なく「データ」という言葉を耳にしたり使ったりしますが、そもそもデータとは何でしょうか。

　辞書を紐解けば正確な定義が載っていますが、ここではざっくりと次の2つを指してデータと呼ぶと考えてください。

1. アンケートや実験などによる事実にもとづく統計
2. コンピューターで処理する情報

　「1」に関しては、たとえば「あなたは猫派ですか、犬派ですか」というアンケートを実施して、「猫派60％、犬派40％」のように得られたこの結果こそが、データということになります。

　「2」に関しては何も難しく考える必要はありません。もしExcelで「学年名簿」を作成すれば、その学年名簿こそがデータです。

▶データの種類

　データとは、「アンケートや実験などによる事実にもとづく統計」と「コンピューターで処理する情報」ですが、どちらか一方ではなく、両方の定義に該当するものも存在します。

　学校においては、次のようなデータが両方の定義にまたがるものです。

　両方の定義に該当するもの

- ○○考査成績データ
- ○○模試データ
- 学校評価アンケート
- 児童、生徒の出席統計　　　など

そして次のようなデータは、コンピューターで処理する情報にあたります。

コンピューターで処理する情報

- 児童、生徒の個人情報
- 時間割
- 修学旅行での班割名簿　　　など

▶「書式」の定義

データを扱う上で切り離せないものとして「書式」があります。この書式については「コンピューターの表示などの形式」と定義されていますが、そんな難しい解釈はまったく不要です。

たとえば、生徒の生年月日を「西暦」で管理したい、もしくはチーム内でそのような取り決めをした場合には、「2007/7/18」などという表記がデータの書式ということになります。

一方で、「和暦」にするのであれば同じ日付でも「H19.7.18」などという表記がデータの書式ということになります。

▶ セルの書式

Excelにおける「書式」には、セルの書式や図やグラフの書式があります。そして、本書ではもっとも基本的な「セルの書式」について説明します。

セルの書式は、役割・機能によって複数のカテゴリーに分かれています。

図1-1 [セルの書式設定]ダイアログボックス

[セルの書式設定]ダイアログボックスでは「タブ」ごとにカテゴリーが分かれている。

▼**memo**　セルを選択した状態で Ctrl + 1 キーを押すと [セルの書式設定]ダイアログボックスが表示されます。このショートカットキーはとても便利なので、ぜひとも覚えてください。

［セルの書式設定］ダイアログボックスには全部で6つのタブ（カテゴリー）がありますが、特に押さえておくべきカテゴリーはダイアログボックスの1番左にある「表示形式」です。

たとえば「10000」というデータがあった場合、数値として扱うか、テキスト（文字列）として扱うかで書式が異なります。また、「10000」を数値として扱う場合に、会計表示として「￥10,000」と表示するのであれば、それに合わせた書式にしなければなりません。

［セルの書式設定］ダイアログボックスや「表示形式」について、詳細な解説は第2章以降で行います。その他、「配置」「フォント」「罫線」「塗りつぶし」「保護」といったカテゴリーがありますが、本書では「保護」について第4章で解説します。

1-2 学校のチーム業務の 2nd ステップ
「拡張子」とは

　みなさんは「拡張子」という言葉を聞いたことはありますか。もしくは、普段から拡張子を意識して PC を使っていますか。

　たとえば、「クラス名簿.xlsx」というファイルがある場合、「．」（ドット）の後の「xlsx」のことを拡張子と呼びます。この拡張子は Windows の初期設定では表示されないようになっていますが、Excel ファイルであれば「xlsx」、Word ファイルであれば「docx」などと付けられています。Windows はこの拡張子でファイルの種類を識別しているのです。

　では、その拡張子について見てみることにしましょう。

▶ 拡張子を表示する

　ファイルを扱う上で重要な「拡張子」ですが、仕組みや役割はとてもシンプルです。

　たとえば、「A組期末考査素点.xlsx」というファイルがある場合、「.」（ドット）の後の「xlsx」のことを拡張子と呼びますが、Windows の初期設定ではこの拡張子が非表示になっています。これでは肝心の拡張子を確認することができません。

図1-2 拡張子が表示されていない

　「A組期末考査素点.xlsx」のようにファイル名と拡張子をあわせて表示するには、任意のフォルダーを開き、次ページの図1-3のように操作します。

図1-3 拡張子を表示する

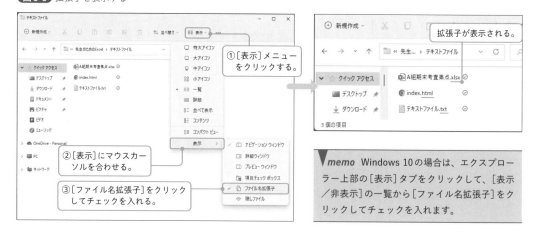

memo Windows 10の場合は、エクスプローラー上部の[表示]タブをクリックして、[表示／非表示]の一覧から[ファイル名拡張子]をクリックしてチェックを入れます。

▶ 拡張子の役割

Windowsの場合、実はこの拡張子でファイルの種類を識別しています。代表的なものを紹介しましょう。

表1-1 拡張子とそれに対応するアプリケーション

拡張子	対応するアプリケーション
xlsx	Excel
docx	Word
pptx	PowerPoint
html	ブラウザー (Microsoft Edge、Google Chromeなど)
txt	メモ帳など

この表でわかるように、拡張子が「xlsx」であれば対応するアプリケーションはExcelですので、拡張子が「xlsx」のファイルをダブルクリックすればExcelが起動します。

同様に、拡張子が「docx」のファイルをダブルクリックすればWordが起動するといったように、Windowsは拡張子で「どのアプリケーションのファイルなのか」を識別しています。

なお、図1-4のように、ファイル名の前のアイコンが対応するアプリケーションを表しています。

図1-4 ファイル名の前のアイコン

memo 拡張子の中には、アプリケーションと1対1で対応しないものもあります。その場合には、使用しているWindowsの環境によって表示されるアイコン（拡張子と対応するアプリケーション）が異なります。

▶ 拡張子に対応したアプリケーションを変更する

拡張子には、対応するアプリケーションが複数存在する場合があります。身近な例では拡張子「html」の場合、Windowsの初期設定では対応するアプリケーションはMicrosoft Edgeですが、Google Chromeなどにも対応しています。

拡張子をどのアプリケーションに対応させるかは、設定で変更することができます。

たとえば、26ページで解説する「CSVファイル」と呼ばれる種類のファイルは、実はただのコンマ区切りのテキストファイルなので、メモ帳で開くことができます。しかしパソコンにExcelをインストールすると、CSVファイルは自動的にExcelと関連付けられます。そのため、CSVファイルをダブルクリックしたときに、たとえメモ帳を起動したくてもExcelが起動してしまうのです。

このようなときには「拡張子に対応したアプリケーションの変更」で対応するケースもあります。その操作手順を図1-5で説明しましょう。

ここでは例として、CSVファイルに対応するアプリケーションをExcelからメモ帳に変更します。

図1-5 拡張子に対応するアプリケーションの変更

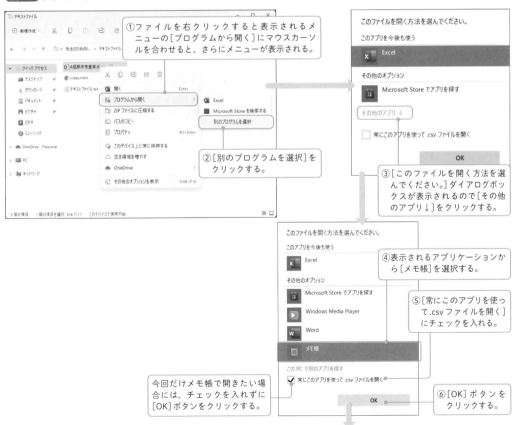

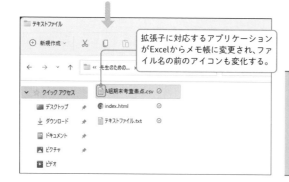

拡張子に対応するアプリケーションがExcelからメモ帳に変更され、ファイル名の前のアイコンも変化する。

memo ここでは例として、CSVファイルを使って対応するアプリケーションを変更していますが、実際に使用する場合には、CSVファイルの対応するアプリケーションはExcelのままでよいでしょう。メモ帳などで表示したいときには、27ページの方法も参照してください。

▶ 拡張子は(基本的に)変更してはいけない

さて、ここまでの説明はよろしいでしょうか。

では本節の最後に、拡張子に関する注意点を説明します。

まず、なぜWindowsの初期設定では拡張子が非表示になっているのでしょうか。その理由は、ファイルの名前を変更するときに、誤って拡張子を変更しないためです。

実際に、Windowsでファイル名を変更しようとすると、図1-6のように「拡張子が除かれた」ファイル名だけがハイライト表示されます。

図1-6 ファイル名変更の様子

ファイルを選択してからファイル名をクリックすると、拡張子を除いたファイル名がハイライト表示される。

これは、ファイル名を変更するときに誤って拡張子の削除や変更をすると、Windowsはどのアプリケーションでファイルを開くのか識別できなくなり、その結果、ファイルが開けなくなってしまうからです。

たとえば、「A組期末考査素点.csv」の拡張子を削除するとします。この場合、まずWindowsが[名前の変更]ダイアログボックスを表示して注意を促します。そして、この[名前の変更]ダイアログボックスで[はい]ボタンを選択して拡張子を削除すると、アイコンは図1-7のように白い表示になります。

図1-7 拡張子を削除・変更するときの注意メッセージと削除した様子

ただし、拡張子を削除してもファイルが壊れるわけではないため、ファイル名に拡張子を再度追加すると、ファイルを開くことができるようになります。

図1-8 拡張子を追加してアイコンが変化する様子

拡張子について理解したら、今後は拡張子を表示する設定にすることをお勧めします。なぜなら、拡張子を表示するとファイルの種類を確実に識別できるようになるというメリットがあるからです。

拡張子が非表示の場合は、アイコン表示を頼りにファイルの種類を見分けますが、アイコンだけでは判別しにくいケースもあります。たとえば、Excelに関連付いているCSVファイルとExcelファイルはよく似たアイコンで表示されるので、アイコンだけでは判別しにくいことがあります。

しかし拡張子を表示していれば、CSVファイルとExcelファイルの区別はもちろん、どの形式のExcelファイルなのかも明確に識別できるようになります。

繰り返しになりますが、拡張子の削除や変更は、そのファイルが開けなくなる危険性がありますので、拡張子の扱いにはくれぐれも注意してください。

図1-9 拡張子の表示によってファイルの種類を明確に識別可能

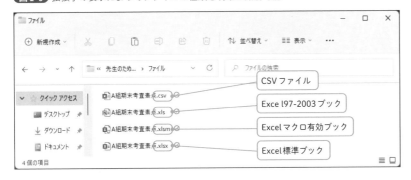

1-3 教師が Excel を使う際に 覚えるべき基礎知識①
CSVファイル

　図もなければ、「太字」「赤字」といった書式情報もなく、単に文字データしかない情報を「テキスト」と呼び、テキストは通常は拡張子「txt」の「テキストファイル」として扱われます。そして、このテキストファイルはWindowsのメモ帳で開いて、文字データの追加・変更・削除をすることが可能です。

　本節でみなさんに覚えてもらいたいのは「CSVファイル」と呼ばれるテキストファイルです。

▶ CSVファイルとは

　本題に入る前に念のために確認をしておきますが、図もなければ、「この文字は太字かつ赤字」といった書式情報もない「単なる文字データ」のことを「テキスト」と呼び、このテキストファイルはWindowsのメモ帳で開いて、追加・変更・削除することが可能です。

　そして、一般的なテキストファイルの拡張子は「txt」になるのですが、拡張子が「csv」というテキストファイルを扱うケースもあります。

　では、その「CSVファイル」の正体をメモ帳で確認してみましょう。

図1-10 CSVファイルをメモ帳で開いた様子

　このように、データとデータの間をコンマ (,) で区切ったテキストファイルを「CSVファイル」と呼びます。

> **memo** CSVファイルの名前の由来は「Comma Separated Value」の頭文字で、文字どおり「コンマで区切られたデータ」を意味します。

　なお、Excelをインストールしたパソコンでは、CSVファイルをダブルクリックすると図1-11のようにExcelにデータが表示されます。

図1-11 CSVファイルをExcelで開いた様子

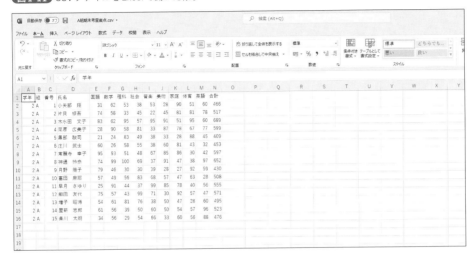

---

column CSVファイルをメモ帳で開くには

　ExcelをインストールしたパソコンではCSVファイルに対応するアプリケーションはExcelになりますが、もしCSVファイルをメモ帳で開きたいときには、CSVファイルを右クリックして、表示されるメニューから［プログラムから開く］にマウスカーソルを合わせ、表示される選択肢から「メモ帳」をクリックします。メモ帳が選択肢にない場合は、23ページの図1-5のように［別のプログラムを選択］でメモ帳を選びます。

　また、メモ帳をWindowsのデスクトップに表示している場合は、図1-12のようにCSVファイルをメモ帳にドラッグ＆ドロップしてください。

図1-12 CSVファイルをメモ帳で開く

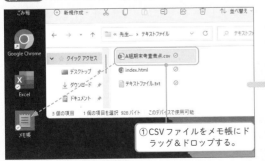

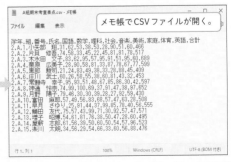

▶CSVファイルを使用する理由

さて、ここまで解説してきたCSVファイルですが、実は実務の現場でとてもよく利用されるテキストファイルです。重宝される理由は「構成のシンプルさ」にあります。

CSVファイルには、単純に文字データのみが保存され、それ以外の書式情報、図形、数式などはすべて省かれます。また、列の区切りはコンマ (,)、行の区切りは改行といったシンプルな規則のため、データ構成がシンプルでファイルのサイズも非常に小さくなります。

こうした理由から、たとえば学校では校務支援システムへの入出力などで利用しているところも多いのではないでしょうか。校内のチーム作業で、図や書式情報は必要なくデータの受け渡しのみ行いたいという場合にも、CSVファイルは役立ちます。

▶ExcelでCSVファイルを保存する

Excelのシートを CSV ファイルとして保存するときには、図1-13のように [名前を付けて保存] ダイアログボックスの [ファイルの種類] から「CSV」を選択します。

このとき、[ファイルの種類]には2つのCSV形式がありますが、これは保存する文字コードの違いです。「UTF-8」は世界の標準的な文字コード規格とされていますので、CSVとして保存する場合、特に指定がなければ「CSV UTF-8（コンマ区切り）」を選択するとよいでしょう。

図1-13 [名前を付けて保存] ダイアログボックスでCSV形式で保存

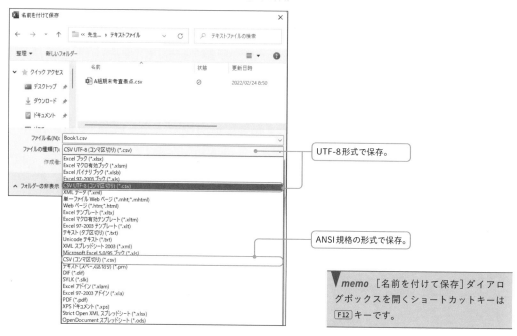

UTF-8形式で保存。

ANSI規格の形式で保存。

memo [名前を付けて保存] ダイアログボックスを開くショートカットキーは F12 キーです。

▶ ExcelでCSVファイルを扱う上での注意点

　ExcelファイルとCSVファイルは、ともに行列のデータ区切りを持つため、双方の親和性は高く、CSVファイルをExcelで編集したり、ExcelのシートをCSVファイルとして保存するといった使い方をします。

　ただし、ExcelでCSVファイルを扱う場合には、次のような点に気を付けなければなりません。

- ExcelのシートをCSV形式で保存する場合、アクティブシート（現在選択しているシート）の値のみが保存される。

ブック内のすべてのシートの値が保存されるわけではないことに注意しましょう。

- CSVファイルをダブルクリックしてExcelで開くと、値が別の形式で表示されることがある。

　たとえば「01」という値が「1」になったり、「3-3」が「3月3日」のような日付になる場合があります。これは、Excelのデータ自動変換機能が働くためです。

　このような意図しないデータの変換を回避するための方法については、第2章で紹介します。

1-4 教師が Excel を使う際に 覚えるべき基礎知識②
「データベース」と「システム」

本章の最後に、「データベース」と「システム」について紹介します。この言葉を聞いて「なんとなくイメージできる」という人が大半だと思いますが、恐らくそのイメージで間違いはありません。

決して難しいものではなく、「Excelで生徒のデータベースを作った」とか「校務支援システムを導入したい」というような会話を教師間ですることもあるでしょう。

「データベース」と「システム」は、そうした一般的なイメージと合致することを、本節を通じて実感してください。

▶ データベースとは

多くの人が「データベース」という言葉を耳にしたことがあるでしょう。そして恐らく、「データが整理されて蓄積されているモノ」と解釈していると思いますが、その解釈で何ら問題はありません。

データベースでは、たとえば横方向に氏名や生年月日などが並び、1行ごとに1人分の生徒のデータが整理・蓄積されますので、結果的に行と列のあるExcelの表のようなイメージになります。

このデータベースは、データを蓄積・整理し、更新するためのものですので、ファイルの形式は特に定められているわけではありません。

小さな枠組みや個人で使用する場合は、ExcelファイルやCSVファイルをデータベースとして使用します。

そして、より膨大なデータを管理する場合はAccessなどのデータベース専用のアプリケーションを用いますが、教育現場規模であればExcelで管理することが十分に可能です。

> ▼*memo* Excelの表のような形式のデータベースを「リレーショナルデータベース」と呼びます。本書ではリレーショナルデータベースを前提として説明します。

データベースには、規模にかかわらず共通する基本的な考え方があります。

▌データのカテゴリーによってデータベースを分ける

一般にデータベースでは、データをカテゴリーによって分けて管理・運用を行います。学校においては、生徒の個人情報、学籍情報、成績情報、出席情報、生徒指導・所見情報をそれぞれ分けるイメージです。

もし、それらの情報を1つにまとめると、データの更新や管理が大掛かりになることは想像に難くありません。

また、それらすべてのデータにアクセスできる人が増えると、セキュリティー面で情報漏洩のリスクが高まることに加え、責任の所在が不明になることも考えられます。

そのような理由から、データベースはカテゴリーによって分けるのです。

> **memo** データベースの中で、カテゴリーに分けた1つの表を「テーブル」と呼びます。テーブルはExcelでいうところの1枚のシートにあたり、Excelの構成と同様にデータベースは複数のテーブルから構成されていることがほとんどです。

■ キー列を設定する

「キー列を設定する」と言ってもピンとこない人が多数いると思いますが、ここでは雰囲気だけ掴んでもらえれば十分です。前項でデータをカテゴリーによって分ける理由を説明しましたが、そうするとデータベースが分かれてしまうため、データを紐づける共通の項目があると便利です。この共通の項目が「キー列」です。

また、データベースにおけるキーとは「重複のない値」ということですので、学校においては児童・生徒の学籍番号がキーとなると考えればわかりやすいのではないでしょうか。

データベースの各テーブルからキーを手掛かりに情報を取得するとイメージしてもらえれば結構です。

図1-14 データベースからデータを取得しているイメージ

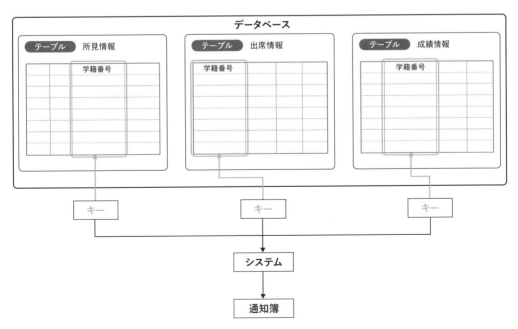

1-4 教師がExcelを使う際に覚えるべき基礎知識② 「データベース」と「システム」 031

▶ 学校におけるシステム

本章の最後に「システム」について触れておきましょう。

学校における代表的なシステムは校務支援システムです。すでに多くの学校で導入されているのではないでしょうか。校務支援システムには数多くの種類がありますが、概ねどのシステムにも共通している要素は次のとおりです。

- データベースとデータのやりとりをする。
- データを集計する。
- データを任意の基準にそって組み合わせて出力する。

すなわち、生徒の個人情報や成績、出席情報をデータベースに入力し、通知簿や調査書、指導要録として出力するといったものです。

また、学校における小さなシステムとしては、Excelの得意な先生が作っているであろう次のようなものが挙げられます。これらの規模の小さなシステムも、大きなシステムと要素は共通しています。

- 座席表作成システム
- 時間割作成システム
- 名簿作成支援システム

システムというと複雑なもののように感じますが、学校におけるシステムは、その性質上シンプルなものが多く、「データベースをもとに必要な情報を取得して、集計したり組み合わせたりして出力する」といったものになります。

第**2**章

チーム業務に貢献する
教育現場の Excel 基礎知識

チーム業務の効率性を上げるためには「効率性の下がる失敗を回避すること」が大切です。

Excelには便利な機能が多く備わっていますが、その中にはデータやファイルを扱う上で失敗を引き起こしやすいものがあります。

そこで第2章では、失敗につながりやすい事例を取り上げ、失敗を回避するための知識や方法を紹介します。

2-1 Excelにおける「セルの表示形式」

Excelには、セルに入力されたデータを自動で変換する機能が備わっています。もちろん、大抵のケースにおいては入力ミスを軽減してくれる便利な機能なのですが、「3-1」（3年1組のこと）と入力したら勝手に「3月1日」となってしまうなど、時としてデータが意図せぬ表示や値に変換されてしまう「お節介な機能」とも言え、Excelを使い始めて早々にここでつまづいてしまう人も多いくらいです。

だからこそ、本節をしっかりと読んで、Excelのこのお節介機能に惑わされないようにしましょう。

▶ セルの表示形式が重要な理由

Excelの書式設定の1つである「セルの表示形式」は、データを扱う上で非常に重要です。その理由は、Excelにはセルに入力されたデータを自動で（勝手に）変換する機能が備わっているからです。

これは、本来はExcelの利便性を上げるための便利な機能なのですが、時としてデータが意図せぬ表示や値に変換されてしまう「お節介な機能」とも言え、実はExcelを使い始めて早々にここでつまづいてしまう人も多いくらいです。

たとえば、Excelを起動してシートを表示したら、どのセルでもよいので「01」と入力してみてください。すると、「01」は「1」に変換されてしまいます。

これはExcelが「01」を数値と識別し、先頭の「0」は不要と判断して「1」に自動変換しているのです。

図2-1 データが自動変換される例

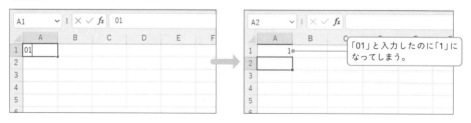

このような数値への自動変換は、数値として利用する場合にはとても役立ちますが、「01」を数値ではなく、先頭に「0」のついた文字とするには、入力する前にExcelに「これから入力するのは文字だ」と識別させなければなりません。

今回のケースでは、セルの表示形式をあらかじめ「文字列」に設定することで「01」が「1」に自動変換されてしまうことを回避できます。

それでは、どのセルでもよいので、図2-2の手順で表示形式を「文字列」に設定してみてください。

図2-2 表示形式の「文字列」を設定する

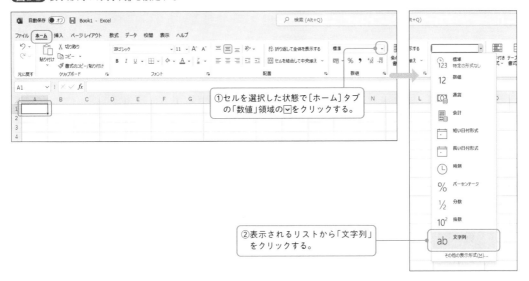

以上の手順を踏んだら、今選択しているセル（表示形式を「文字列」にしたセル）に「01」と入力してみてください。すると、そのまま「01」と表示されます。

図2-3 「01」が自動変換されない

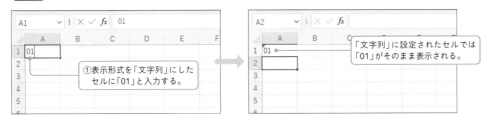

この例からもわかるとおり、表示形式を見落としていると、Excelの自動変換機能によって気が付かないうちにデータが変わってしまうことがあります。

こうした失敗を避けるためには、セルの表示形式をあらかじめ設定しておく必要があるのです。

第2章では、教育現場で使われる「標準」「数値」「文字列」「日付」「会計」の5つの表示形式について取り上げますが、まずはそうした表示形式を設定する［セルの書式設定］ダイアログボックスについて解説することにしましょう。

▶[セルの書式設定]ダイアログボックスを表示する

　セルの表示形式の設定にあたり、最初に紹介するのは図2-4の[セルの書式設定]ダイアログボック
スです。Excelでは、この[セルの書式設定]ダイアログボックスで表示形式の細かな設定を行います。

図2-4 [セルの書式設定]ダイアログボックス

　[セルの書式設定]ダイアログボックスを表示するには次の3つの方法があります。どれか1つでよい
ので、ご自身に合った方法を身に付けてください。

①ショートカットキーで表示する

　セルを選択している状態で Ctrl ＋ 1 キーを押すと、[セルの書式設定]ダイアログボックスが表示さ
れます。

> **▼memo** [セルの書式設定]ダイアログボックスを表示する Ctrl ＋ 1 キーは、Excel
> で非常によく使われるショートカットキーの1つです。
> なお、このときに押す「1」は、テンキーボードではなくキーボード上部の「1」です。

②セルのショートカットメニューの[セルの書式設定]コマンドで表示する

　[セルの書式設定]ダイアログボックスは、セルを右クリックして表示されるショートカットメニュー
の中の[セルの書式設定]コマンドで表示することができます。

図2-5 セルのショートカットメニューから［セルの書式設定］ダイアログボックスを表示する

右クリックで表示されるショートカットメニューから、［セルの書式設定］をクリックする。

③［ホーム］タブの「数値」グループの右下のマークをクリックして表示する

［ホーム］タブの中に「数値」というグループがありますが、この右下のマークをクリックすると［セルの書式設定］ダイアログボックスが表示されます。

図2-6 ［ホーム］タブの「数値」グループの右下のマークで［セルの書式設定］ダイアログボックスを表示する

▶「標準」表示形式

「標準」は、もっとも一般的な表示形式で、Excelを起動したときにはすべてのシートのすべてのセルは「標準」表示形式に設定されています。

この「標準」表示形式では、数値や文字列、日付などに合わせてExcelがデータを自動で変換します。特定のデータの型を意識しなくてもよいため汎用性は高いのですが、先ほどの例のように「01」が「1」に勝手に変更されてしまうなど、意図せぬ結果につながる場合があります。

図2-7 表示形式を「標準」に設定

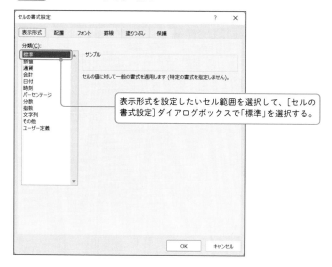

表示形式を設定したいセル範囲を選択して、[セルの書式設定]ダイアログボックスで「標準」を選択する。

▶「数値」表示形式

サンプルファイル 2章-1.xlsx

「数値」は数値を用いた表に適した表示形式です。

　小数点以下の桁数や桁区切りのコンマ (,) の表示の設定ができ、また正の数と負の数の表示形式を分けられる特徴があるため、アンケートや統計データ、データ分析した表などで利用されています。

　それでは、図2-8のようにいくつかのセルに正の数と負の数を入力してみてください。もしくはサンプルファイル「2章 -1.xlsx」を開いてみてください。

　その上で、その数値をコンマで桁区切りし、負の数を△で表す表示形式にしてみましょう。

図2-8 表示形式を「数値」に設定

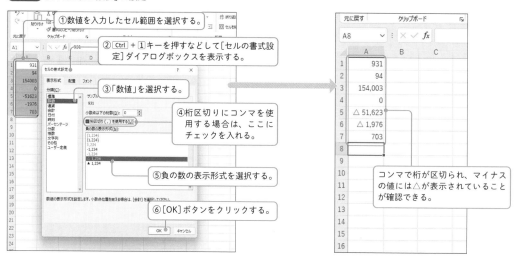

①数値を入力したセル範囲を選択する。

②Ctrl+1キーを押すなどして[セルの書式設定]ダイアログボックスを表示する。

③「数値」を選択する。

④桁区切りにコンマを使用する場合は、ここにチェックを入れる。

⑤負の数の表示形式を選択する。

⑥[OK]ボタンをクリックする。

コンマで桁が区切られ、マイナスの値には△が表示されていることが確認できる。

「数値」表示形式では、桁区切りとしてコンマが表示されたり、負の数の表示形式として△やカッコが表示されたりしますが、見た目の表示が変わるだけで、値の実体はコンマや△が含まれない「ただの数値」ですので、そのまま第7章で解説する数式や関数の中で計算に使用できます。

▶「文字列」表示形式

サンプルファイル　2章-2.xlsx

「文字列」は、セルに入力した値をそのまま表示する表示形式です。この表示形式を設定すると、数値も文字列として扱われますので、セルに入力した値をそのまま表示したい場合に設定します。

図2-9 表示形式を「文字列」に設定

表示形式を設定したいセル範囲を選択して、[セルの書式設定]ダイアログボックスで「文字列」を選択する。

数値を文字列として扱う場合

表示形式を「文字列」に設定したセルに「01」と入力してみてください。するとセルの左上に図2-10のように緑のマークが表示されます。

これは、Excel のエラーチェック機能によるもので、数値に変換できる値が文字列として扱われている場合に表示されます。

図2-10 エラーチェック機能による表示

数値が文字列として表示されているセルには、緑のマークが表示される。

では、緑のマークが表示されているセルを選択してみてください。すると図2-11のように［注意］ア
イコンが表示されます。そして、その［注意］アイコンをクリックするとメニューが表示され、緑のマー
クを非表示にしたり、セルの値を数値に変換したりすることができます。

図2-11 エラーチェックメニュー

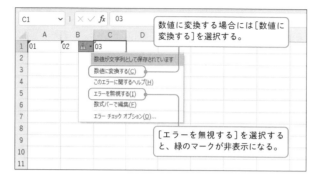

そもそも意図的に数値を文字列として入力しているわけですから、この緑のマークはお節介以外の何
物でもありません。ですから、もし緑のマークが気になる場合は、図2-11のエラーチェックメニュー
で緑のマークを消してしまってください。特に気にならなければ、そのままにしてもかまいません。

表示形式の「標準」と「文字列」の比較

図2-12は、同じ値を入力した場合の「標準」と「文字列」の表示形式の違いを、Excelのシートに表示
したものです。みなさんはサンプルファイル「2章-2.xlsx」で確認してください。

図2-12 「標準」と「文字列」の表示形式の比較

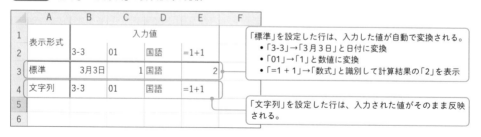

> **memo** セルに「=」を入力してから計算式を入力すると、Excelはそれを「数式」
> として識別します。数式に関しては第7章で解説します。

このように「標準」表示形式でデータが自動変更されるパターンは決まっていますが、入力した値を
そのまま表示したい場合は、表示形式を「文字列」に設定してしまうのが確実かつ簡単です。

> **column** 値の表示位置と日付の実体
>
> 　セルに入力された値が「文字列」として識別されているのか、「数値」として識別されているのかは、セル内の表示位置によって確認できます。
>
> 　初期設定では、文字列は左詰めで表示され、数値は右詰めで表示されます。
>
> 　しかし、先ほどの図2-12を改めて確認すると、標準形式の「3月3日」が文字列なのに左詰めではなく右詰めになっています。これはなぜでしょうか。
>
> 　その種明かしですが、「3月3日」は厳密には文字列ではなく「日付」であり、Excelは日付を「数値」として管理しているためです。「数値」として管理している値を、表示形式で日付の形で表示しています。

▶「日付」表示形式

　教育現場では、クラスの面談予定表、委員会や部活動の活動予定表など、思いのほか日付を使用します。そのため「日付」は押さえておきたい表示形式の1つです。

　セルに入力された値が日付として識別された場合、Excelは値を日付として表示します。たとえば、「標準」表示形式のセルに「3月3日」「3/3」「3-3」のいずれかを入力してみてください。どの場合も「3月3日」と右詰めで表示されます。

　このように日付に識別されると、表示種類の切り替えや日付の連続入力を簡単に行えるようになります。

図2-13 日付と識別される例

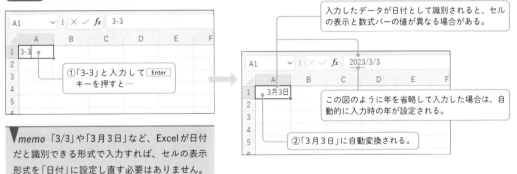

> **memo**「3/3」や「3月3日」など、Excelが日付だと識別できる形式で入力すれば、セルの表示形式を「日付」に設定し直す必要はありません。

■「日付」の表示種類を変更する

　日付のセルは、表示種類の変更を簡単に行えます。試しに日付の表示種類の変更例として、西暦表示されているセルを和暦で表示してみましょう。

　「標準」表示形式のどのセルでもよいので、「2023/7/11」と入力してください。そして、そのセルを選択して[Ctrl]+[1]キーなどで[セルの書式設定]ダイアログボックスを表示します。続けて、次ページの図2-14の手順どおりに操作します。

図2-14 日付の表示種類の変更

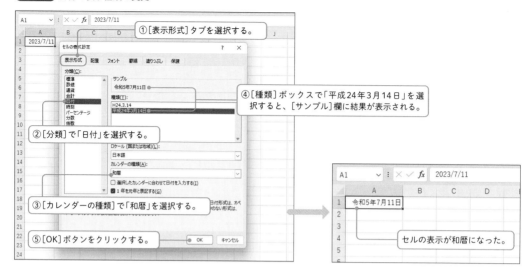

このように、「日付」は西暦や和暦などさまざまな表示種類で表示できます。

ただし、セルにどのような表示種類を指定しても、数式バーでは「2023/7/11」と西暦になっていることには注意してください。

日付を連続入力する

予定表を作るときに、日付を連続で入力したいことはありませんか。日付の連続入力は、起点となるセルに日付が設定されている場合、マウス操作で簡単に行えます。

では、実際に操作してみましょう。

まず、セルに「7/30」と入力してください。すると「7月30日」と表示されますね。

次にそのセルを選択し、右下に表示される■（フィルハンドル）を下にドラッグすると、図2-15のように日付が連続入力されます。

図2-15 日付の連続入力例

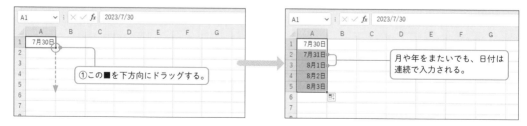

> **memo** 選択しているセルの右下の■をドラッグして連続データを入力することを「オートフィル」と言います。詳しくは第5章を参照してください。

▶「会計」表示形式

　セルに入力した値が数値のときに表示形式を「会計」にすると、通貨記号や桁区切りのコンマ (,)、小数点の位置を揃えるなどの表示方法が可能になります。

　ただし、図2-16のように通貨記号やコンマが表示されていても、その実体は数値ですので、第7章で解説する数式の中でそのまま計算が行えます。

図2-16 「会計」表示形式の例

> 実体は数値だが、「会計」の表示形式を設定すると、セルには通貨記号やコンマ付きで表示される。

> 小数点以下の桁数を揃える場合はここで設定する。

　また、[セルの書式設定]ダイアログボックスで[記号]欄の☑をクリックすると、記号リストが表示され、通貨記号を「なし」にしたり、ほかの通貨記号に変更することもできます。

図2-17 通貨記号のリスト

> ☑をクリックすると通貨記号のリストが表示される。

2-2 コピー&貼り付けのポイント

「コピー&貼り付け」、別名「コピー&ペースト」は「コピペ」とも言われ、パソコンを使う上では基本中の基本の馴染みの深いテクニックです。ところがExcelの場合は、この「コピー&貼り付け」が一筋縄ではいかないケースに直面することがあります。

そこで本節では、みなさんが「コピー&貼り付け」で混乱したり、もしくは思い通りに「コピー&貼り付け」ができないというケースを想定して、「Excelの場合のコピー&貼り付け」を完璧に理解できるよう解説します。

▶ コピー&貼り付けの重要性

「セルをコピーして貼り付けたら、数式がおかしくなった。」
「コピー領域と貼り付け領域のサイズが異なっているため貼り付けできなかった。」

おそらくExcelを使用している多くの人が、このように「コピー&貼り付け」で意図せぬ結果になってしまったり、警告メッセージが表示されて貼り付けできなかったといった経験があることでしょう。

コピー&貼り付けは、個人業務・チーム業務を問わず多くの場面で使われます。それと同時に多くの失敗の要因にもなっています。ちょっとした貼り付けの失敗で、計算結果がおかしくなるといった大きな問題に発展したり、書式が勝手に変更されてしまい、その修正に時間を取られたりするケースも多々あります。

だからこそ、そのような事態を回避するためにもコピー&貼り付けの仕組みを知ることが極めて重要なのです。

> ▼memo 「数式」については第7章で解説します。

▶ コピー&貼り付けの仕組み

一口にセルをコピーするといっても、セルには多くの情報が含まれています。セルに入力されている値はもちろんですが、セルの背景色、フォントの種類やサイズ、罫線などもセルの情報に含まれています。

> ▼memo コピーをするときのショートカットキーは Ctrl + C キーです。

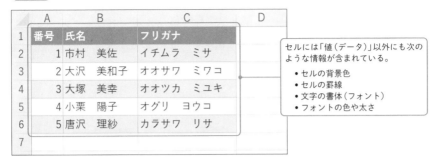

図2-18 セルに含まれる情報

	A	B	C	D
1	番号	氏名	フリガナ	
2	1	市村　美佐	イチムラ　ミサ	
3	2	大沢　美和子	オオサワ　ミワコ	
4	3	大塚　美幸	オオツカ　ミユキ	
5	4	小栗　陽子	オグリ　ヨウコ	
6	5	唐沢　理紗	カラサワ　リサ	
7				

セルには「値（データ）」以外にも次のような情報が含まれている。
- セルの背景色
- セルの罫線
- 文字の書体（フォント）
- フォントの色や太さ

　Excelの場合、「貼り付け」を実行すると「セルの背景色」「フォントの色や太さ」「罫線」などのさまざまな情報がすべてまとめて貼り付けられます。そのため、「値」だけをコピー＆貼り付けしたいときに、「書式」まで貼り付けられてしまうという意図しない結果になってしまうのです。

　ただし、このような失敗の多くは貼り付ける情報を選択することで回避できます。

> **memo** 貼り付けるときのショートカットキーは [Ctrl] + [V] キーです。

図2-19 「すべて」貼り付けと「値」情報のみ貼り付けのイメージ

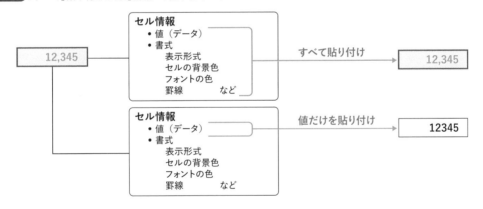

▶ メニューから形式を選択して貼り付ける

　セルの情報の中から「すべて」ではなく「必要な情報」だけを選択して貼り付ける方法を「形式を選択して貼り付け」と呼びます。

　代表的な形式の選択として「値」「数式」「書式」が挙げられます。これらの形式を選択して貼り付けるには、[貼り付け]メニューか[形式を選択して貼り付け]ダイアログボックスを利用します。

　まずは[貼り付け]メニューで形式を選択して貼り付ける方法について解説します。実践についてはこのあとすぐに「[形式を選択して貼り付け]ダイアログボックスを活用する」で操作してもらいますの

で、ここでは [貼り付け] メニューを軽く解説するにとどめます。

　この [貼り付け] メニューはセルをコピーした状態でのみ表示されますので、いずれかのセルを Ctrl + C キーなどでコピーして確認してみましょう。

図2-20 [貼り付け]メニュー①　[ホーム]タブから実行

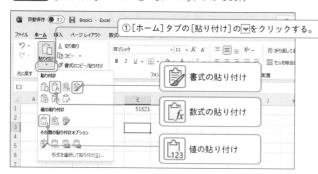

> ▼memo 「値」「数式」「書式」の貼り付けは、Excelを使う上で必須の貼り付け方法です。これを機会に必ず覚えてください。

図2-21 貼り付けメニュー②　セルの右クリックのショートカットメニューから実行

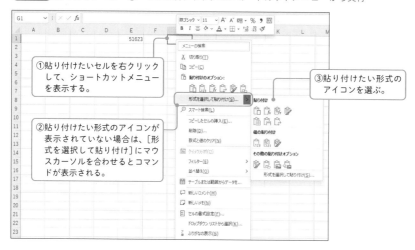

▶ [形式を選択して貼り付け]ダイアログボックスを活用する 　サンプルファイル 2章-3.xlsx

　では次に、Excelで自由自在に「コピー＆貼り付け」を行う上でもっとも強力かつもっとも重要なテクニックである [形式を選択して貼り付け] ダイアログボックスについて解説します。

> ▼memo セルをコピーした状態で Ctrl + Alt + V キーを押すと、[形式を選択して貼り付け]ダイアログボックスが表示されます。3つのキーの組み合わせなので難しく感じますが、「貼り付け」のショートカットキーの Ctrl + V キーに Alt キーを組み合わせているだけと考えれば覚えやすいのではないでしょうか。

図2-22 ［形式を選択して貼り付け］ダイアログボックス

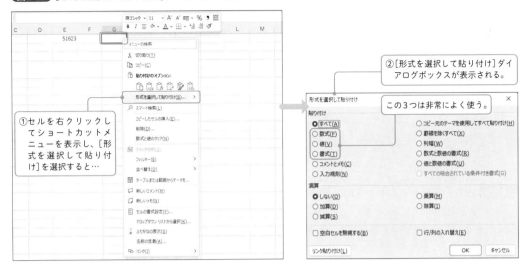

②［形式を選択して貼り付け］ダイアログボックスが表示される。

この3つは非常によく使う。

①セルを右クリックしてショートカットメニューを表示し、［形式を選択して貼り付け］を選択すると…

この［形式を選択して貼り付け］ダイアログボックスで特によく使うのが「値」「数式」「書式」です。

では実際に「値」のみを貼り付けるケースを見てみましょう。例として書式の設定された表をコピーして「値」のみ貼り付けます。みなさんはサンプルファイル「2章-3.xlsx」を見ながら操作してください。

図2-23 「値」の貼り付け例

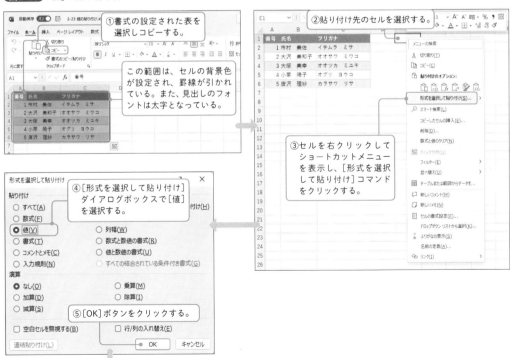

①書式の設定された表を選択しコピーする。

この範囲は、セルの背景色が設定され、罫線が引かれている。また、見出しのフォントは太字となっている。

②貼り付け先のセルを選択する。

③セルを右クリックしてショートカットメニューを表示し、［形式を選択して貼り付け］コマンドをクリックする。

④［形式を選択して貼り付け］ダイアログボックスで［値］を選択する。

⑤［OK］ボタンをクリックする。

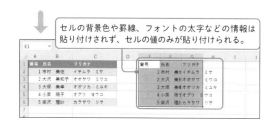

セルの背景色や罫線、フォントの太字などの情報は
貼り付けされず、セルの値のみが貼り付けられる。

この例のように、「値だけ」とか「書式だけ」のようにある特定の情報を貼り付ける場合に、[形式を選
択して貼り付け]ダイアログボックスは非常に重要なテクニックになります。

column 結合セルやセルのロックによる貼り付けの失敗

みなさんは「セルの結合」機能は使用していますか。もし使用しているなら、「結合セルの影響で貼り付けできない」ケー
スがあることを覚えておいてください。

結合されたセルを含むセル範囲に「値の貼り付け」を行うと、図2-24のエラーメッセージが表示されます。このエラー
メッセージが表示されたら、次のいずれかの方法で対処してください。

① セルの結合を解除したあとに「値の貼り付け」を行う。
② 書式も含め「すべて貼り付け」を行う。

図2-24 結合セルによる警告表示

また、シートの保護でロックされているセルに貼り付けを行った場合には、図2-25のエラーメッセージが表示されま
す（シートの保護については93ページ参照）。

図2-25 シートの保護による警告表示

この場合には、シートの保護を解除するとエラーは解消されます。

また、シートの保護を解除した状態で[セルの書式設定]ダイアログボックスの[保護]タブで、貼り付けたいセル範囲
の「ロック」を未設定にしておくと、シートを保護した状態でも貼り付けによるエラーは解消されます。

図2-26 セルのロックを未設定にする

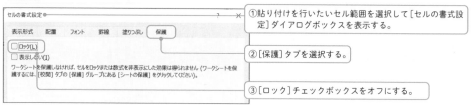

①貼り付けを行いたいセル範囲を選択して[セルの書式設定]ダイアログボックスを表示する。

②[保護]タブを選択する。

③[ロック]チェックボックスをオフにする。

2-3 ExcelでCSVファイルを開く

　本書では29ページで、「CSVファイルをダブルクリックしてExcelで開くと、「01」という値が「1」になったり、「3-3」が「3月3日」のような日付になる場合があります」と失敗例を挙げました。

　そこで本節では、こうした「CSVファイルの読み込みの失敗」を回避するテクニックを紹介します。これは多くの人がつまづく事例ですのでしっかりとマスターしてください。

▶ なぜCSVファイルをダブルクリックで開いてはいけないのか 　サンプルファイル 2章-4.csv

　「2-1　Excelにおける「セルの表示形式」」で解説したとおり、Excelは表示形式を設定しないと、「01」と入力したら「1」と表示されてしまうなど、データが自動的に適した形式（型）に変換されてしまいます。この「表示形式の自動変換」でもっとも頭を悩ませるのが、第1章で説明したCSVファイルです。

　CSVファイルをダブルクリックするとExcelが起動して、そのCSVファイルが開きます（Windowsの設定によってはメモ帳などほかのアプリケーションが起動することもあります）。そして、このあと説明するように、このとき自動変換機能によってデータが自動的に（勝手に）変換されてしまうことがあるのです。さらには、そうしてデータが変換されたことに気が付かないことも多く、それが思わぬ失敗につながったりします。

　それでは、CSVファイルのデータがどのように変換されるのかを実際に試して確認してみましょう。みなさんはサンプルファイル「2章-4.csv」を使用して操作してください。サンプルファイル「2章-4.csv」は、次ページの図2-27のExcelのデータをCSVファイルとして保存したものです。

　ここで注意してもらいたいのは、図2-27のA列とC列は表示形式が「文字列」になっていることです。A列は先頭に「0」が表示されており、C列は「3-1」のようにハイフン「-」で数字をつないでいます。

　では、はじめにWindowsのメモ帳を起ち上げてください。そして、サンプルファイル「2章-4.csv」をメモ帳にドラッグ＆ドロップしてみましょう。すると、Excelに表示されていたそのままの状態でデータがコンマ区切りで保存されていることが確認できます。

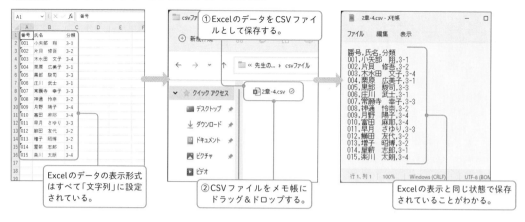

図2-27 データをCSVファイルとして保存してメモ帳で確認

①ExcelのデータをCSVファイルとして保存する。

②CSVファイルをメモ帳にドラッグ＆ドロップする。

Excelの表示と同じ状態で保存されていることがわかる。

Excelのデータの表示形式はすべて「文字列」に設定されている。

▼*memo* ExcelのデータをCSVファイルとして保存する方法は28ページを参照してください。

　確認を終えたら、メモ帳を閉じてください。

　次に、サンプルファイル「2章-4.csv」をダブルクリックで開いてみましょう。一般的な設定ではCSVファイルはExcelと関連付けられているはずですので、図2-28のようにExcelが起動してシート上にデータが表示されます。

　ところが、表示されたデータを確認すると、A列のデータが「数値」に変換され、C列のデータが「日付」に変換されてしまっています。

図2-28 CSVファイルをダブルクリックで開く

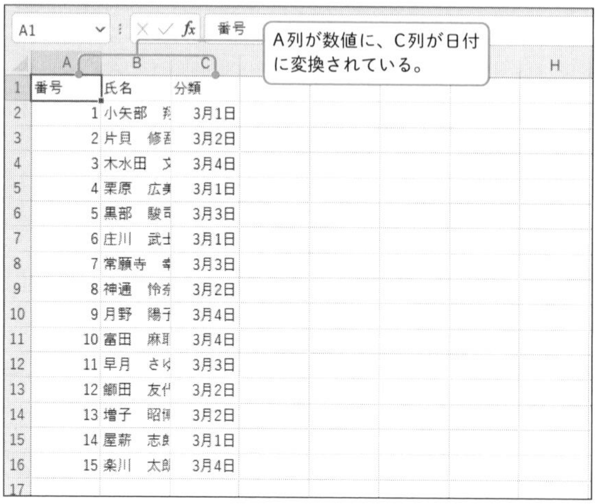

A列が数値に、C列が日付に変換されている。

　このようなデータの自動変換を回避するためには、ExcelでCSVファイルを開くときに「データの形式（型）」を指定する必要があるのです。

▶ データの形式を指定してCSVファイルを読み込む

サンプルファイル 2章-4.csv

実際にデータの形式（型）を指定してCSVファイルを読み込んでみましょう。一見難しそうに感じるかもしれませんが、1つ1つ丁寧に確認していくので心配はいりません。この操作もサンプルファイル「2章-4.csv」を使用してください。

では、Excelを起動し、起動画面で図2-29のとおりに操作してください（Excelをすでに開いている場合は［ファイル］タブを選択すると図2-29の画面に移ります）。

> ▼*memo* Excelのシートが表示されている状態で Ctrl + O キーを押すと、図2-29の画面に移り［開く］コマンドが選択された状態になります。このショートカットキーの「O」は「Open」の「O」と覚えてください。

図2-29 CSVファイルを開く

① ［開く］を選択する。

② ［参照］をクリックする。

［ファイルを開く］ダイアログボックスが表示される。

③ ファイル名の隣の［すべてのExcelファイル］をクリックする。

④ ファイルの種類一覧が表示されるので、［テキストファイル］を選択する。

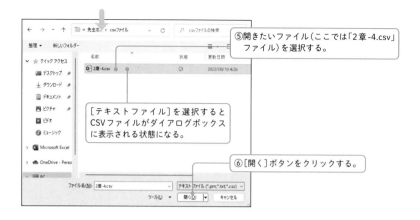

⑤開きたいファイル（ここでは「2章-4.csv」ファイル）を選択する。

［テキストファイル］を選択するとCSVファイルがダイアログボックスに表示される状態になる。

⑥［開く］ボタンをクリックする。

さて、ここまではよいでしょうか。本題はここからです。

CSVファイルのようなテキストファイルの場合は、［ファイルを開く］ダイアログボックスで［開く］ボタンをクリックしてもファイルは開きません。

その代わりに、図2-30の［テキストファイルウィザード］ダイアログボックスが表示されます。この［テキストファイルウィザード］ダイアログボックスは全部で3つのステップがありますので、初めて体験するときにはどうしても難しく感じてしまいますが、作業の意味さえきちんと理解できれば決して面倒なものではありません。

では、落ち着いてゆっくりと作業を続けましょう。

まずは、［テキストファイルウィザード］ダイアログボックスを次のとおりに操作してください。

> **memo** ［テキストファイルウィザード］ダイアログボックスは、テキストデータをExcelに読み込む機能です。テキストデータを読み込む場合に、読み込む規則やデータの形式を設定することができます。

図2-30 ［テキストファイルウィザード］ダイアログボックスの3つのステップ

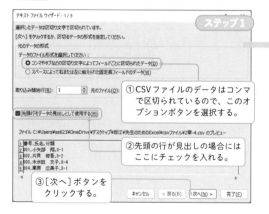

①CSVファイルのデータはコンマで区切られているので、このオプションボタンを選択する。

②先頭の行が見出しの場合にはここにチェックを入れる。

③［次へ］ボタンをクリックする。

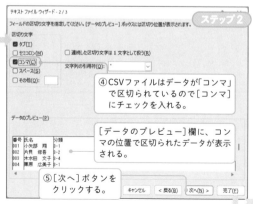

④CSVファイルはデータが「コンマ」で区切られているので［コンマ］にチェックを入れる。

［データのプレビュー］欄に、コンマの位置で区切られたデータが表示される。

⑤［次へ］ボタンをクリックする。

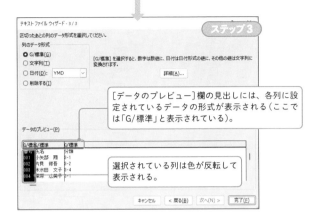

　ここで[テキストファイルウィザード]ダイアログボックス右下の[完了]ボタンを押すとテキストファイルが読み込まれますが、この段階ではまだ[完了]ボタンを押してはいけません。

　理由は、まだすべての列の「データ形式」が「G/標準」となっているため、データを読み込んだときにデータが自動変換されてしまうからです。この **ステップ3**（「テキストファイルウィザード 3/3」の画面）で、データの形式を設定します。

> **memo** ここで設定する「データ形式」はセルの表示形式と同じと考えてかまいません。

図2-31 データ形式の設定

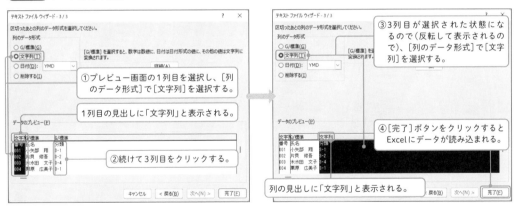

　以上の手順で[テキストファイルウィザード]ダイアログボックスは閉じられ、次ページの図2-32のようにExcelにデータが読み込まれます。

　データを確認すると、A列・C列とも「数値」や「日付」に勝手に自動変換されずにデータが読み込まれていることがわかります。

図2-32 CSVファイルが自動変換されずに読み込まれた

A列・C列とも自動変換されずに読み込まれている。

　このように［テキストファイルウィザード］ダイアログボックスを利用することで、データの形式を設定して、元の状態でCSVファイルを開くことができます。

　CSVファイルをExcelで扱う際には、思わぬ失敗につながるケースは枚挙にいとまがありません。ぜひこのポイントを押さえて、チームや個人の業務に役立ててください。

> **memo** CSVファイルをExcelに読み込むには、［テキストファイルウィザード］ダイアログボックスを利用するほか、Power Query（パワークエリ）という機能を利用する方法もありますが、とても高度な内容になるため本書では割愛します。

2-4 教師必見！ 思い通りに印刷をするには

教育現場でもペーパーレス化は進んでいますが、それでも会議や面談資料として、Excelで印刷をする機会はまだまだ多くあります。これまでに「Excelの表を印刷したら、表の一部が見切れていた」といった、少し恥ずかしい思いをしたことがあるのは私だけではないのではないでしょうか。

実は、Excelで失敗なく印刷するのは思いのほか難しい作業です。そこで、本節では「失敗を防ぐポイント」を説明します。

▶ Excelの印刷で基本となる3つの設定

サンプルファイル 2章-5.xlsx

Excelの一覧表などのシートで、印刷設定をなにもしない状態で印刷ボタンを押すとどうなるでしょうか。実はその場合、Excelは使用されているセル範囲を元に、自動で印刷範囲を設定して印刷を実行します。

しかし自動での印刷では余白や印刷倍率の設定が行われないため、印刷レイアウトが崩れたり、1ページに収めたい表が複数ページに分かれてしまうといった、イメージとは異なる印刷結果になるケースに頻繁に直面します。

図2-33 印刷の失敗例

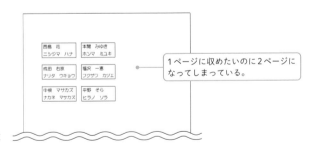

1ページに収めたいのに2ページになってしまっている。

そのため、印刷前には設定を行うのが一般的です。そして、その印刷前の設定で基本となるのが、次の3つです。

- 印刷範囲
- 用紙サイズ
- 印刷の向き

第2章 チーム業務に貢献する教育現場のExcel基礎知識

では、それぞれの設定項目についてサンプルファイル「2章-5.xlsx」を元に操作手順を説明します。

印刷範囲の設定

1つ目は印刷範囲の設定です。図2-34のとおりに実際に操作してみてください。

図2-34 印刷範囲の設定

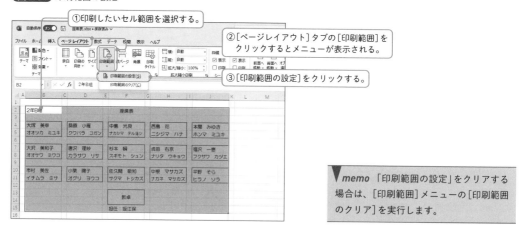

①印刷したいセル範囲を選択する。

②[ページレイアウト]タブの[印刷範囲]を
クリックするとメニューが表示される。

③[印刷範囲の設定]をクリックする。

> **memo** 「印刷範囲の設定」をクリアする
> 場合は、[印刷範囲]メニューの[印刷範囲
> のクリア]を実行します。

印刷範囲は設定できたでしょうか。新たなセル範囲を設定したい場合は、再度セル範囲を選択して[印刷範囲の設定]コマンドを実行してください。

印刷範囲を設定した状態でブックを保存すると、各シートの印刷範囲の設定もあわせて保存されるので、その都度印刷範囲を設定する必要はありません。

このように印刷範囲を設定すると、シート左上の名前ボックスに「Print_Area」が加わります。そして、この「Print_Area」を選択すると、印刷範囲のセルが選択状態になります。

図2-35 印刷範囲の選択

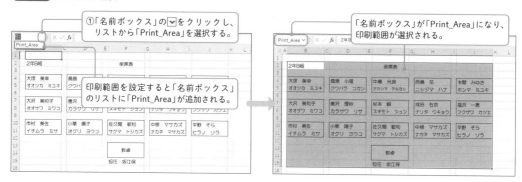

①「名前ボックス」の▼をクリックし、
リストから「Print_Area」を選択する。

印刷範囲を設定すると「名前ボックス」
のリストに「Print_Area」が追加される。

「名前ボックス」が「Print_Area」になり、
印刷範囲が選択される。

用紙サイズ

2つ目は用紙のサイズです。

用紙のサイズの違いで、印刷できる領域が変わります。印刷実行前に毎回確認することをお勧めします。この設定も［ページレイアウト］タブから行います。

多くの場合はA3・A4やB4・B5といった用紙で印刷すると思いますが、プリンターに対応していないサイズで印刷を実行すると、「用紙がありません」のエラーになりますので気を付けてください。

図2-36 用紙サイズの設定

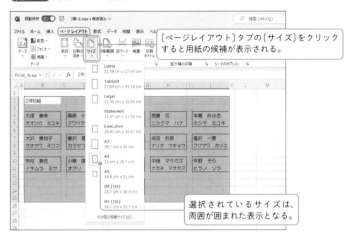

印刷の向き

3つ目は印刷の向きです。

印刷物の用途や印刷範囲の縦横幅によって、「縦」と「横」を切り替えましょう。

図2-37 印刷の向きの設定

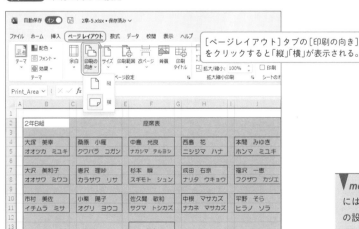

> ▼**memo**　用紙サイズと向きの初期設定には、Windowsの「通常使うプリンター」の設定が反映されます。

▶ 確認のためのプレビュー

　思い通りに印刷するためには、印刷イメージを確認できるプレビューは欠かせません。印刷範囲を設定したら、プレビュー画面で確認しましょう。

　プレビュー画面に移るには、ショートカットキーで [Ctrl] + [P] キーを押すか、[ファイル] タブの [印刷] を選択します。

　それではプレビュー画面に移ってみましょう。

図2-38 プレビュー画面に移行

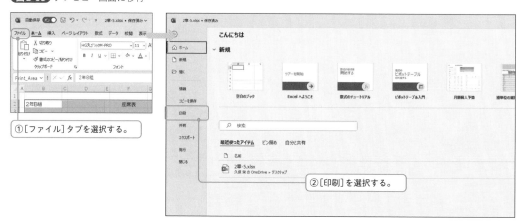

さて、印刷のプレビュー画面に移れたでしょうか。プレビュー画面では、印刷枚数の確認や余白の設定などが行えます。特に、プレビューページ下部の「印刷枚数」が自身の想定枚数と一致するか、必ず確認するようにしましょう。

図2-39 プレビュー画面の機能

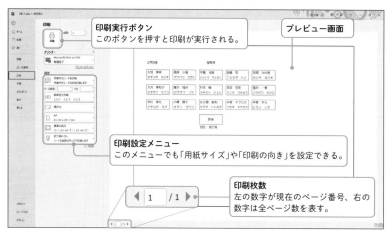

> **memo** プレビュー画面を表示するショートカットキーも非常によく使います。ショートカットキーは以下の2つがありますが、どちらも同じ動作です。覚えやすいほうを覚え、活用できるようにしましょう。特に Ctrl + P キーの「P」は「Print」の頭文字なので覚えやすいのではないでしょうか。
>
> - Ctrl + P キー
> - Ctrl + F2 キー

▶ 調整のための設定

続いては行うのは、印刷位置や印刷範囲を拡大・縮小して見やすくするといった調整のための設定です。この設定はプレビュー画面で行います。

▌余白の設定

サンプルファイル 2章-5.xlsx

ページの余白を調整すると、印刷位置を変更したり、印刷範囲を広げたりすることができます。その余白を調整するにはいくつかの方法があります。その中から、もっとも手軽なプレビュー画面を見ながら調整する方法を説明します。

プレビュー画面には、図2-40のように右下に2つのアイコンがあります。2つのアイコンのうち左側の [余白の表示] ボタンをクリックしてみてください。すると、プレビュー画面に余白を表す線が表示されます。

図2-40 [余白の表示] ボタンと余白の表示線

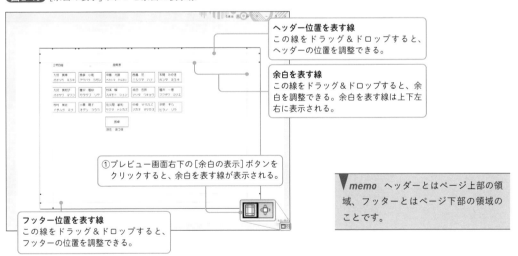

ヘッダー位置を表す線
この線をドラッグ＆ドロップすると、ヘッダーの位置を調整できる。

余白を表す線
この線をドラッグ＆ドロップすると、余白を調整できる。余白を表す線は上下左右に表示される。

①プレビュー画面右下の [余白の表示] ボタンをクリックすると、余白を表す線が表示される。

> **memo** ヘッダーとはページ上部の領域、フッターとはページ下部の領域のことです。

フッター位置を表す線
この線をドラッグ＆ドロップすると、フッターの位置を調整できる。

1ページに収める

サンプル
ファイル　2章-6.xlsx

　印刷したい範囲が広く、プレビュー画面で確認したときに1枚に収まり切らないケースも多くあることでしょう。その場合は、行の高さや列の幅を狭くしたり、余白を狭くしたりすることで、ある程度印刷範囲を調整できます。さらに簡単に、1ページに収める機能が印刷の設定に準備されています。ここではサンプルファイル「2章-6.xlsx」を操作して確認してください。

図2-41 印刷範囲がページ1枚に収まりきらない例

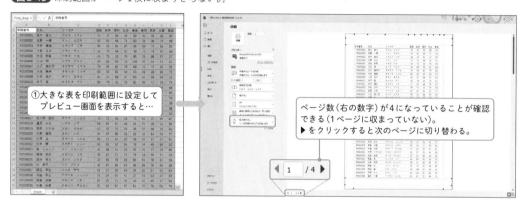

①大きな表を印刷範囲に設定してプレビュー画面を表示すると…

ページ数（右の数字）が4になっていることが確認できる（1ページに収まっていない）。
▶ をクリックすると次のページに切り替わる。

　印刷範囲を自動で簡単に1ページに収めるためには、図2-42のようにプレビュー画面左部の印刷の[設定]項目で設定します。

　ここで設定した[シートを1ページに印刷]は、行と列をまとめて1ページに収めるためのものです。

　もし、行と列をまとめてではなく、列や行のどちらかのみを1ページに収めたい場合は、メニュー内の[すべての列を1ページに印刷]や[すべての行を1ページに印刷]を選択してください。

図2-42 シートを1ページに印刷する設定

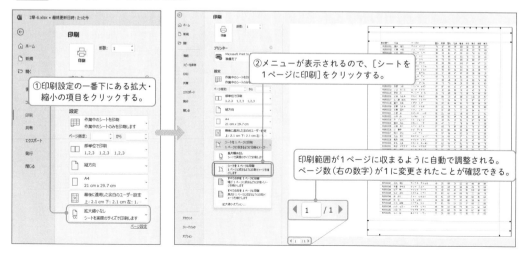

①印刷設定の一番下にある拡大・縮小の項目をクリックする。

②メニューが表示されるので、[シートを1ページに印刷]をクリックする。

印刷範囲が1ページに収まるように自動で調整される。
ページ数（右の数字）が1に変更されたことが確認できる。

拡大縮小印刷

　印刷範囲を任意の倍率に拡大や縮小したい場合は、［ページ設定］ダイアログボックスで設定します。ただし、倍率を拡大した場合は、印刷枚数が増えることがありますので注意してください。

図2-43 拡大／縮小の設定

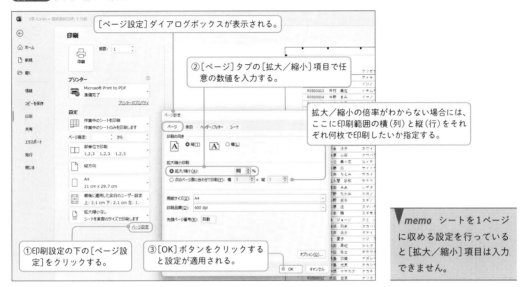

▼memo　シートを1ページに収める設定を行っていると［拡大／縮小］項目は入力できません。

▶タイトルやページ番号の設定

サンプル
ファイル　2章-7.xlsx

　表の印刷が複数ページにわたる場合、どのページにも表の見出しを表示したいことはないでしょうか。また、印刷が複数ページの場合に、ページ番号を自動で振りたいケースもあると思います。Excelの印刷には、そのような機能も備わっています。

タイトル行

　タイトル行は、［ページレイアウト］タブの［印刷タイトル］コマンドから設定します。サンプルファイル「2章-7.xlsx」にタイトル行を設定してみましょう。

> ▼memo　「タイトル行」とは複数ページに指定した行を印刷する機能です。行ではなく列をタイトルとしたい（複数ページに印刷したい）場合は、「タイトル列」を設定します。

図2-44 タイトル行の設定

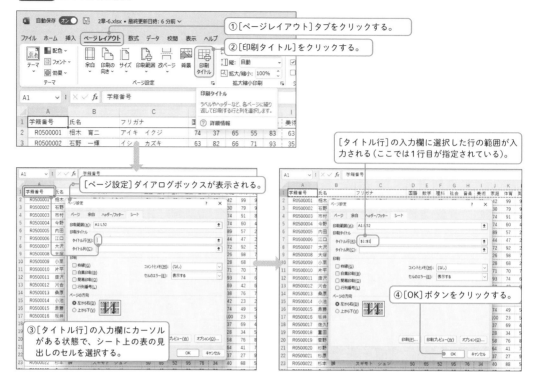

① [ページレイアウト] タブをクリックする。

② [印刷タイトル] をクリックする。

[ページ設定] ダイアログボックスが表示される。

③ [タイトル行] の入力欄にカーソルがある状態で、シート上の表の見出しのセルを選択する。

[タイトル行] の入力欄に選択した行の範囲が入力される（ここでは1行目が指定されている）。

④ [OK] ボタンをクリックする。

タイトル行を設定したら、プレビュー画面で2ページ目、3ページ目にも設定したタイトル行が表示されることを確認しましょう。

図2-45 タイトル行の確認

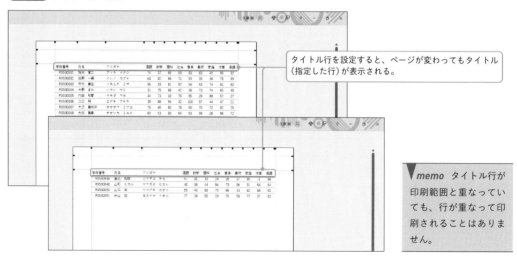

タイトル行を設定すると、ページが変わってもタイトル（指定した行）が表示される。

▼memo タイトル行が印刷範囲と重なっていても、行が重なって印刷されることはありません。

ページ番号の設定

ページ番号は[ページ設定]ダイアログボックスの[ヘッダー/フッター]タブで設定します。ヘッダーとはページ上部の領域を表し、フッターとはページ下部の領域を表します。

フッターにページ番号を設定すると、印刷時に自動でページ番号が振られるようになります。

図 2-46 ページ番号の設定

① [ページレイアウト]タブを選択し、[ページ設定]グループの右下のマークをクリックする。

② [ページ設定]ダイアログボックスが表示されるので、[ヘッダー/フッター]タブをクリックする。

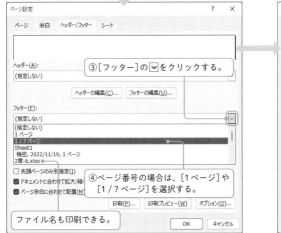

③ [フッター]の ▼ をクリックする。

④ ページ番号の場合は、[1ページ]や[1 / ? ページ]を選択する。

ファイル名も印刷できる。

項目を設定すると、印刷イメージが表示される。

⑤ [OK]ボタンをクリックする。

> **memo** [ヘッダー]の ▼ をクリックして指定すれば、ページ上部に指定した内容を表示できます。ヘッダーやフッターの設定を解除したいときは、▼ の一覧から[(指定しない)]を選択します。

2-5 教育現場で利用される ファイルと保存

Excelは、通常のExcelファイルだけでなく、さまざまな形式でファイルを保存できます。このように多くのファイル形式に対応することでデータを多用な用途で利用できますが、誤った形式で保存してしまうとファイルから特定の情報が削除されてしまうことがあります。

この節では、教育現場で利用されることの多い、5つのファイルの保存形式とその特徴、保存時のポイントを説明します。

▶ ファイルの種類

図2-47は、教育現場で利用されることの多いExcelに関わる5つのファイルの種類とそのアイコンです。みなさんは、それぞれの形式の特徴や違いについてどの程度知っていますか。似ているアイコンであっても、保存形式が異なると一部の情報が保存されないなど、思わぬ落とし穴にはまることがあります。

教育現場では、これからもこの5つの形式のファイルを扱いますので、それぞれの特徴や違いについてしっかりと確認していきましょう。

図2-47 ファイルの種類例

❶Excelデフォルトファイル［拡張子：xlsx］

通常のExcelファイルで、もっとも多く使用される形式です。一般的なファイルはこの形式で保存します。

❷ Excel マクロファイル［拡張子：xlsm］

マクロが含まれた Excel ファイルです。

「マクロ」とは、主に Excel の作業を自動化する目的で作られたプログラムのことで、Excel には実は標準でマクロ機能が備わっています（ただし、本書ではマクロについては扱いません）。

このマクロが含まれたファイルを通常の Excel ファイル（xlsx）として保存すると、マクロが削除されてしまいますので注意が必要です。

❸ Excel 97-2003 ファイル［拡張子：xls］

Excel 97〜2003 形式の Excel ファイルです。

教育現場では、過去から引き継がれてきたファイルにこの形式が多く残っているのではないでしょうか。

この形式は、現在の Excel と互換性はありますが、デフォルトファイル形式（xlsx）に比べ、セキュリティー面が劣ったり、機能の制約があったりするため、Excel デフォルトファイル形式（xlsx）に保存し直すことをお勧めします。

❹ CSV ファイル［拡張子：csv］

第1章の26ページや本章の49ページで紹介した CSV ファイル形式です。

この形式は、テキスト情報のみをシンプルな構成で保存するため、ファイルサイズが小さく、多くのシステムに対応できる強みがあります。

しかし一方で、セルの背景色やフォントの色、罫線といった書式情報などは削除されますので注意が必要です。

また、保存する際には Excel ブック全体のデータではなく、アクティブになっているシート（作業中のシート）のデータのみ保存される点にも留意してください。

❺ PDF ファイル［拡張子：pdf］

この形式は、どのような端末の環境でもテキストやレイアウトをそのまま閲覧できる特徴があります。教育現場でもペーパーレス化に伴い利用場面が広がっています。

▶ ファイルの種類を変更して保存する

それでは、Excel で開いたファイルを、別のファイル形式で保存するにはどうしたらよいでしょうか。

別の形式で保存するには、ファイルの種類を変更してから保存します。この「ファイル種類の変更」は［名前を付けて保存］ダイアログボックスで行います。

図2-48 ファイルの種類を指定して保存

①[ファイル]タブをクリックして、[コピーを保存]を選択する。

②[その他のオプション]を
クリックすると、[名前を
付けて保存]ダイアログ
ボックスが表示される。

③[ファイルの種類]をクリックす
ると、保存できる形式の一覧が表
示されるので、いずれかを選択し
て保存する。

Excelのバージョンや環境によっては[名前を付
けて保存]になっている。

▼*memo* [名前を付けて保存]ダイアログボックスを開くショートカットキーは F12 キーです。

▶PDFファイルとは

　ファイルの種類で紹介したPDFファイルは、みなさんの現場でも使われているのではないでしょう
か。このPDFファイルは、テキストや画像のデータを紙に印刷したイメージで保存する形式です。

　この形式が多く利用されているのは、どの端末の環境でもテキストやレイアウトを同じように閲覧で
きるので、情報やイメージの共有に優れているためです。

　たとえば、WindowsやMacのパソコン、AndroidやiOSのスマートフォン、Chromebookなどのさ
まざまな端末や環境においても、同じレイアウトで内容を閲覧することが可能です。

図2-49 PDFファイルはさまざまな端末で閲覧できる

PC

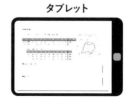
タブレット

スマートフォン

教育現場においては、学校Webサイトでのお知らせや生徒・保護者への配付物、会議資料などでPDFファイルが使用されているのではないでしょうか。そして今後は、ExcelファイルをPDF形式で保存する機会がさらに増えていくことでしょう。

　ExcelファイルをPDF形式で保存する際には「ファイルの種類」を変更するだけですので、とても簡単に行えます。しかし、保存するときに気を付ける点がありますのでぜひ覚えてください。
　PDFファイルは紙に印刷したイメージを保存するため、プレビューに表示される選択しているシートの印刷範囲がPDFファイルの保存対象となります。そのため1枚のシートを選択している場合は、そのシートの印刷範囲がPDFファイルとして保存されます。
　それでは、複数のシートのデータを1つのPDFファイルとして保存したい場合はどうすればよいのでしょうか。こうしたケースでは、複数のシートを選択した状態でPDFファイルとして保存します。

図2-50 複数のシートを選択

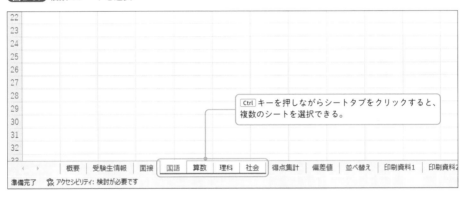

> memo　連続したシートを選択したい場合は、最初のシートタブをクリックしたあと、Shift キーを押しながら最後のシートタブをクリックします。

▶ファイル名のポイント

　みなさんの現場では、ファイル名の付け方にルールを設けていますか。
　ファイル名には使用できない文字以外、名前の付け方に絶対的なルールはありませんが、ファイルの管理が混乱する名前はぜひともやめてください。
　「わかりにくく混乱するファイル名」とは、「最新」「最終」といった、時間の経過とともに捉え方が変わるようなものや、「決定版2その3」といったような、更新を表す「言葉」や「数値」の組み合わせが複数含まれているものです。
　こうしたファイル名は見る人によって認識に差異が生まれたり、最新ファイルを探すのに負担を要したりします。

具体的には、次のようなファイル名は共有ファイルでは望ましくないと言えます。

望ましくないファイル名の例　　　　　　　　　　　※○○○○は任意のファイルのメインネーム

○○○○【最新】

○○○○【最終】

○○○○【確定版2】

○○○○【確定版2の最終その3】

令和5年度中学校2年生新名簿4月確定版10月改　　　など

では逆に、「わかりやすいファイル名」とはどのようなものでしょうか。

ファイルは、データの追加や削除など、更新することが一般的です。校務分掌や学年など、チームでファイルを共有する業務では、バックアップを考え、ファイル更新のたびに新規でファイルを作成することも多いでしょう。そのときに大切なのはファイルの時系列が明確にわかることです。

つまり望ましい名付けは、ファイルを更新した時間的な地点を明確に表すものや、1種類の管理番号を更新していくものとなります。

望ましいファイル名の例　　　　　　　　　　　※○○○○は任意のファイルのメインネーム

○○○○_20230401

○○○○_0401

0401_○○○○

○○○○_v101

○○○○_ver1.2

中学校2年生名簿_20230406　　　など

ファイル更新時の時系列を明確に表すには、ファイル名に日付を入れるとよいでしょう。ファイルの利用期間や更新する頻度によっては、日付だけでなく西暦や時間をあわせて追加するのも良案です。このときに、西暦ではなく和暦（元号）を用いる場合もあると思いますが、数値が遡らなくて連番になっている西暦のほうがファイル名には向いています。

また、1種類の管理番号を更新する例として、システムなどで見かけるバージョン番号があります。ファイル名に時間を入れるか管理番号を入れるかは、各自、ファイルのタイプによって分けて運用してください。

チームで共有するファイルの名付けは、このような簡単なルールを設けることで管理がスムーズになったり、多くの失敗を防ぐことにつながったりします。ちょっとしたルールですが、現場での業務効率化にはとても効果を発揮します。まだルールを設けていない場合は、ぜひとも検討してみてください。

第**3**章

Excelで並べ替えや集計をする ために知っておくべきポイント

Excelはデータの並べ替えや集計が得意です。しかし、気を付けてほしいのは、データには並べ替えや集計しやすい形があるという点です。このルールを知らないと、せっかくのデータを活かすことができません。

本章では、データを活かすための方法の中から、教育現場でよく使われるものを取り上げ、知っておくべきポイントについて説明します。

3-1 データを活かすポイント
ステップ1

　データを活かすポイントの最初のステップとして、本節では4つの事例を取り上げます。中には「当たり前」と思われる内容も含まれますが、本節は総務省の取り決めに準拠していますので、あえてそうした「当たり前」も取り上げています。

　一方で、多くの人が「表の見栄えを気にしすぎて、ついやってしまいがち」な失敗例も取り上げています。具体的には「セル結合」や「セル内改行」がそれにあたりますが、特にこの部分はきちんと学習してください。

▶ 1セルに1データ

サンプルファイル　3章-1.xlsx

　一覧表やデータベースなど、データを記録や蓄積する場合には、1セルに1データが基本となります。その理由は、1つのセルに複数のデータが入力されていると、データの並べ替えや集計を行えないからです。

　そのため、データはなるべくシンプルに「1セルに1データ」の形でセルに入力するようにしましょう。そうすることで、結果としてデータを幅広く活用できるようになります。

　では、サンプルファイル「3章-1.xlsx」を確認しながら図3-1を見てください。

図3-1 1セルに1データの表を作る (例①)

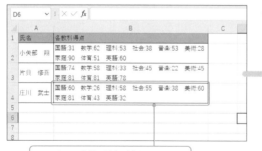

図3-2 1セルに1データの表を作る（例②）

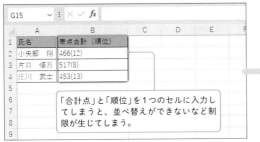
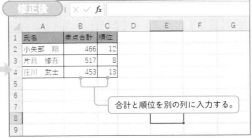

「合計点」と「順位」を1つのセルに入力してしまうと、並べ替えができないなど制限が生じてしまう。

合計と順位を別の列に入力する。

> ▼**memo** 本章は、総務省の報道資料「統計表における機械判読可能なデータの表記方法の統一ルールの策定」に準拠しています。詳細は以下のURLから確認してください。
> **URL** https://www.soumu.go.jp/menu_news/s-news/01toukatsu01_02000186.html

▶ 数値データに文字データを含めない

サンプルファイル 3章-2.xlsx

　みなさんは、図3-3の「10000円」のように、1つのセルに数値データと文字データが混在するケースを見たことはありませんか。

　このように数値と文字が組み合わさったセルは、「数値」ではなく「文字列」として識別されますので、たとえ「数値」が含まれていてもそのセルを集計することはできません。それではせっかく入力したデータの活用範囲が制限されてしまいます。

　そのような理由から、集計に用いる数値は、数値データとして扱えるように、文字と混在させないようにするのです。

　では、サンプルファイル「3章-2.xlsx」を開いて図3-3を見てください。

図3-3 数値と文字列が混在しない表を作る（例①）

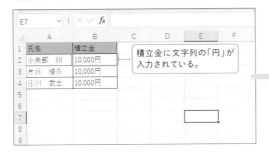

積立金に文字列の「円」が入力されている。

数値だけ入力する。

> ▼**memo** 34ページで解説したセルの表示形式で、「数値」や「会計」を選択した場合に表示される「,（コンマ）」や「¥（通貨記号）」は文字列とは識別されません。単に表示形式がそうなっているだけで、データとしては「数値」ですので、きちんと集計できます。

第3章 Excelで並べ替えや集計をするために知っておくべきポイント

3-1 データを活かすポイント ステップ1　**071**

　また、図3-4のように、数値のセルに空白が含まれているセルも文字列として識別されます。なぜなら「空白も文字」だからです。これは、表示の位置を揃えるために先頭や最後に空白を用いたり、桁区切りとして空白を用いたりする場合に発生してしまうミスです。

　このような場合にも空白は削除し、数値として識別できるようにデータを整えましょう。

図3-4 数値と文字列が混在しない表を作る（例②）

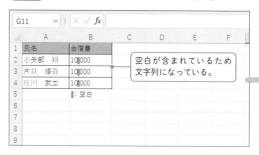

▶セルを結合しない

サンプルファイル　3章-3.xlsx

　みなさんは「セルの結合」を使用したことはありますか。

　セルの結合は、表の視認性を高めるために用いられたりしますが、データベースではセルを結合してはいけません。なぜなら、データベースに結合したセルがある場合、データの並べ替えができなかったり、適切にデータを抽出できなかったりするからです。

　セルを結合して体裁を整えるのは、あくまでも表の見栄えを良くしたり、その表を印刷して配付するときの話になります。データベースと役割を切り離して考えてください。

> **memo**　本章では、データの記録や蓄積をする形式の表（テーブル）をデータベースと表現しています。

　では、サンプルファイル「3章-3.xlsx」を開いて、図3-5と図3-6を見てください。

図3-5 セルの結合を解除する（例①）

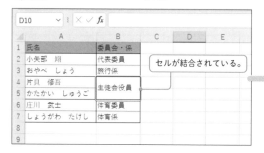
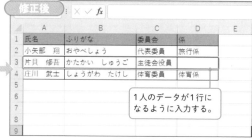

図3-6 セルの結合を解除する（例②）

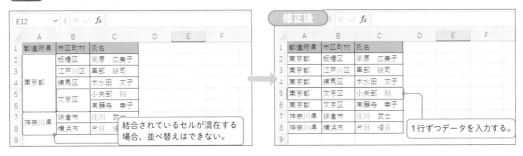

▶ スペースやセル内改行で体裁を整えない

サンプルファイル 3章-4.xlsx

　並べ替えや集計を行う表には、余分なデータを含めないことが大切です。たとえば、体裁を整えるためにスペースやセル内の改行を用いたいことはないでしょうか。そのように体裁を整えるのは印刷や表示用のシートで行い、データベース用のシートでは行わないでください。

　では、サンプルファイル「3章-4.xlsx」を開いて図3-7を見てください。

図3-7 スペースやセル内改行で体裁を整えているデータの修正例

memo セル内で改行するには、セル内編集中に Alt ＋ Enter キーを押します。

3-2 # データを活かすポイント
ステップ 2

　本節でも、4つの事例を取り上げます。ステップ1は総務省の取り決めに準拠しながら「当たり前」と思われるケースも紹介しましたが、本節のレベルになると「ついやってしまいがち」な失敗例が中心になってきます。きっと多くの人が、「心当たりがある」と思うのではないでしょうか。

　もっとも、「表の見栄えを良くしたい」とか、「入力でちょっと楽をしたい」と考えるときに発生するミスで、修正そのものが難しいわけではありませんので、肩の力を抜いて取り組んでください。

▶ 項目名などを省略しない

 サンプルファイル　3章-5.xlsx

　「講義室1」「講義室2」「講義室3」のように、同じような項目が並ぶ場合、図3-8のように「講義室1」「2」「3」といった具合に、項目を省略することはありませんか。

　印刷や表示専用のシートであれば、余分な情報を表示しないことは、視認性を高めたり、理解を助けたりする上で有効ですが、データを自在に扱いたいデータベースの場合には項目名は省略してはいけません。

　データベースは、データを加工したり抽出したりする元となるものですので、データの整合性・正確性がなによりも重視されるからです。

　たとえば、項目が省略されているデータで並べ替えを行うとどうなるでしょうか。どの項目かわからなくなったり、意図せぬ順番で並べ替えられたりすることは想像に難くないでしょう。このような理由から、データベースでは項目名などは省略しないようにしましょう。

　では、サンプルファイル「3章-5.xlsx」を開いて図3-8を見て確認してください。

図3-8 項目名を省略した表の修正例

▶ 数式は値データに修正する

サンプルファイル 3章-6.xlsx

データベースは元となるデータを記録しておくものです。そのため数式は値にすることが望ましいとされています（数式・関数については第7章で解説します）。

図3-9では、K列に関数が入力されています。このように値と数式が混在するデータベースでは、コピーや貼り付けによる失敗、並べ替えなどでの失敗が起こります。

そのため、データベースで数式を用いた場合は、「値の貼り付け」によって値への修正を行うようにするとよいでしょう。

では、サンプルファイル「3章-6.xlsx」を開いて図3-9を見てください。

図3-9 数式から値への修正例

▶ 画像や図形は使用しない

サンプルファイル 3章-7.xlsx

Excelではシートに画像を挿入したり、図形を追加できたりします。このような画像や図形は、データベースでは使用しないほうがよいでしょう。

画像や図形は、印刷や表示専用のシートで活用するようにしましょう。

では、サンプルファイル「3章-7.xlsx」を開いて図3-10を見てください。

図3-10 オブジェクトの削除例

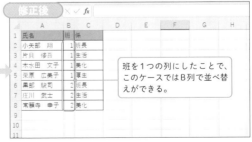

> **memo** 画像や図形のようなシート上に配置できるものは、総称として「オブジェクト」と呼ばれます。

第3章 Excelで並べ替えや集計をするために知っておくべきポイント

▶ ① ② のような機種依存文字を使用しない

サンプル
ファイル　3章-8.xlsx

みなさんは、文字の変換時に「環境依存」という表示を見たことはないでしょうか。試しに、どのセルでもよいので、全角で「1」と入力し Space キーで変換してみてください。

図3-11 「環境依存」の表示例

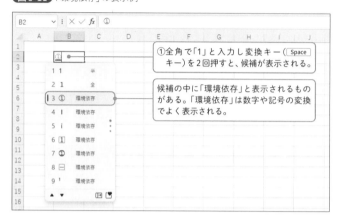

①全角で「1」と入力し変換キー（ Space キー）を2回押すと、候補が表示される。

候補の中に「環境依存」と表示されるものがある。「環境依存」は数字や記号の変換でよく表示される。

このような「環境依存」と表示される文字は、「環境依存文字」または「機種依存文字」と呼ばれています（以下、機種依存文字と記載します）。

機種依存文字とは、パソコンの機種や環境（WindowsやMacなど）に依存し、異なる環境で正確に表示されない可能性のある文字です。

これまで何度か説明していますが、データベースはデータの精度が大切ですので、正確に表示されない可能性のある機種依存文字は避けなければなりません。Windowsにおいては文字の変換時に「環境依存」と表示されますので、確認するようにしましょう。

では、サンプルファイル「3章-8.xlsx」を開いて図3-12を見てください。

図3-12 機種依存文字の修正例

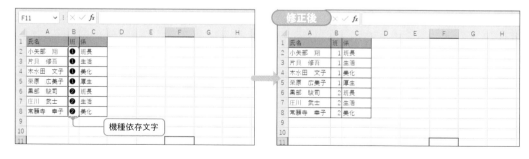

機種依存文字

3-3 データを活かすポイント
ステップ 3

　みなさんは、欠席などでテストの点数を入力できないときにはどうしていますか。ちなみに、総務省の資料では「***」と入力することを推奨していますが、よく見られるのがExcelの［書式設定］ダイアログボックスの［罫線］タブで「／」や「＼」の罫線を引く方法です。しかし、このあと理由を解説しますが、ことデータベースとして扱うときには「／」や「＼」は使用してはいけません。

　本節では「データの分割」や「複数のデータ」を扱う際の注意点についても解説します。

▶ 集計に必要な数値データがない場合は空白か「***」を入力 サンプルファイル 3章-9.xlsx

　生徒の得点を入力するとき、欠席だった生徒のデータは当然ありません。このような数値データに欠損がある場合は、空欄とするか、「***」（アスタリスク×3）を入力するようにしましょう。

　総務省の資料では「***」を推奨していますが、必ず「***」にしなければならないわけではなく、組織やチームで決めた共通の記号でもかまいません。いずれにせよ、データの欠損が明確にわかることが大切です。

　さて、「***」は文字列になりますが、数値データの間に文字列データが入力されていてもよいのでしょうか。

　結論は「よい」なのですが、その理由は、Excelの関数は数値データの間にある文字列を無視して計算をするためです（関数は第7章で解説します）。

　以上のことを踏まえて、数値データがない場合は空欄か「***」で欠損を表しましょう。

図3-13 欠損データの入力例

	A	B 国語	C 数学	D 理科	E 社会	F 音楽	G 美術	H 家庭	I 体育	J 英語
1	氏名	国語	数学	理科	社会	音楽	美術	家庭	体育	英語
2	小矢部　珊	31	62	53	38	53	28	90	51	60
3	片貝　修吾	74	***	33	***	22	45	***	81	78
4	庄川　武士	60	26	58	55	38	60	81	43	32

> データの欠損は、「＼」ではなく空白か「***」を入力する。

一方で、絶対にしてはいけないのが、図3-14のように欠損データを[セルの書式設定]ダイアログボックスの[罫線]タブの「＼」で表すことです。このようにしてしまうと、並べ替えたときに罫線と数値が重なってしまいます。

実際に、サンプルファイル「3章-9.xlsx」を点数の低い順に並べ替えてみましょう。図3-14のように、セルの値と罫線が重なってしまうことが確認できます。

図3-14 欠損データに罫線「＼」を設定した表の並べ替え例

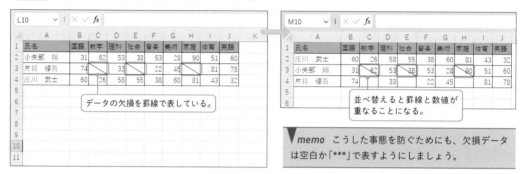

memo こうした事態を防ぐためにも、欠損データは空白か「***」で表すようにしましょう。

ひとまとまりのデータを分割しない

サンプル
ファイル 3章-10.xlsx

Excelは、ひとまとまりの範囲を識別する際に、空白列と空白行を区切りの基準にしています。そのため、図3-15のようにデータベースの中に空白列や空白行があると、Excelは1つのまとまりとして識別することができません。

データベースを見やすくするために、空白列や空白行を挿入したいこともあるでしょうが、それは印刷や表示専用のシートのみで行い、データベース用のシートでは行わないでください。

では、サンプルファイル「3章-10.xlsx」を開いて図3-15を見てください。

図3-15 分割データの修正例

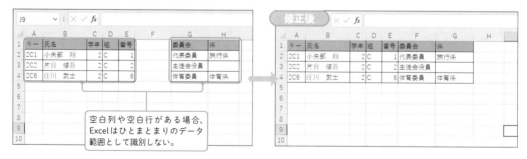

空白列や空白行がある場合、
Excelはひとまとまりのデータ
範囲として識別しない。

1つのシートに複数のデータベースを入力しない

サンプルファイル 3章-11.xlsx

「ひとまとまりのデータを分割しない」にもつながりますが、1つのシートに複数のデータベースを入力するのは避けるようにしましょう。

図3-16には、1つのシートに3つのデータベースが入力されています。この場合、1シートで3種類の情報を閲覧できるメリットはありますが、データベースの主目的はデータを閲覧することではなく管理することです。

1つのシートに複数のデータベースがある場合、データの追加・削除・更新といった作業を行いにくいことに加え、データ損失のリスクが高まります。

そのため、「1つのシートには1種類のデータベースのみ入力する」を原則とし、データベースの種類によってシートを分けるようにしましょう。

では、サンプルファイル「3章-11.xlsx」を開いて図3-16を見てください。

図3-16 データベースの分割例

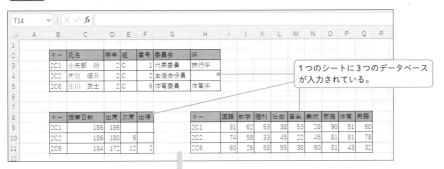

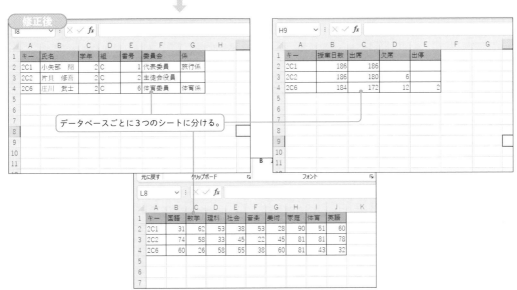

3-3 データを活かすポイント ステップ3　079

3-4 データを活かすポイント
ステップ 4

　「3-1」から「3-3」までの節は、総務省の資料の中から特に教育現場で使用されるものを抜粋しました。本節では、総務省の資料には掲載されてはいませんが、データを活かす上で絶対に押さえておきたいポイントを紹介します。このポイントは、上級者ですらつい抜け落ちてしまいがちです。

　逆に言えば、本節の内容を理解すればみなさんのExcelスキルは格段にアップします。では、一緒に勉強していきましょう。

▶1件は1行に収める

サンプルファイル　3章-12.xlsx

　データベースでは、1件のデータを1行に収めることが原則となっています。もし、図3-17のように1件のデータが複数行に分かれていると、並べ替えや抽出を正確に行えないことはもうおわかりだと思います。サンプルファイル「3章-12.xlsx」で確認してください。

図3-17 1件1行への修正例

1件が2行に分かれていると、並べ替えや抽出を正確に行えない。

	A	B	C	D	E	F	G	H	I
1	キー	氏名・ふりがな		学年	組	番号	委員会・係		
2	2C1	小矢部　翔		2	C	1	代表委員		
3		おやべ　しょう					旅行係		
4	2C2	片貝　修吾		2	C		生徒会役員		
5		かたかい　しゅうご							
6	2C6	庄川　賁士		2	C	6	体育委員		
7		しょうがわ　たけし					体育係		

修正後

	A	B	C	D	E	F	G	H
1	キー	氏名	ふりがな		学年	組	番号	委員会	係
2	2C1	小矢部　翔	おやべ　しょう		2	C	1	代表委員	旅行係
3	2C2	片貝　修吾	かたかい　しゅうご		2	C	2	生徒会役員	
4	2C6	庄川　賁士	しょうがわ　たけし		2	C	6	体育委員	体育係

　1件のデータがあまりにも多くなる場合は、「データのカテゴリーや種類によってシートを分ける」といった工夫をするとよいでしょう。

▶1行目・1列目はなるべく空けない

サンプルファイル 3章-13.xlsx

「3-3」の「ひとまとまりのデータを分割しない」（78ページ参照）で説明したとおり、データベースでは空白行や空白列を作らないことになっています。

　データベースは1シートに1つが原則ですので、シート名をそのデータベースのタイトルにすることを推奨します。そして図3-18のように、1行目はデータの見出しにして、1行目にデータベースのタイトルを入力しないようにすることが、データベースの基本となります。サンプルファイル「3章-13.xlsx」で確認してください。

図3-18 データベース作成例

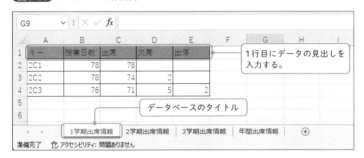

　もし何らかの理由で、データベースのタイトルを1行目に記載する場合には、2行目に空白行を挿入し、タイトルとデータベースを明確に分離することを推奨します。

　Excelは空白行・空白列がデータ範囲の区切りですので、2行目を空けることでデータ範囲が適切に識別されます。

図3-19 データベースのタイトルを1行目に入力した場合

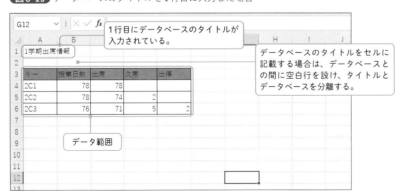

たとえば図3-20のように、データベースのタイトルと表の間に空白行がない場合、Excelはタイトルを含めてデータ範囲として識別します。このような事態は絶対に避けなければならないので、空白行を挿入し、データベースのタイトルとデータ範囲を分割するのです。

図3-20 タイトルとデータベースの間に空白行がない場合（悪い例）

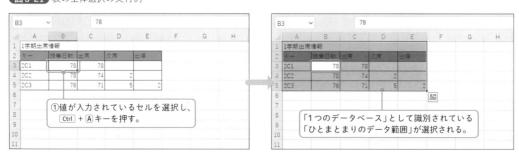

では、Excelが識別しているデータ範囲を確認するにはどうしたらよいでしょうか。

Excelには「ひとまとまりのデータを選択する」機能がありますので、この機能を使えば確認が可能です。データベースの全体を選択するには、値が入力されているいずれかのセルを選択して Ctrl + A キーを押します。

図3-21 表の全体選択の実行例

①値が入力されているセルを選択し、Ctrl + A キーを押す。

「1つのデータベース」として識別されている「ひとまとまりのデータ範囲」が選択される。

▼*memo* 全体選択のショートカットは Ctrl + A キーです。「A」は「All」の頭文字と覚えるとよいでしょう。なお、データベースの外の空白のセルを選択して Ctrl + A キーを押すと、シート全体が選択されます。

▶データの書式を統一する

サンプルファイル 3章-14.xlsx

これまで何度も説明してきましたが、データベースではデータの精度の高さが求められます。実は、データの精度が下がる代表的な要因に「書式が統一されていないこと」が挙げられます。ここでいう書

式とは、列ごとのデータの形式や「全角・半角」「大文字・小文字」などを指しています。

　1つの例ですが、図3-22のようにデータベース内でデータの形式が異なったり、全角と半角が混在していたりすることがあります。こうしたデータベースは、データの精度が低いと言わざるを得ないことはおわかりだと思います。

　このような事態を避けるために、データベースでは列ごとのデータ形式や書式のルールを決めておくことが大切になります。

図3-22 データの書式を揃える

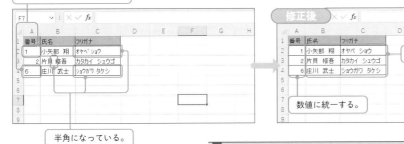

数値が文字列になっている。

半角になっている。

全角に統一する。

数値に統一する。

> ▼memo　データに統一性を持たせるために余分なデータを削除したり書式を揃えたりする作業を、「データクリーニング」と呼びます。

▶コピー内容の貼り付けは「値の貼り付け」

サンプルファイル 3章-15.xlsx

　みなさんは、新しく一覧表を作成する場合に、ほかのExcelファイルからデータをコピー&貼り付けしたことがあるのではないでしょうか。

　データベースにデータを追加・更新する場合にも、ほかのファイルやほかのシートからデータをコピーして貼り付けることがあります。そのような場合には、「すべて貼り付け」ではなく45ページで解説した「値の貼り付け」を推奨します。

　「3-2」の「数式は値データに修正する」(75ページ参照)で紹介したとおり、データベースでは数式を値に変換することが推奨されています。しかし、通常の「貼り付け」では、書式や数式が貼り付けられ、データの書式が変更されたり、データの損失につながったりします。この点にはくれぐれも気を付けてください。

　では、サンプルファイル「3章-15.xlsx」を開いて、次ページの図3-23で確認してください。

図3-23 数式を貼り付けた場合

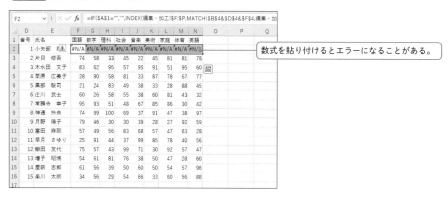

数式を貼り付けるとエラーになることがある。

▼*memo* 「値の貼り付け」を行うにはいくつかの方法があります。よく使うセルの右クリックメニューを確認しておきましょう。

図3-24 セルの右クリックメニュー

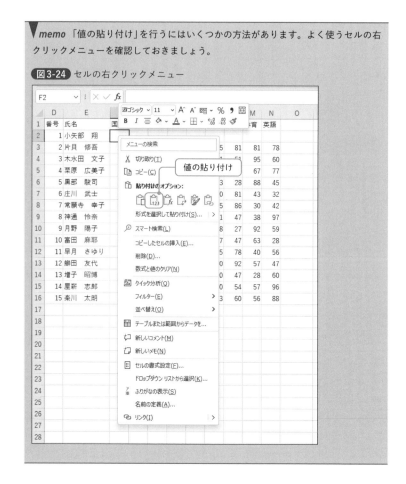

値の貼り付け

第**4**章

共有ファイルの作成と扱い方

　第4章では、組織やチームで共有するExcelファイルの作成と扱いのポイントについて学習していきましょう。この章の内容は、まさにチーム業務効率化の肝となるものです。現場で共有や引継ぎを行う際の「ファイルのマナー」として定着を期待したいものです。

　なお、本章の内容は共有するファイルを前提としていますので、ご自身のみで使用するファイルまで本章のルールに従う必要はありません。その点は注意してください。

4-1 教育現場の共有ファイルと Excel ファイル

第0章にも記載しましたが、教師は異質性の高いチームとしての側面があります。それは教師によって年代が異なり、専門が異なり、配属や担当が異なり、デジタルリテラシーの水準が異なるためです。しかし、たとえ異質性が高くても「チーム」であることに変わりはなく、必然的に「現場における共有ファイルの課題」が発生し、また、「教育現場で用いる Excel ファイルの理想形」というものがあります。

では、それらについて確認していきましょう。

▶ 教育現場における共有ファイルの課題

組織やチームでファイルを共有すると、データやシステムを再利用でき、効率化を図れるといったメリットが得られます。しかし、共有するファイルの構成や前提をすべての人が知っているとは限らないため、使用した人が気付かないうちにデータを消していたり、数式を変更していたりといった危険性と常に隣り合わせの状況と言えるでしょう。

ましてや、教育現場は一般的な企業と比べて状況や背景が異なる集団ですので、データやファイルの損失につながるようなケースがより起こりやすい環境であることは明白です。だからこそ「ファイルの共有」が課題として挙げられるのです。

では、そのような課題を回避するにはどうしたらよいでしょうか。

その詳細なテクニックを本章で解説していきますが、簡潔に言うと、「共有ファイルは、作成する場合と使用する場合でそれぞれ意識するべきポイントがある」ということになります。すなわち、そのポイントを共通のルールとすることが課題の解消につながるのです。

共通のルールとして現場に定着するには少しの労力を必要としますが、結果としてチーム業務の大きな効率化につながりますので、ぜひ積極的に取り組んでください。

▶ 教育現場のExcelファイル

みなさんの現場ではどのようなExcelファイルが使われていますか。校種によって多少の違いはあると思いますが、おそらく教育現場では次のようなExcelファイルを作成したり、使用したりしているのではないでしょうか。

- 名簿（学年、クラス、部活動、委員会名簿など）
- 座席表
- 時間割
- 試験（グラフ、解答欄）
- 成績処理（教科評定算出処理など）
- 週案
- 生徒指導の記録、こどもの見取り、指導要録
- 児童、生徒の個人情報管理（住所、保護者情報）
- 進路（上級学校データ管理）
- 教務（授業編成、クラス編成）
- 会計（学年会計、部活動会計）
- 提出書類のテンプレート　　　　　など

　さて、このように多くの用途でExcelファイルを使用していますが、それらのファイルの構成を大別すると「入力・記録」「編集・加工」「出力・印刷」の3つの要素になります。

　これらの要素が単体で、あるいは組み合わさってExcelファイルが構成されています。だからこそ、こうした要素の観点は共有ファイルを作成したり使用したりする上でとても大切になります。

　それでは共有ファイルのポイントについて具体的に見ていきましょう。

4-2 共有ファイル作成のポイント

それでは、共有ファイルのポイントについて解説していきます。学校という組織では、誰しもがファイルを作成する側であり、また使用する側（ユーザー）でもあります。

そこで、まずはファイルを作成する場合に意識するべきポイントについて学習します。

▶ 構成のシンプル化

Excelで共有するファイルを作成する場合は、なるべくシンプルな作りを心がけましょう。ここでいうシンプルとは「役割によってシートを分けること」を指します。

役割とは、「4-1　教育現場の共有ファイルとExcelファイル」に記載したように、Excelのファイル構成を「入力・記録」「編集・加工」「出力・印刷」の3つの要素に大別することです。

それらの要素を架空のお店にたとえて表すと、次のようなイメージになります。

- 「入力・記録」＝「倉庫」
- 「編集・加工」＝「作業場」
- 「出力・印刷」＝「売り場」

それでは想像してみてください。「倉庫」と「作業場」と「売り場」が一緒の場所になっている店舗ではどのようなことになるでしょうか。その状況では混乱が生じ、物事がスムーズに流れないのは容易にイメージできますよね。そのような混乱を避けるため、店舗では役割によって場所を分けているのです。同様にExcelの場合では役割によってシートを分けるとよいのです。

それでは、それぞれの役割の内容を見ていきましょう。

①入力・記録

データを蓄積・記録する役割のデータ管理シートです。

データベースや一覧表、または基となる一次データを記録しデータの原本とすることで、データ編集後に整合性の確認などで用います。クラス・学年名簿、出席情報一覧、成績情報一覧などがこれに相当します。原本を別のファイルなどで管理している場合には、このシートは不要になります。

②編集・加工

データを編集・加工する役割のシートです。

原本からコピーしたデータを並べ替えたり、数式で集計したりするシートです。複数のデータを組み合わせる場合にも用います。データの編集・加工をしない場合には、このシートは不要になります。

③出力・印刷

表示や印刷をする役割の出力用シートです。

書類のテンプレートや座席表・時間割の印刷などに用いるシートです。レイアウトを工夫し、書式を設定するなど見やすい工夫をし、「入力・記録」用のシートや「編集・加工」用のシートから値をコピーしたり、数式などで値を表示したりします。

このようにシートの役割は、主に3つに大別できます。もちろんファイルの内容や構成によっては厳密に役割を分けられない場合もありますが、使用する人が理解しやすいシンプルな構成を心がけることが大切です。

また気を付けてほしいことは、必ず3つのタイプのシートが必要なわけではなく、ファイルによっては役割が1つや2つの場合もあるということです。

たとえば、書類のテンプレートのように、ファイルの目的がテンプレートの印刷のみの場合は、「出力・印刷」用シートのみになるといった具合です。

一方、座席表や成績の個票作成といったシステムでは、データベース・一覧表の参照や、データの並べ替えや抽出、数式を用いた集計などを行い、その結果を印刷やPDFファイルとして出力するなど、複数の役割を持つシートが必要になります。

そして、このように役割の異なるものを1つのファイルで管理する場合において、役割ごとにシートを分ける意識がとても重要になります。

それでは具体例を見ていきましょう。

構成例1　書類のテンプレート

サンプルファイル　4章-1.xlsx

書類のテンプレートのような出力や印刷を主な目的とするものは、「出力・印刷」用のシートだけで構成されているケースが多くあります。

このようなシートでは、視認性を高めるためにレイアウトを工夫したり、値を入力しやすくする工夫をしたりすることが大切になります。

サンプルファイル「4章-1.xlsx」は書類のテンプレートの例です。

図4-1 テンプレート例

構成例2 座席表

サンプルファイル 4章-2.xlsx

　出席番号を入力すると、数式によって名前が反映されるような座席表は、名簿と枠組みを組み合わせる簡易なシステムです。このようにデータをそのまま別のセルに反映させ、データの編集が必要のないものは、「入力・記録」用と「出力・印刷」用のシート構成になります。

　サンプルファイル「4章-2.xlsx」の座席表は、「入力・記録」用のシートが名簿になっており、「出力・印刷」用シートが座席の枠組みになっています。

図4-2 座席表の簡易システム例

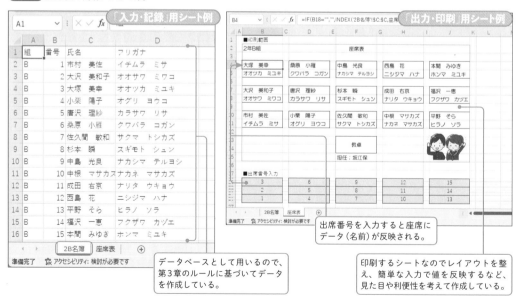

構成例3　成績個票作成システム

最後に3つの役割を持ったシートの構成例について見ていきましょう。

成績の個票作成システムでは、生徒の個人データのほかに、クラスの平均点やクラス順位などの情報が必要になる場合があります。

そのため、サンプルファイル「4章-3.xlsx」のように「入力・記録」用シート、「出力・印刷」用シートのほかに、データを編集するための「編集・加工」用シートを作成します。

図4-3 個票作成システムの例

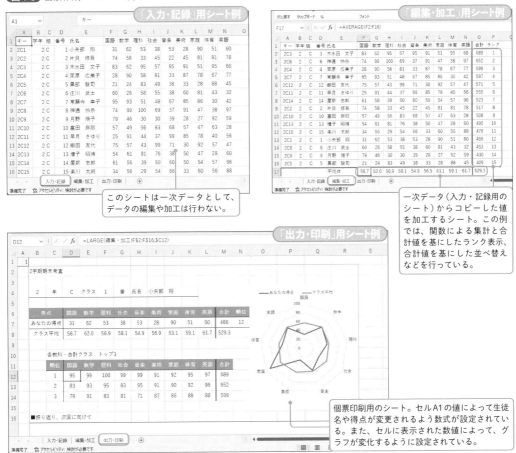

このシートは一次データとして、データの編集や加工は行わない。

一次データ（入力・記録用のシート）からコピーした値を加工するシート。この例では、関数による集計と合計値を基にしたランク表示、合計値を基にした並べ替えなどを行っている。

個票印刷用のシート。セルA1の値によって生徒名や得点が変更されるよう数式が設定されている。また、セルに表示された数値によって、グラフが変化するように設定されている。

次ページの図4-4は、この個票作成システムの「出力・印刷」用シートの印刷プレビュー画面です。

図4-4 個票作成システムの印刷プレビュー画面

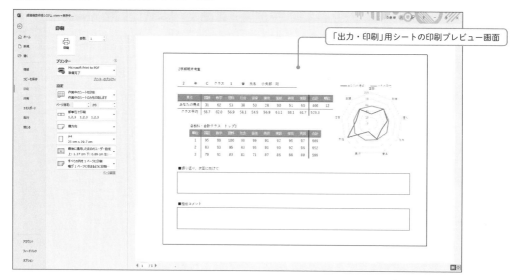

構成例について、ファイルタイプに応じた3つの例を挙げましたが、役割によってシートを分ける意義がおわかりいただけたのではないでしょうか。

これらの例で挙げたように、役割によってシートを分けることで、データ損失リスクを抑えられ、整合性が損なわれにくいファイルになります。

さまざまな役割を1つのシートに組み込んだ場合には、同じようなシートが複製されるなど、時間の経過とともにより複雑化し、ファイルを扱うのにストレスを感じるようになります。

そのような負担感を減らすためにも、ファイルの作成段階で役割によってシートを分ける意識が大切になるのです。

共有ファイルを作成する場合は、構成をシンプルにし、使用する人が少しの時間で各シートの役割を理解できるように作ることを心がけましょう。

---

column 「概要」シートを作成する

入試業務などで共有するExcelファイルの中には、どうしてもシート数が増え、ファイルの構成が複雑になるものがあるのではないでしょうか。

そうした場合は、各シートの内容や更新情報をまとめた「概要」シートとでも呼ぶべきシートを作成することをお勧めします。

図4-5のようにシート数が多い場合は、1枚シートを追加してそれを「概要」シートとし、「概要」シートに各シートの役割やルールなどを明記しておけば、使用する人の認識の一致が図れるので業務が円滑になります。

図4-5 「概要」シート例

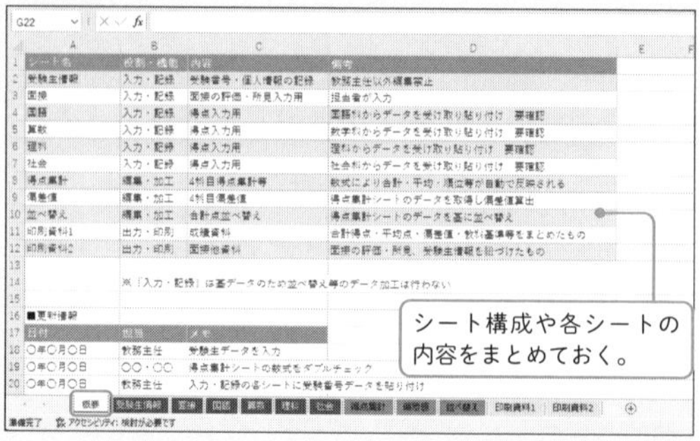

シート構成や各シートの内容をまとめておく。

誤操作防止の仕様

「概要」シートなどで使用する人の認識の一致を図れれば、共有ファイルの業務は円滑になりますが、あわせて意識したいことは、使用する人による誤操作の防止です。使用する人のファイル構成に対する認識が一致していても、気が付かない誤操作によってデータを損失することがあります。そのようなリスクを回避するファイルの仕様はとても大切です。

そこで、ここでは誤操作の防止につながる機能を紹介します。共有ファイルの作成時には、ぜひ意識して活用してください。

シートの保護

サンプルファイル　4章-4.xlsx

シートの保護機能を用いると、編集のできるセルとできないセルを、それぞれ設定することができます。このようにセルの編集に制限をかけることで誤操作防止につなげるのです。

シートの保護が設定されているときに編集できないセルを「ロックされたセル」と言います。この「ロックされたセル」を編集しようとすると、図4-6のようなメッセージが表示され、セルの内容を編集することはできません。

図4-6 シートの保護メッセージ

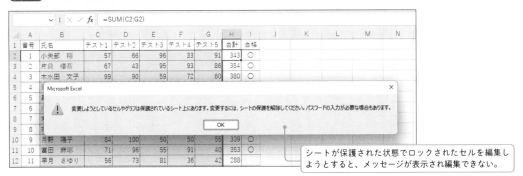

> シートが保護された状態でロックされたセルを編集しようとすると、メッセージが表示され編集できない。

それでは、シートの保護について説明しますので、サンプルファイル「4章-4.xlsx」を開いてください。シートの保護は[校閲]タブの[シートの保護]で設定します。

> **memo** [ホーム]タブの[書式]メニューの[シートの保護]からも設定できます。

図4-7 シートの保護の設定手順

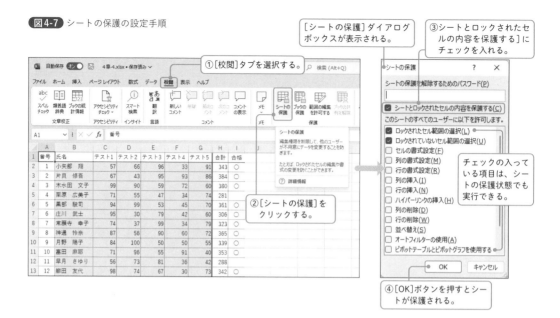

「シートの保護」はできましたか。

それではリボンのメニューを見てください。シートが保護されると、リボンのメニューの一部がグレー表示になり、一部のコマンドが使用できなくなります。そのためシートが保護されているかいないかは、リボンのメニューを見ることで確認できます。

図4-8 シートが保護されているときの［ホーム］タブの状態

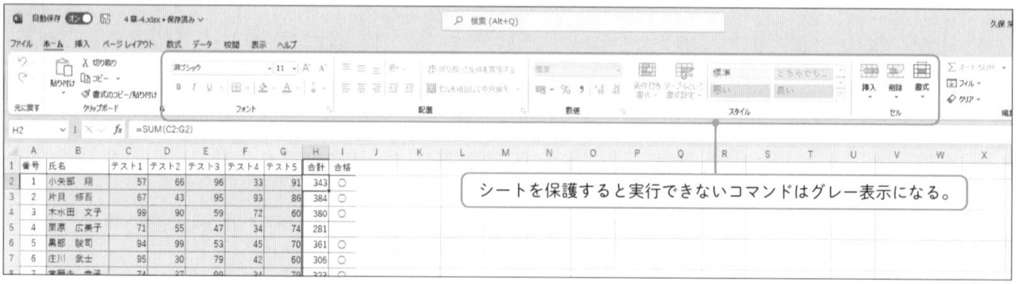

ここで気を付けてほしいのは、シートの保護はシートごとの設定だということです。ブックの全シートがまとめて保護されるわけではありませんので注意してください。

次に、シートの保護を解除する操作を確認しておきましょう。シートの保護の解除も［校閲］タブで行います。シートを保護すると、［校閲］タブの［シートの保護］のコマンドが［シート保護の解除］に変わります。シートの保護を解除するには、このコマンドをクリックします。

図4-9 シートの保護の解除

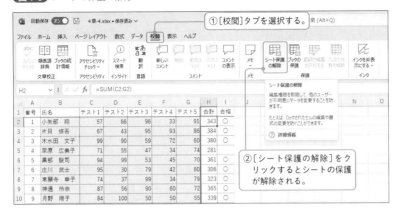

さて、以上の説明でみなさんは「シートの保護」と「シート保護の解除」ができるようになったわけですが、この状態では使用する人の誰もが保護を解除することができてしまいます。

しかし、ファイルの種類によっては、保護の解除に制限をかけたいこともあるでしょう。そうしたケースでは、シートを保護するときにパスワードを設定します。

それでは、先ほどの図4-7の操作手順で[シートの保護]ダイアログボックスを表示してください。この[シートの保護]ダイアログボックスの上部のテキストボックスが、パスワードを設定する箇所です。

図4-10 [シートの保護]のパスワードの設定例

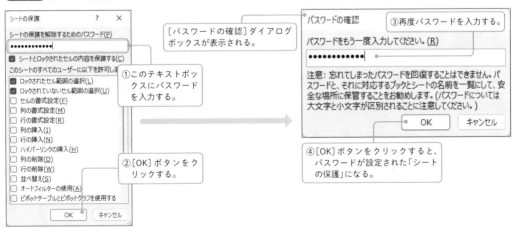

それでは、実際にパスワードを使ってシートの保護を解除してみましょう。図4-9の操作手順で[校閲]タブの[シート保護の解除]コマンドをクリックします。すると、次ページの図4-11のように[シート保護の解除]ダイアログボックスが表示されますので、ここで正しいパスワードを入力してください。

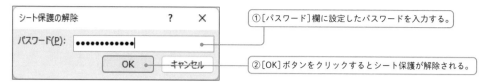

図4-11 [シート保護の解除] ダイアログボックス

① [パスワード] 欄に設定したパスワードを入力する。

② [OK] ボタンをクリックするとシート保護が解除される。

　このときパスワードを間違えていた場合は、図4-12の警告メッセージが表示され、シートの保護は解除されません。

図4-12 パスワードが違う場合の警告メッセージ

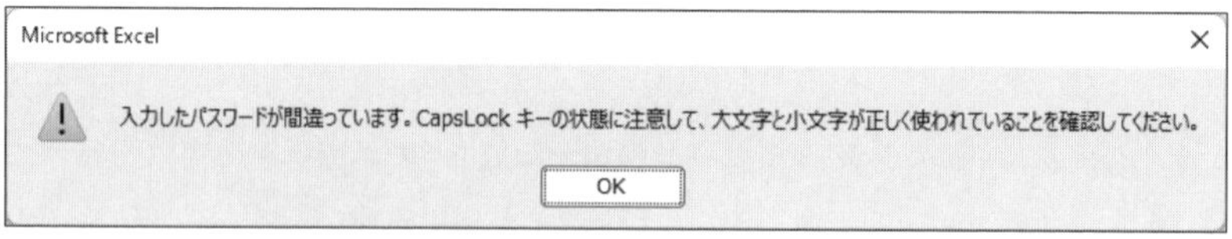

> Microsoft Excel ✕
>
> ⚠ 入力したパスワードが間違っています。CapsLock キーの状態に注意して、大文字と小文字が正しく使われていることを確認してください。
>
> OK

セルのロック設定

　前項の解説で、みなさんはシートを保護できるようになりました。では、もう一歩進んで、編集可能なセルと編集不可能なセルを分けるテクニックにチャレンジしてみましょう。

　詳細な解説に入る前に理解しておきたいことは、シートを保護するとロック設定されたセルの編集ができなくなるということです。逆にロック設定されていないセルは、シートを保護した状態であっても編集することが可能です。しかし、初期設定ではすべてのセルがロック設定されていますので、シートを保護したらすべてのセルが編集できなくなってしまいます。

　そのため、セル単位で「ロックの設定」をしなければならないのですが、これは [セルの書式設定] ダイアログボックスで行います。

　それでは、「シートの保護」が解除されている状態で、ロック設定を解除したいセルを選択し、右クリックで表示されるショートカットメニューの [セルの書式設定] をクリックしてください。

図4-13 セルのロック設定の解除手順

① セルのロック設定を解除したい
セルを選択する。

② 選択しているセル
を右クリックし
て、ショートカッ
トメニューの［セ
ルの書式設定］を
クリックする。

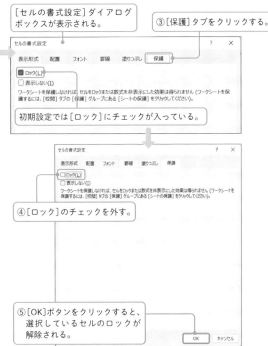

［セルの書式設定］ダイアログ
ボックスが表示される。

③ ［保護］タブをクリックする。

初期設定では［ロック］にチェックが入っている。

④ ［ロック］のチェックを外す。

⑤ ［OK］ボタンをクリックすると、
選択しているセルのロックが
解除される。

　このようにロックを解除したセルは、シートの保護状態であってもセルの編集ができるようになります。

シートの非表示

サンプル
ファイル　4章-5.xlsx

　使用する人に値や数式を変更されたくない場合などには、誤操作防止手段の1つとして、シートを非表示にする方法も有効です。

　シートを非表示にするには、シートの見出しを右クリックし、ショートカットメニューの［非表示］コマンドをクリックします。

　では、サンプルファイル「4章-5.xlsx」を開いて、実際に「マスタデータ」シートを非表示にしてみましょう。

> **memo** シートを非表示にしても、そのシートのセルの値はそのまま保持されますので、データが壊れる心配は一切ありません。
> なお、表示されているシートが1枚の場合には、そのシートは非表示にできません。

図4-14 シートを非表示にする設定手順

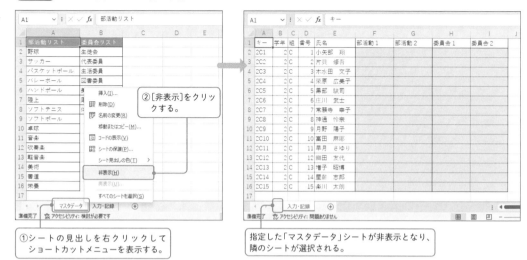

②[非表示]をクリックする。

①シートの見出しを右クリックして
ショートカットメニューを表示する。

指定した「マスタデータ」シートが非表示となり、
隣のシートが選択される。

　それでは次に、非表示にしたシートを再表示してみましょう。表示されている「入力・記録」シートの見出しを右クリックし、ショートカットメニューの[再表示]コマンドをクリックします。

図4-15 シートの再表示の設定手順

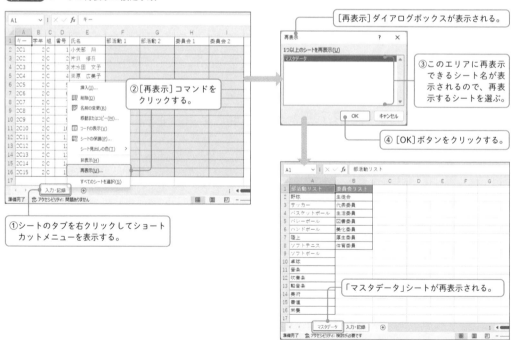

[再表示]ダイアログボックスが表示される。

②[再表示]コマンドをクリックする。

③このエリアに再表示できるシート名が表示されるので、再表示するシートを選ぶ。

④[OK]ボタンをクリックする。

①シートのタブを右クリックしてショートカットメニューを表示する。

「マスタデータ」シートが再表示される。

ブックの保護

　ブックを作成する場合、シートの追加や削除、表示や非表示を使用する人に操作されたくないこともあるでしょう。そのような場合に、シートの構成を保護する機能が「ブックの保護」です。使用する人によるシート構成の改変を防止する場合は、このブックの保護機能を利用します。

　それでは「ブックの保護」を設定してみましょう。ブックの保護は[校閲]タブの[ブックの保護]コマンドで設定します。ここでも引き続き、サンプルファイル「4章-5.xlsx」を使用します。

> **memo**　ここではあらかじめ、サンプルファイル「4章-5.xlsx」の「マスタデータ」シートを非表示にしておいてください。

図4-16 ブックの保護の設定手順

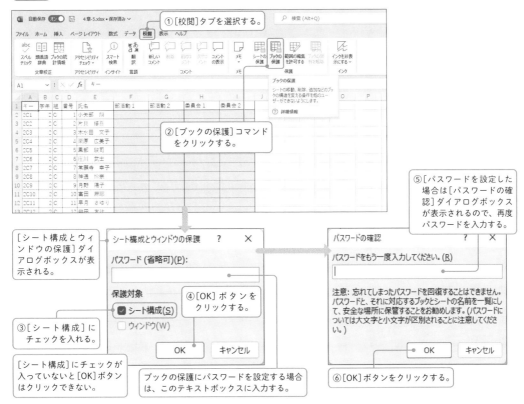

　これで「ブックの保護」が実行され、シート構成が保護されます。ブックが保護されると[校閲]タブの[ブックの保護]コマンドが凹んだ状態に変化します。

図4-17 [ブックの保護]コマンドの状態を確認する

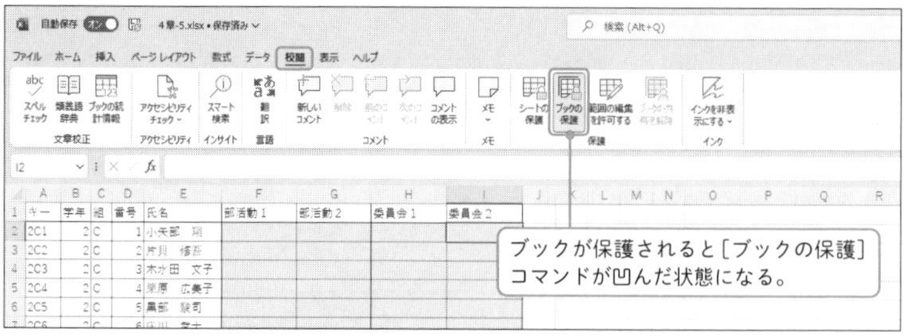

ブックが保護されると[ブックの保護]
コマンドが凹んだ状態になる。

　それでは、ブックを保護した状態でシートの見出しを右クリックして、ショートカットメニューを表示してみましょう。

　すると図4-18のように、シートの挿入や削除、表示や非表示といった多くのコマンドがグレー表示になって、実行できなくなっていることがわかります。そのため、さきほど非表示にした「マスタデータ」シートは再表示することができません。

図4-18 ブックを保護したときのシートタブのショートカットメニュー

多くのコマンドが実行できない
状態になっている。

　このようにブックを保護することで、シートに関する操作を制限でき、マスタデータの改変などの誤操作によるデータ損失防止につなげることができるのです。

　なお、「ブックの保護」の解除は、凹んだ状態になっている[ブックの保護]コマンドを再度クリックします。

> **memo** ブックの保護を設定するときにパスワードを設定した場合は、ブックの保護の解除の際にパスワードの入力を要求されます。

データの入力規則

みなさんは、Excelで図4-19のようなリストから、データを選択してセルに入力する操作をしたことがあるのではないでしょうか。

図4-19 リストから選択して入力する

このように入力する値に制限を設ける機能が「データの入力規則」(以下、入力規則)です。入力規則では、リスト選択だけでなく、さまざまな条件で値の入力を制限できます。

リストから選択したり、入力する値に制限をかけたりすると、データの入力間違いを大幅に減らせます。特に、多くの人が共有するファイルでデータの整合性を高めるためには、入力データに制限をかけることは効果的です。

それでは、サンプルファイル「4章-6.xlsx」を開いてください。

最初に規則を設定したいセルを選択します。入力規則はセル範囲にまとめて設定することもできますので、ここでは「学年」見出しのセル範囲B2：B16を選択しましょう。

図4-20 入力規則の設定手順

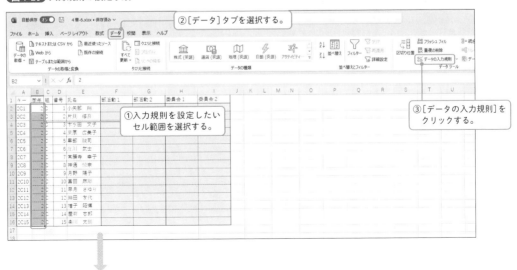

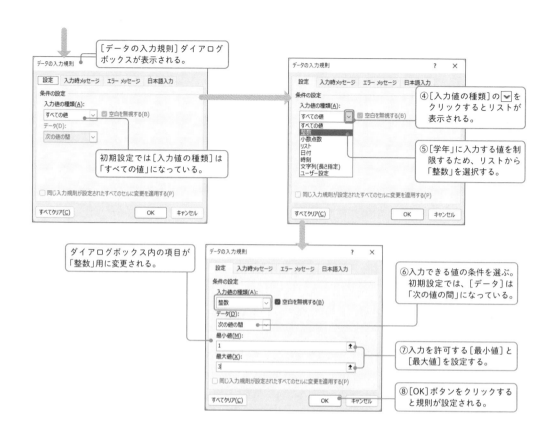

［データの入力規則］ダイアログボックスが表示される。

初期設定では［入力値の種類］は「すべての値」になっている。

④［入力値の種類］の ∨ をクリックするとリストが表示される。

⑤［学年］に入力する値を制限するため、リストから「整数」を選択する。

ダイアログボックス内の項目が「整数」用に変更される。

⑥入力できる値の条件を選ぶ。初期設定では、［データ］は「次の値の間」になっている。

⑦入力を許可する［最小値］と［最大値］を設定する。

⑧［OK］ボタンをクリックすると規則が設定される。

---

column ［データの入力規則］ダイアログボックスの［データ］項目

　［データの入力規則］ダイアログボックスの［入力値の種類］で「整数」「小数点数」「日付」「時刻」「文字列（長さ指定）」を選択すると、［データ］項目が表示されます。そして、この［データ］の ∨ をクリックすると、図4-21のように8つの項目がリスト表示されます。このメニューを活用すると、幅広い条件で入力規則を設定できます。

図4-21 ［データ］項目のリスト

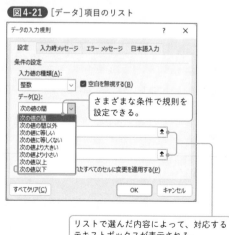

さまざまな条件で規則を設定できる。

リストで選んだ内容によって、対応するテキストボックスが表示される。

これで、選択したセル範囲に入力規則が設定されました。設定された規則は1〜3の間の整数ですので、それ以外の数字や文字などは入力できないことを各自で確認してください。

図4-22 設定された規則以外のデータは入力できない

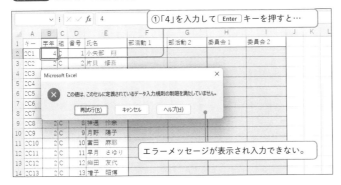

memo ［入力値の種類］で「文字列（長さ指定）」を選択すると、入力できる文字数を制限できます。

さて、入力規則は設定できましたが、入力規則をクリア（解除）するにはどうしたらよいのでしょうか。

入力規則をクリアする場合は、入力規則をクリアしたいセル範囲を選択し［データの入力規則］ダイアログボックスの［入力値の種類］を「すべての値」に戻します。

図4-23 入力規則のクリア

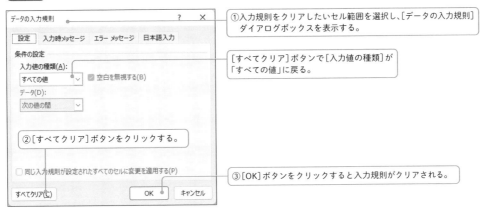

次に、値をリストから選択できるようにしてみましょう。

ここでは同じシートの「組」見出しのセル範囲C2：C16を選択して、101ページの図4-20の操作手順で［データの入力規則］ダイアログボックスを表示してください。

図4-24 指定した値をリストに表示する（リストの設定①）

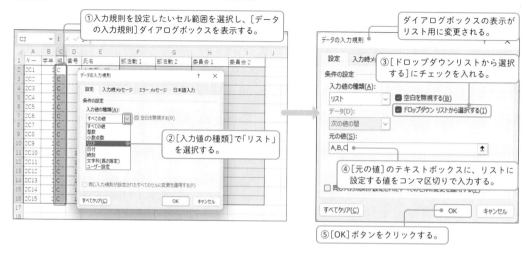

これでリストが設定されましたので、確認してみましょう。セル範囲C2：C16のいずれかのセルを選択してみてください。すると、セルの右側に ☑ ボタンが表示されます。

図4-25 リストから選択して入力

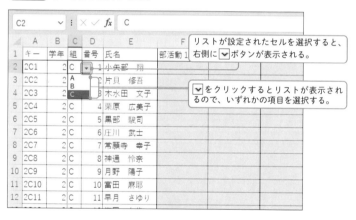

さて、図4-24では、リストの項目をコンマで区切りながらテキストボックスに直接入力していました。しかし、たくさんの項目がある場合、テキストボックスに入力するのは大変です。そのような場合は、項目が入力されているセル範囲を指定する方法がよいでしょう。

それでは、指定したセル範囲の値をリストに反映させてみましょう。「マスタデータ」シートに入力された値をリストにします。「入力・記録」シートの「部活動1」「部活動2」見出しのセル範囲F2：G16を選択し、図4-24の操作手順で［データの入力規則］ダイアログボックスを表示してください。

図4-26 シートに入力されている値をリストに表示する（リストの設定②）

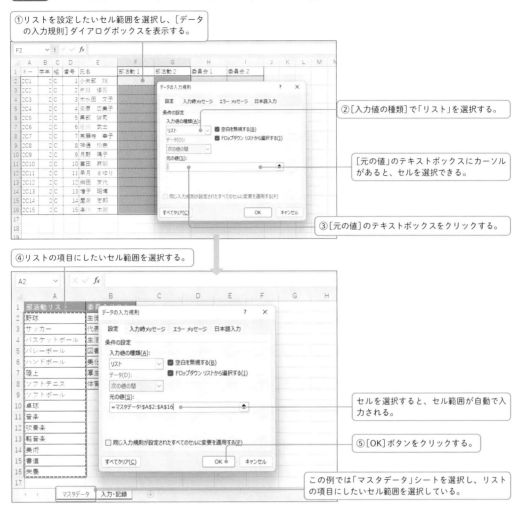

①リストを設定したいセル範囲を選択し、［データの入力規則］ダイアログボックスを表示する。

②［入力値の種類］で「リスト」を選択する。

［元の値］のテキストボックスにカーソルがあると、セルを選択できる。

③［元の値］のテキストボックスをクリックする。

④リストの項目にしたいセル範囲を選択する。

セルを選択すると、セル範囲が自動で入力される。

⑤［OK］ボタンをクリックする。

この例では「マスタデータ」シートを選択し、リストの項目にしたいセル範囲を選択している。

▼*memo*　リストの項目にするセル範囲は、リストを設定するセル範囲と同じシートでもかまいません。

　部活動リストを設定できましたか。では、入力規則を設定したセル範囲からいずれかのセルを選択し、リストを確認してみましょう。

図4-27 セル範囲を表示したリストから入力

	A	B	C	D	E	F	G	H
1	キー	学年	組	番号	氏名	部活動1	部活動2	委員会1
2	2C1	2	C	1	小矢部 翔	野球		
3	2C2	2	C	2	片貝 修吾			
4	2C3	2	C	3	木水田 文子			
5	2C4	2	C	4	栗原 広美子			
6	2C5	2	C	5	墨部 駿司			
7	2C6	2	C	6	庄川 武士			
8	2C7	2	C	7	常願寺 幸子			
9	2C8	2	C	8	神通 怜奈			
10	2C9	2	C	9	月野 陽子			
11	2C10	2	C	10	富田 麻耶			
12	2C11	2	C	11	早月 さゆり			

F2 = 野球

リスト項目：野球、サッカー、バスケットボール、バレーボール、ハンドボール、陸上、ソフトテニス、ソフトボール

> 項目の表示は8つだが、リスト右側のスクロールバーですべての項目が見られる。

> **memo** 同様の手順で「委員会」もリスト選択できるように設定してみましょう。

column セル範囲をリストに設定した場合の注意点

このようにセル範囲をリストに設定した場合、リストの元になっているセルの内容を変更するとどうなるのでしょうか。その場合は、セルの内容の変更に応じてリストにもその変更が反映されますので心配は不要です。

ただし、1つ気を付けてほしいことがあります。この入力規則を設定しているセルに「すべて貼り付け」を行うと、入力規則がクリアされたり、別の規則が設定されたりします。入力規則が上書きされないように、必要に応じてセルにコメントやメモを追加するなどしてトラブルを防いでください（本書ではExcelのコメントやメモ機能には言及しません）。

読み取り・書き込みパスワード

サンプルファイル 4章-7.xlsx

多くの人がファイルにアクセスできる状況下で、教科のような特定のグループのメンバーだけがファイルを開いたり、保存できたりするようにしたいこともあるでしょう。

そのような、ファイルそのものに読み取りや書き込みの制限を設定し、データの損失を防ぐ方法もあります。それが「読み取りパスワード」と「書き込みパスワード」です。

それでは、読み取りパスワードと書き込みパスワードを設定してみましょう。サンプルファイル「4章-7.xlsx」を開いてください。

図4-28 読み取り・書き込みパスワードの設定手順

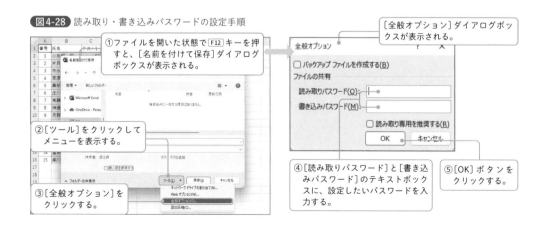

① ファイルを開いた状態で[F12]キーを押すと、[名前を付けて保存]ダイアログボックスが表示される。

② [ツール]をクリックしてメニューを表示する。

③ [全般オプション]をクリックする。

④ [読み取りパスワード]と[書き込みパスワード]のテキストボックスに、設定したいパスワードを入力する。

⑤ [OK]ボタンをクリックする。

[全般オプション]ダイアログボックスが表示される。

「読み取りパスワード」を設定すると、ファイルを開くときにパスワードが要求されますので、関係者以外閲覧禁止のように利用することが可能になります。

「書き込みパスワード」を設定すると、ファイルの上書保存に制限がかかります。

片方ずつ設定することも、両方を設定することもできます。実際にいろいろ設定して、確認してみてください。

> **memo** 読み取りパスワードを忘れると、ファイルを開けなくなるため注意してください。なお、読み取りパスワードと書き込みパスワードは、設定後にファイルを「保存」しないとパスワード付きのファイルにならないので気を付けてください。

---

column 読み取り専用ブック

書き込みパスワードが設定されているブックを開くときの[パスワード]ダイアログボックスで、[読み取り専用]ボタンをクリックすると、読み取り専用でファイルが開きます。

読み取り専用でファイルを開くと上書保存は制限されますが、「名前を付けて保存」は実行できます。

図4-29 [パスワード]ダイアログボックスから[読み取り専用]で開く

> パスワード
>
> ファイル '4 章-7.xlsx' は次のユーザーによって保護されています：
> 坂江 保
>
> 上書き保存するにはパスワードが必要です。または読み取り専用で開いてください。
>
> パスワード(P): [　　　　　　　　　]
>
> [読み取り専用(R)]　　　[OK]　[キャンセル]

さて、設定したパスワードを「なし」にする（削除する）にはどうしたらよいのでしょうか。この場合は、図4-28で設定したパスワードのテキストボックスを空欄に戻してください。

図4-30 パスワードを削除する

設定したパスワードを削除する。

読み取り・書き込みパスワードは、関係者以外への閲覧制限や、データの損失や誤操作の防止に極めて有効ですので、ぜひ活用してみてはいかがでしょうか。

> **memo** 読み取り・書き込みパスワードを設定しても、ファイルそのものは削除したり移動したりできますので、その点は気を付けてください。

4-3 共有ファイルで失敗しないための6つのポイント

本章の最後のテーマは共有ファイルを「作成」するのではなく、共有ファイルをもっぱら「使用」するだけの人に向けた「失敗しないための6つのポイント」です。

ですから、共有ファイルを「作成」する側の人にとっては当たり前の内容となっており、「4-2」節までの解説との重複もありますので、「作成」する側の人は本節を読み飛ばして第5章に進んでください。

▶ ポイント❶ シートの役割や内容を確認してから操作する

共有ファイルでは、データの入力や編集、データの貼り付けに気を付けなければなりません。気が付かないうちにデータを破損してしまったり、数式を消してしまったりすることが多くあります。

そうしたトラブルを防ぐためにも、内容や状況を確認せずに入力や編集をするのは絶対にやめて、シートの役割や内容を確認してから入力や編集といったセルの操作を行うようにしましょう。

▶ ポイント❷ シート構成を変更しない

ファイルの作成者でなければ、原則シート構成の変更はやめましょう。特にシートの削除はしてはいけません。一見何も表示されていないシートであっても、数式が入力されていたり、別の用途で使っていたりする場合があるためです。

一方で、データの編集・加工のために、ご自身で一時的にシートを追加することもあるかもしれません。その場合には、編集が終わったら追加したシートを必ず削除してから保存しましょう。

用途のわからないシートが増えて共有ファイルが複雑化したり、必要なシートがなくなっていたりすると、やり直しや作り直しが発生し、チーム業務の負担が増大します。

ファイルの作成者でなければシート構成は基本的に変更しないようにしましょう。

▶ ポイント❸ 一次データを編集・加工しない

これまでにも説明してきましたが、データベースや一覧表などの一次データの扱いには気を付けてください。

一次データを追加したり削除したりすることはあっても、一次データの並べ替えや組み合わせといった、データの編集や加工などは行ってはいけません。データの編集や加工を行いたい場合は、編集・加

工用シートを新たに作って、そのシートにデータをコピーして行うか、別のブックにデータをコピーして行うようにするとよいでしょう。

　一次データの整合性を保つためにも、この点はぜひとも気を付けてください。

▶ ポイント④　行や列、セルの挿入・削除は行わない

　みなさんは、図4-31のような「#REF!」と表示されているセルを見たことはありませんか。

図4-31 セルの削除による数式のエラー

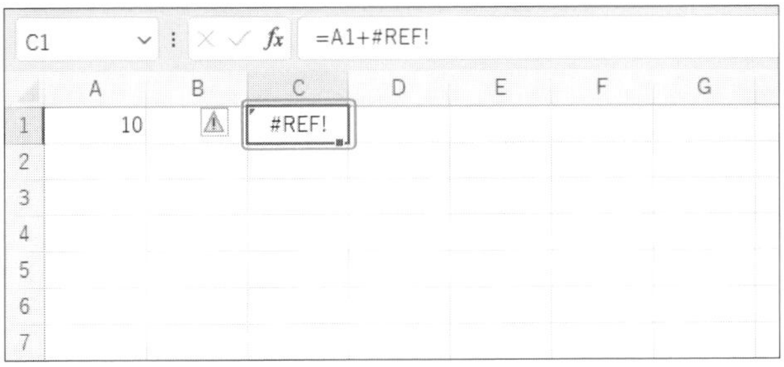

　この「#REF!」は、数式が参照していたセルやシートが削除された場合に、エラーとして表示されます（数式については第7章で解説します）。

　共有ファイルには数式が使用されている場合が多くあります。このようなエラーを回避するためには、共有ファイルでは原則、行や列、セルの削除は行ってはいけません。また、同様に行や列、セルの挿入も行わないほうがよいでしょう。

　もちろん、自身が編集用に追加したシートはその限りではありません。

▶ ポイント⑤　「貼り付け」に気を付ける

　たとえば、教科で共有しているファイルに、ご自身の受け持ちクラスの情報を貼り付けたいこともあるでしょう。そのような場合は「2-2　コピー＆貼り付けのポイント」で解説した「値の貼り付け」で行うようにしましょう。

　コピーしたセルを「すべて貼り付け」すると、セルの値だけでなく、コピー元のセルの書式や罫線などの情報もそのまま貼り付けられます。そのため、たとえば貼り付け先のセルに「入力規則」が設定されている場合、それらがクリアされて入力規則が一切機能しなくなったり、また、コピー元が数式の場合には数式が貼り付けられてしまったりといったトラブルを招いてしまいます。

　共有ファイルだからこそ、慎重に貼り付けを行うようにしましょう。そして、貼り付け後には、貼り付けたデータやその範囲の確認を行ってから上書き保存をするようにしてください。

▶ **ポイント❻** 数式バーを確認する

サンプル
ファイル　4章-7.xlsx

セルに数式が入力されていてもセルが空欄に見えることがあります。図4-32を見てください。

図4-32 数式が空白に見える例

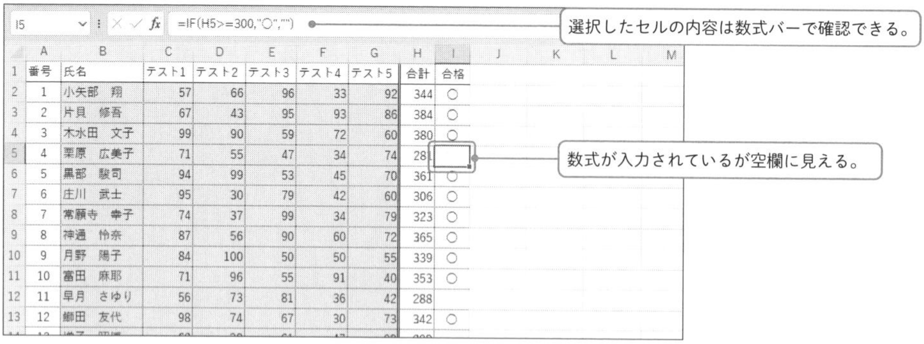

選択したセルの内容は数式バーで確認できる。

数式が入力されているが空欄に見える。

セルI5には数式が入力されていますが、見ためではセルは空欄に見えます。セルの上部の数式バーを見ると、数式が入力されていることがわかります。

このように、一見空欄に見えるセルであっても、実は数式が入力されていることがあります。

また別の例として、フォントの色とセルの背景色が同じになっていて、セルが空欄に見えるケースがあります。

これらのケースでは、使用する人が気付かないうちにセルに値を入力してしまい、元々あった数式を壊してしまったり、または入力されていた値を別の値に書き換えてしまったりという「共有ファイルにおけるよくある失敗」が発生しがちです。

たとえセルは空欄に見えても、数式バーには必ずそのセルに入力されている内容（値や数式など）が表示されています。ですから、値の入力や貼り付けは、数式バーを確認してから行うようにしましょう。

第**5**章

名簿・一覧表の操作を
素早く正確に行うテクニック

学校での Excel を使った個人業務では、名簿や一覧表を多く扱います。この章では、そのような名簿や一覧表を素早く正確に操作するテクニックを取り上げます。

ちょっとした知識やコツですが、それを知っていると驚くほど効率がよくなります。「知識」「コツ」と言っても決して難しいものではありません。何度も扱う機会があるからこそ、本章を読んでその便利さをぜひ実感してください。

5-1 名簿のセルを効率的に選択する

セルの選択は Excel の操作の中で一番基本的なものです。セルをクリックしたり、ドラッグでセル範囲を選択したりと、直感的に操作できるため、それで十分だと考える人も多いことでしょう。

しかし、ちょっとしたコツを知ると作業をとてもスムーズに進められます。たとえ操作1回の時間の違いが数秒でも、何度も行う操作となるとストレスが溜まるものです。本節を読んでぜひともそうした負担を軽減してください。

▶ マウスで選択する

サンプル
ファイル　5章-1.xlsx

マウスでのセルの選択は基本中の基本です。直感的な操作でセルは選択できますが、複数のセルを選択したり、また、広い範囲のセル範囲を選択したりするときには、ちょっとしたコツを知っているだけで作業が格段に楽になります。

では、サンプルファイル「5章-1.xlsx」を開いて確認しましょう。

■ クリックで行・列全体や、すべてのセルを選択する

列全体を選択したいときには列番号をクリックします。

図5-1 列全体をクリックで選択

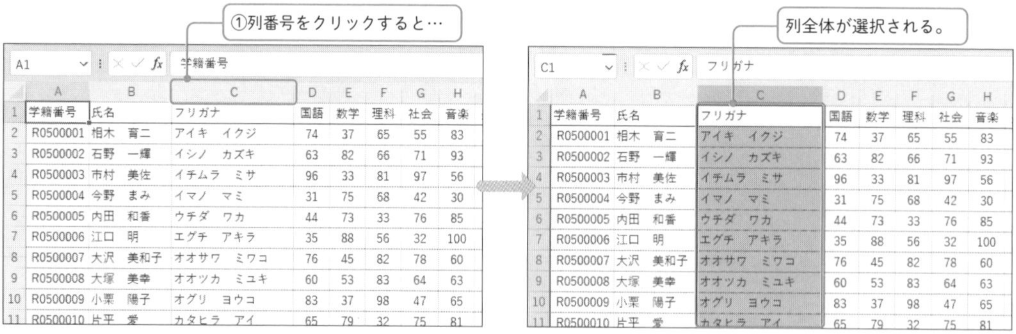

①列番号をクリックすると…

列全体が選択される。

また、行全体を選択したいときには行番号をクリックします。

図5-2 行全体をクリックで選択

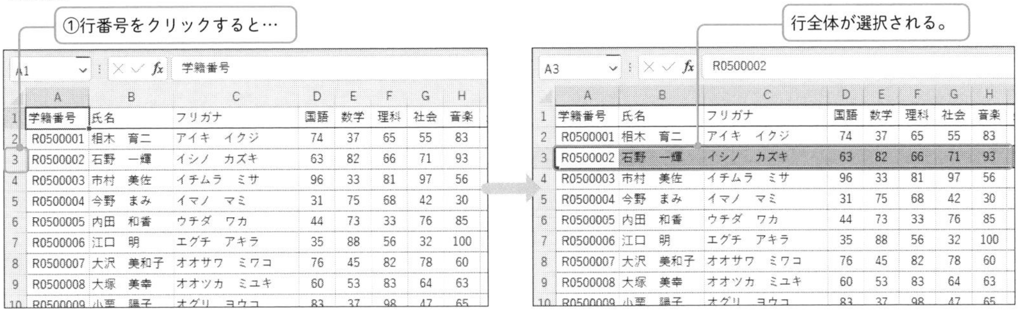

①行番号をクリックすると…

行全体が選択される。

そして、図5-3のように［すべて選択］ボタンをクリックすると、シートのすべてのセルを選択することができます。

図5-3 すべてのセルをクリックで選択

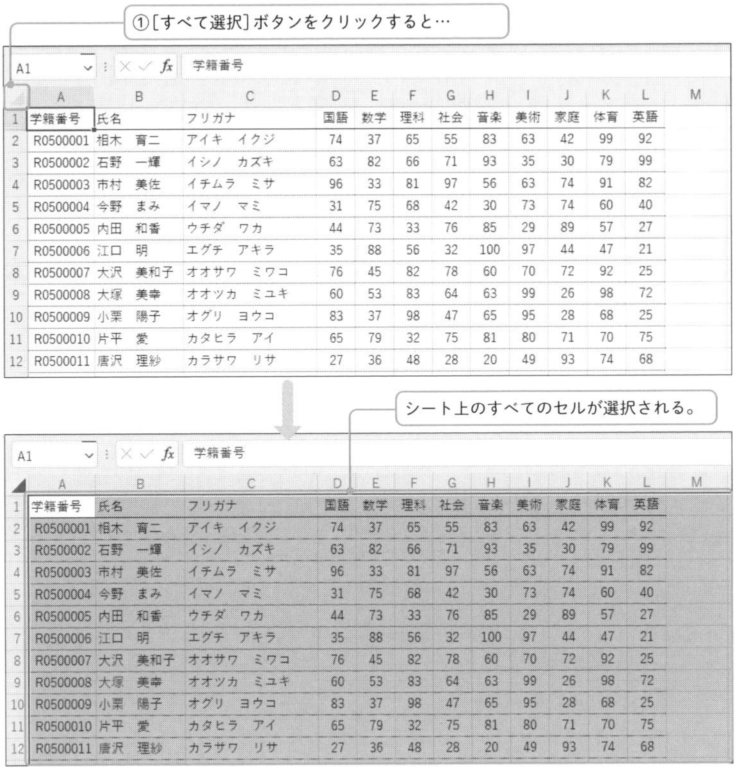

①［すべて選択］ボタンをクリックすると…

シート上のすべてのセルが選択される。

column セル内の編集モードと入力のキャンセル

セルをダブルクリックすると、図5-4のようにダブルクリックした場所にカーソルが表示されてセル内の編集モードになることは、みなさん知っていると思います。

しかし、セル内で編集したい場合には F2 キーのほうが圧倒的に便利です。セルが選択されている状態で F2 キーを押すと、図5-5のようにデータの最後の位置にカーソルが現れます。

また、セル内にカーソルがある場合、↑ キーを押すとカーソルは先頭の位置に移動し、↓ キーを押すとカーソルは最後の位置に移動することも、あわせて覚えておくとよいでしょう。

もう1つ、身に付けてほしいテクニックが「入力のキャンセル」です。セルにデータを入力していて間違えたときに、 Delete キーや Back space キーで1文字ずつ削除する人もいますが、 Enter キーでデータを確定する前なら Esc キーを押すだけで入力をキャンセルすることができます。

図5-4 セルの編集モード

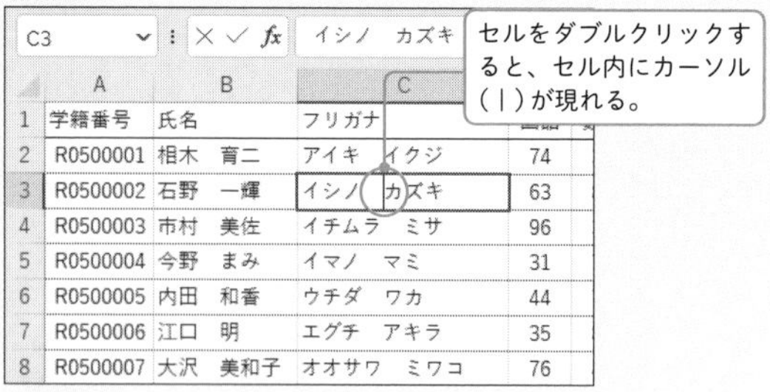

	A	B	C
C3		イシノ カズキ	
1	学籍番号	氏名	フリガナ
2	R0500001	相木 育二	アイキ イクジ	74
3	R0500002	石野 一輝	イシノ カズキ	63
4	R0500003	市村 美佐	イチムラ ミサ	96
5	R0500004	今野 まみ	イマノ マミ	31
6	R0500005	内田 和香	ウチダ ワカ	44
7	R0500006	江口 明	エグチ アキラ	35
8	R0500007	大沢 美和子	オオサワ ミワコ	76

セルをダブルクリックすると、セル内にカーソル（ | ）が現れる。

図5-5 F2 キーでセルを編集モードにする

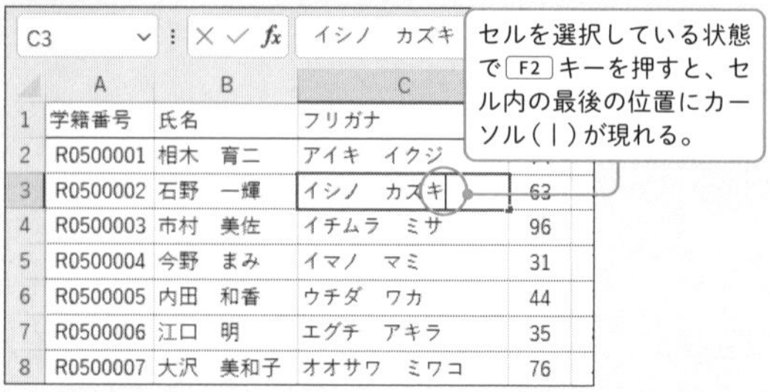

	A	B	C
C3		イシノ カズキ	
1	学籍番号	氏名	フリガナ
2	R0500001	相木 育二	アイキ イクジ	74
3	R0500002	石野 一輝	イシノ カズキ	63
4	R0500003	市村 美佐	イチムラ ミサ	96
5	R0500004	今野 まみ	イマノ マミ	31
6	R0500005	内田 和香	ウチダ ワカ	44
7	R0500006	江口 明	エグチ アキラ	35
8	R0500007	大沢 美和子	オオサワ ミワコ	76

セルを選択している状態で F2 キーを押すと、セル内の最後の位置にカーソル（ | ）が現れる。

Ctrl キーで複数のセルを選択する

名簿から数人のデータをコピーするときなどに、複数のセルを選択したいことはないでしょうか。複数のセルの選択は、最初のセルを選択したあとに Ctrl キーを押した状態で別のセルを選択します。

図5-6 複数のセルを選択

①最初のセルを選択する。

②Ctrl キーを押しながら別のセルをクリックする。

	A	B	C	D	E
B2		相木 育二			
1	学籍番号	氏名	フリガナ	国語	数学
2	R0500001	相木 育二	アイキ イクジ	74	37
3	R0500002	石野 一輝	イシノ カズキ	63	82
4	R0500003	市村 美佐	イチムラ ミサ	96	33
5	R0500004	今野 まみ	イマノ マミ	31	75
6	R0500005	内田 和香	ウチダ ワカ	44	73
7	R0500006	江口 明	エグチ アキラ	35	88
8	R0500007	大沢 美和子	オオサワ ミワコ	76	45
9	R0500008	大塚 美幸	オオツカ ミユキ	60	53
10	R0500009	小栗 陽子	オグリ ヨウコ	83	37
11	R0500010	片平 愛	カタヒラ アイ	65	79
12	R0500011	唐沢 理紗	カラサワ リサ	27	36
13	R0500012	河合 淳子	カワイ アツコ	49	72

	A	B	C	D	E
B6		内田 和香			
1	学籍番号	氏名	フリガナ	国語	数学
2	R0500001	相木 育二	アイキ イクジ	74	37
3	R0500002	石野 一輝	イシノ カズキ	63	82
4	R0500003	市村 美佐	イチムラ ミサ	96	33
5	R0500004	今野 まみ	イマノ マミ	31	75
6	R0500005	内田 和香	ウチダ ワカ	44	73
7	R0500006	江口 明	エグチ アキラ	35	88
8	R0500007	大沢 美和子	オオサワ ミワコ	76	45
9	R0500008	大塚 美幸	オオツカ ミユキ	60	53
10	R0500009	小栗 陽子	オグリ ヨウコ		
11	R0500010	片平 愛			
12	R0500011	唐沢 理紗	カラサワ リサ	27	36
13	R0500012	河合 淳子	カワイ アツコ	49	72

複数のセルが選択される。

Shift キーで広いセル範囲を選択する

画面に収まらないような広いセル範囲を選択する場合、ドラッグで選択するのは決して効率の良いものではありません。そのような広いセル範囲を選択するには、最初のセルを選択したあとに Shift キーを押しながら最後のセルを選択します。

図5-7 広いセル範囲の選択

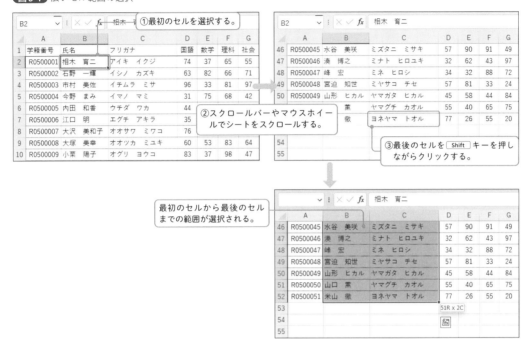

column シートの表示倍率を変更する

広いセル範囲を選択するときなどに使用できる便利なテクニックの1つとして、 Ctrl +マウスホイールがあります。この操作はシートの表示倍率を変更します。

たとえば、広いセル範囲を選択する場合に、一時的に倍率を下げ、選択を終えたあとに倍率を戻すといったことを簡単に行えます。

図5-8 マウスホイールで倍率を変更

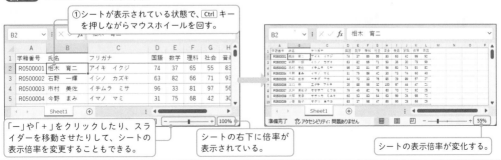

▶ キーボードで選択する

サンプル
ファイル　5章-2.xlsx

▌アクティブセルとは？

セル範囲をキーボードで選択するテクニックを紹介する前に、聞き慣れない「アクティブセル」について覚えておきましょう。

アクティブセルとは、選択しているセルの中で入力できる状態のセルのことです。広いセル範囲を選択しても、アクティブセルは常に1つです。図5-9では、セルB2がアクティブセルになります。

図5-9 選択しているセル範囲の中のアクティブセル

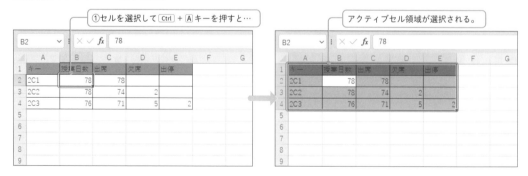

▌アクティブセル領域を選択する

このアクティブセルが所属するひとまとまりのセル範囲のことを、「アクティブセル領域」と呼びます。これは「3-4　データを活かすポイント ステップ4」で紹介したものですね。

そして、データと接しているセルを1つ以上選択した状態で Ctrl + A キーを押すと、アクティブセル領域が選択されます。

図5-10のように、実際にサンプルファイル「5章-2.xlsx」を自分で操作してみてください。

図5-10 アクティブセル領域を選択

①セルを選択して Ctrl + A キーを押すと…　　アクティブセル領域が選択される。

選択しているセル範囲を広げる

Shift キー利用すると、選択しているセル範囲を変更することができます。これは図5-11を見てもらうのが早いでしょう。

図5-11 セル範囲の拡張

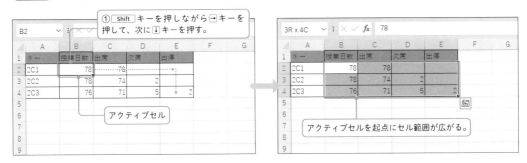

> **memo** このテクニックのポイントは「 Shift キーを押しながら」操作することです。図5-11の場合は、 Shift キーを押したままの状態で、→キーをポンポンポンと3回押して↓キーをポンポンと2回押してから Shift キーを離す、というように操作します。
> Shift キーを押しながら←キーや↑キーを押せば、左や上にセル範囲を広げることができます。なお、セル範囲を広げすぎた場合は、逆向きのカーソルキーでセル範囲を縮小することができます。

入力されているデータの端まで一気に移動する

Excelで表を扱っていると、入力されているデータの端まで一気に移動したいこともあるのではないでしょうか。

こうしたケースでは Ctrl +カーソルキーを押してください。すると、アクティブセルはデータの端まで一気に移動します。

実際にサンプルファイル「5章-2.xlsx」を自分で操作してみてください。

図5-12 入力されているデータの端まで一気に移動する

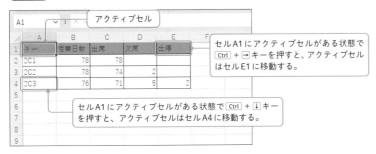

Part

2

個人業務効率化編

column データの間に空欄（空白セル）がある場合

　図5-13のセルD2のようにデータに空欄（空白セル）がある場合は、セルD1で Ctrl + ↓ キーを押してもデータの端のセルD4ではなく、セルD3が選択されます。

　ここはあまり難しく考えずに、途中に空白のセルがあると、 Ctrl +カーソルキーを押してもデータの端まで移動できないと覚えておいてください。

図5-13 アクティブセル領域の中に空欄（空白セル）がある場合

この状態で Ctrl + ↓ キーを押すと、アクティブセルはセルD3に移動する。

■アクティブセルを起点にデータの端まで一度に選択する

　表を使っていると、アクティブセルからデータの端まで一度に選択したいこともあるでしょう。そのような場合には Ctrl + Shift +カーソルキーの組み合わせで対処しましょう。

図5-14 データの端まで一度に選択

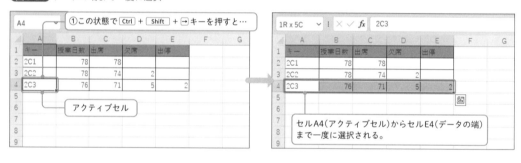

① この状態で Ctrl + Shift + → キーを押すと…

アクティブセル

セルA4（アクティブセル）からセルE4（データの端）まで一度に選択される。

memo これは、 Ctrl +カーソルキーでデータの端に移動する機能と、 Shift +カーソルキーでセル範囲を広げる機能を合体させたテクニックです。

▶[選択オプション]ダイアログボックスで選択する

サンプルファイル 5章-3.xlsx

　表の中の空白セルや数式が入力されたセル、または入力規則が設定されているセルなどをまとめて選択したいといったことはありませんか。

　実はExcelでは、このように特定の条件に合致するセルを検索し、まとめて選択することが可能です。そのために使用するのは[選択オプション]ダイアログボックスです。

　それでは、サンプルファイル「5章-3.xlsx」を開いてください。この一覧から空白のセルを選択してみましょう。

図5-15 ［選択オプション］ダイアログボックスの操作手順

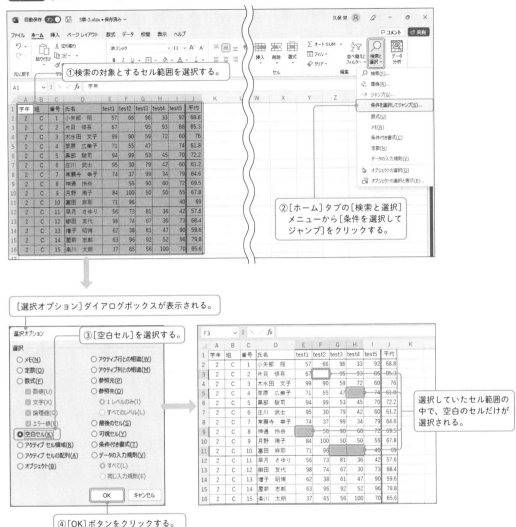

①検索の対象とするセル範囲を選択する。

②［ホーム］タブの［検索と選択］メニューから［条件を選択してジャンプ］をクリックする。

［選択オプション］ダイアログボックスが表示される。

③［空白セル］を選択する。

選択していたセル範囲の中で、空白のセルだけが選択される。

④［OK］ボタンをクリックする。

　このように、［選択オプション］ダイアログボックスで空白のセルを一度に選択すると、空白セルだけ背景色を塗るなどの操作を簡単に行えます。

　この［選択オプション］ダイアログボックスでは、次ページの図5-16のようなさまざまな条件を指定できます。

図 5-16 教育現場で活かせる条件

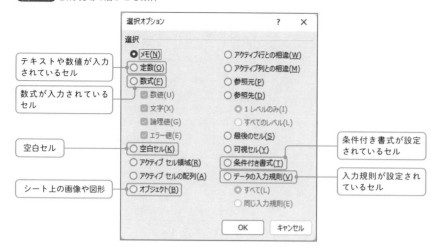

テキストや数値が入力
されているセル

数式が入力されている
セル

空白セル

シート上の画像や図形

条件付き書式が設定
されているセル

入力規則が設定され
ているセル

［選択オプション］ダイアログボックスを使えば、「シート上の入力規則をクリアするために、入力規則が設定されているセルを一括で選択する」など、何かしら特定の条件でセルを選択できますのでとても便利な機能と言えるでしょう。

> ▼*memo* 入力規則については101ページ、条件付き書式については140ページを参照してください。

column ［選択オプション］ダイアログボックスのショートカットキー

　［選択オプション］ダイアログボックスをキーボードだけで開きたいときには、まず Ctrl + G キーを押してください。すると、図5-17の［ジャンプ］ダイアログボックスが表示されます。

　次に Alt + S キーを押すか、マウスで［セル選択］ボタンをクリックすれば、［選択オプション］ダイアログボックスが表示されます。

図 5-17 ［ジャンプ］ダイアログボックス

▶ 離れた複数のセルをひとまとまりに貼り付ける

サンプルファイル　5章-4.xlsx

　宿泊イベントなどの班別名簿を作成するときに、クラス名簿の中から数人の生徒の名前を抜き出しひとまとまりに貼り付けたいことがあります。

　実は条件を満たせば、離れた複数のセルをコピーして、ひとまとまりに貼り付けることができます。その条件とは、選択されているセルの行または列が同じであることです。

　図5-18と図5-19では「値の貼り付け」を行っていますが、書式を含めた「貼り付け」も可能です。ただし、貼り付けたデータの体裁をあとから整えたい場合などは、「値の貼り付け」のほうがよいでしょう（45ページ参照）。

　サンプルファイル「5章-4.xlsx」を使用して、実際にいろいろと操作してみてください。

図5-18 離れた複数のセルをコピーして貼り付け（同じ列）

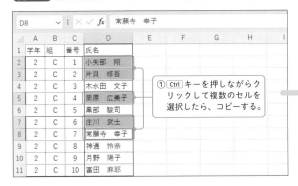

① Ctrl キーを押しながらクリックして複数のセルを選択したら、コピーする。

② 別のセルに貼り付けると、間が詰められて、ひとまとまりに貼り付けられる。

図5-19 離れた複数のセルをコピーして貼り付け（同じ行）

① Ctrl キーを押しながらクリックして複数のセルを選択したら、コピーする。

② 別のセルに貼り付けると、間が詰められて、ひとまとまりに貼り付けられる。

　選択するセルが複数列にわたる場合であっても、同じ列であれば複数行のセル範囲をひとまとまりに貼り付けることもできます。

　名簿などでデータを部分的に抜き出す場合にとても役に立つテクニックですので、ぜひ活用してみてください。

図5-20 同じ複数列で、離れた行のセルをコピーして貼り付け

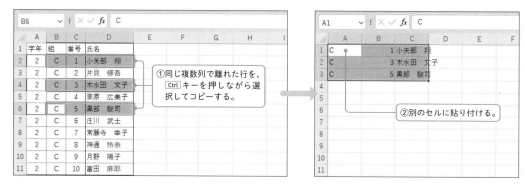

①同じ複数列で離れた行を、
Ctrl キーを押しながら選
択してコピーする。

②別のセルに貼り付ける。

複数のセルをコピー＆貼り付けできない場合

行も列も異なるセルを複数選択した場合は、コピー＆貼り付けができません。

図5-21 コピー＆貼り付けができない例

複数選択しているセル
の行も列も異なる。

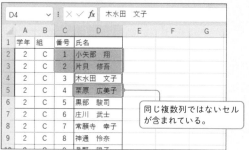

同じ複数列ではないセル
が含まれている。

5-2 名簿管理を効率化する 連続データの入力
オートフィル

　第2章で少しだけ触れましたが、選択しているセルの右下の■をドラッグして連続データを入力することを「オートフィル」と言います。このオートフィルは「1、2、3、4」のような単純な連続データだけでなく、「1、3、5、7」のような1つ飛ばしの連続データや、「月、火、水、木」のような曜日の連続データなど、実に柔軟に連続データが入力できる「Excelの真骨頂」とでも言うべき機能です。

▶ 同じデータを連続で入力する

　　　　　　　　　　　　　　　　　　　　　　　　サンプルファイル　5章-5.xlsx

　学年や組などのデータを連続で入力したいときに威力を発揮するのが「オートフィル」機能です。

　オートフィルはアクティブセルの右下の■（フィルハンドル）を、上下左右のいずれかの方向にドラッグすることによって実行されます。

　まずは、連続データではなく同じデータを入力する例を見てみましょう。サンプルファイル「5章-5.xlsx」を開いて、図5-22のとおりに操作してみてください。

図5-22 同じデータの連続入力

①フィルハンドルを下にドラッグすると…

開始セルと同じデータが連続で入力される。

B列も同様の操作で、同じデータを連続で入力する。

memo ■（フィルハンドル）上にマウスカーソルを合わせると、マウスカーソルの形状が「＋」に変わります。オートフィルでデータの連続入力を行うときは、マウスカーソルが「＋」の状態で■（フィルハンドル）をドラッグしましょう。

オートフィルで1つ気を付けてほしいことは、書式や入力規則といったセルの情報も、データと同様にコピーされる点です。

図5-23 セルの背景色もコピーされる

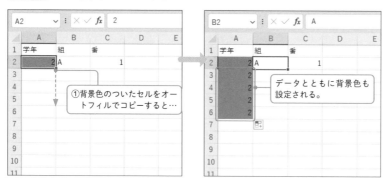

以上の操作で、学年と組を連続する範囲に入力できました。では、出席番号のような連続する番号（連番）を入力するにはどうしたらよいでしょうか。

次は、連続する番号を入力する方法を確認しましょう。

▶ 連続する番号を入力する

出席番号のような連続する数値をオートフィルで入力するには、いくつかの方法があります。まずは、アクティブセル右下の■（フィルハンドル）を Ctrl キーを押しながらドラッグしてみましょう。

図5-24 連続番号の入力（例①）

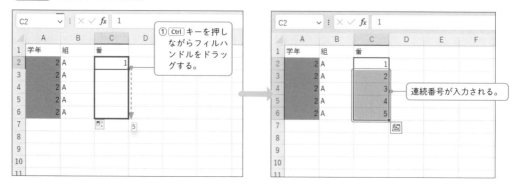

次に、もう1つの方法を紹介します。2つの連続したセルに数値を入力し、その2つのセルを選択してフィルハンドルをドラッグします。

図5-25 連続番号の入力（例②）

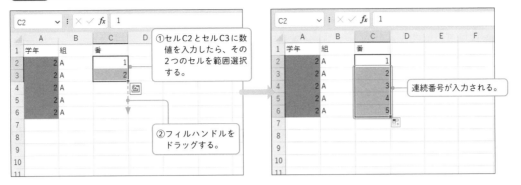

この方法は、最初の2つのセルの数値データの差分を増分値としますので、図5-26のように元になる最初の2つのセルの数値が3つ飛ばしの場合は、「1、4、7、10…」のようにドラッグした範囲も3つ飛ばしでデータが入力されます。

図5-26 増分値の自動設定

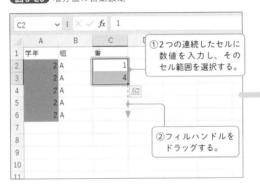

▼*memo*　フィルハンドルをドラッグすると、右下に［オートフィルオプション］ボタンが表示されます。このボタンをクリックして表示されるメニューから、コピーの方法を指定することもできます。

たとえば、図5-24で連続番号を入力したあとで［オートフィルオプション］ボタンのメニューから［セルのコピー］を選ぶと、開始セルの値（この例では1）のコピーに変わります。図5-25で［オートフィルオプション］ボタンのメニューから［セルのコピー］を選ぶと、「1、2、1、2、…」というように選択していたセルの値が繰り返しコピーされます。

図5-27 ［オートフィルオプション］ボタンのメニュー

また、図5-23で［オートフィルオプション］ボタンのメニューから［連続データ］を選ぶと連続する数値に、［書式なしコピー］を選べばセルの値だけのコピーに変更できます。

ただし、［オートフィルオプション］ボタンは、オートフィルのあとにほかの操作を行うと消えてしまいますので、注意しましょう。

▶曜日を連続入力する

サンプル
ファイル　5章-6.xlsx

　これまでの連続データ入力は数値でした。次は、曜日を連続で入力してみましょう。サンプルファイル「5章-6.xlsx」を開いてください。

図5-28 曜日の連続入力

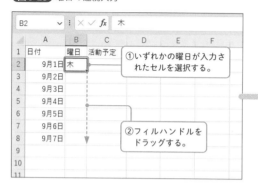

> ▼*memo*　A列のような日付も、フィルハンドルをドラッグすると連続データが入力されます。連続データにしたくないときには、[Ctrl]キーを押しながらフィルハンドルをドラッグすると、同じ値が入力されます。

▶ダブルクリックでデータを一気に入力する

　これまでは、フィルハンドルをドラッグしてデータを入力してきました。しかし、オートフィル機能では、マウスのダブルクリックでデータを一気に入力することも可能です。

　それでは試してみましょう。引き続きサンプルファイル「5章-6.xlsx」を使用します。

図5-29 ダブルクリックで入力

とても簡単に入力できましたね。ただ、みなさんの中には「どこまでデータが入力されるのか」と疑問に思った人もいるのではないでしょうか。

ダブルクリックでデータが連続入力されるのは、アクティブセル領域の最後の行までになります。図5-30の例では、セルB8まで、もしくはセルC8までならダブルクリックでデータの連続入力ができます。

図5-30 アクティブセル領域にデータの連続入力ができる

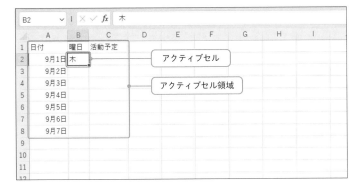

5-3 法則性のあるデータを 自動入力する

フラッシュフィル

みなさんは「フラッシュフィル」という機能を知っていますか。この機能は法則性のあるデータを自動入力するもので、データを扱う上で大幅な効率化が期待できる画期的な機能です。

ただし、この機能はExcel 2013以降に組み込まれたので、それ以前のバージョンのExcelでは使えません。「フラッシュフィル」に代わるテクニックを130ページで解説していますので、Excel 2013より前のバージョンをお使いの人はそちらを参照してください。

▶姓と名を分割する

サンプルファイル 5章-7.xlsx

名簿などにおいて姓と名を別の列に分けたいといった経験はありませんか。もし性と名の間に空白があればそれを「法則性」として、「フラッシュフィル」という機能でデータを自動入力することが可能です。

一見難しそうな機能名ですが、操作自体はとても簡単です。サンプルファイル「5章-7.xlsx」を開いてください。

図5-31 フラッシュフィルで姓と名を分ける

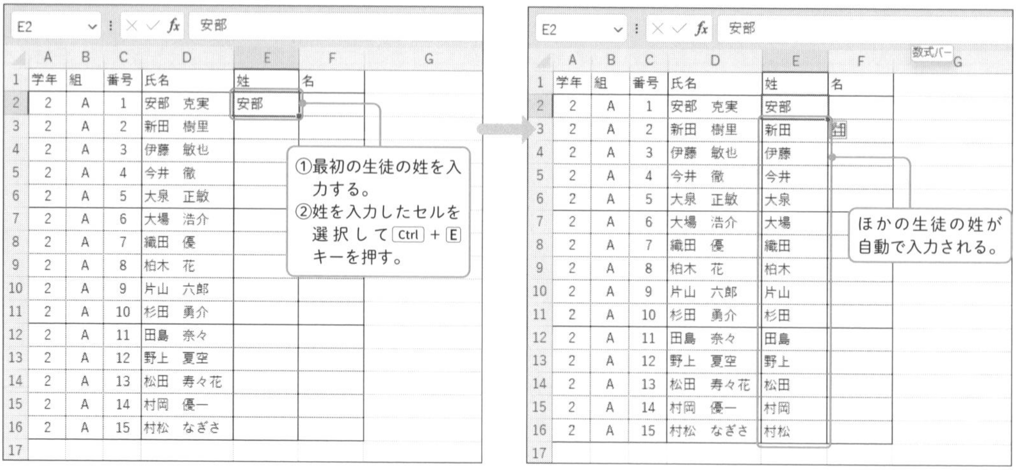

①最初の生徒の姓を入力する。
②姓を入力したセルを選択して Ctrl + E キーを押す。

ほかの生徒の姓が自動で入力される。

このケースでは、D列の「氏名」のセルから一部を取り出すことを、Excelが法則として検知して残りのデータを自動で入力しています。このように、Excelが法則性を検知するとデータが自動で入力される機能が「フラッシュフィル」なのです。

それでは、名もフラッシュフィルで入力してみましょう。先ほどはショートカットキーの Ctrl + E キーでフラッシュフィルを実行しましたが、今度はリボンのコマンドから実行してみましょう。

図5-32 フラッシュフィルをリボンのコマンドから実行

名も自動で入力される。

いかがでしょうか。簡単で便利な自動入力機能だということが、おわかりいただけたのではないでしょうか。

ただし、ここで1つ大きな注意点があります。それは、Excelが「法則性」を見つけられなければ「フラッシュフィル」は機能しないということです。

今回のケースでは、姓と名の間に空白がなければ、どこまでが姓でどこからが名なのかExcelにはわかりませんので、フラッシュフィルは一切機能しません。

column 関数を使った数式による姓と名の分割

サンプル
ファイル 5章-7b.xlsx

Excel 2010以前のバージョンをお使いの場合は、フラッシュフィルは使えません。

そこで、関数を使った数式による姓と名の分割を紹介します。関数や数式については第7章で解説していますので、関数の入力方法など数式の基礎知識は、第7章を参照してください。

サンプルファイル「5章-7b.xlsx」を開いてください。

姓を取り出す場合に使用する関数は、LEFT関数とFIND関数の2つです。LEFT関数は、指定した文字列の左から任意の文字数分の文字を取り出します。FIND関数は、文字列の中から任意の文字の位置を数字で返します。

図5-33では、FIND関数で氏名の中から全角スペース（"　"）を探し、LEFT関数で全角スペースの位置から1を引いた数の文字列（最初から全角スペースの前までの文字列）を取り出しています。

構 文

[FIND関数] =FIND(検索文字列,対象,[開始位置])
[LEFT関数] =LEFT(文字列,[文字数])

図5-33 姓を取り出す数式

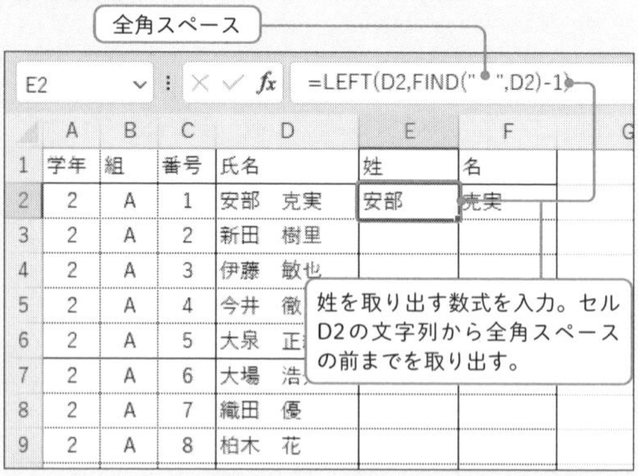

全角スペース

E2 | =LEFT(D2,FIND("　",D2)-1)

	A	B	C	D	E	F	G
1	学年	組	番号	氏名	姓	名	
2	2	A	1	安部　克実	安部	克実	
3	2	A	2	新田　樹里			
4	2	A	3	伊藤　敏也			
5	2	A	4	今井　徹			
6	2	A	5	大泉　正敏			
7	2	A	6	大場　浩之			
8	2	A	7	織田　優			
9	2	A	8	柏木　花			

姓を取り出す数式を入力。セルD2の文字列から全角スペースの前までを取り出す。

▼**memo** 数式の中で文字（文字列）を指定する場合には、その文字（文字列）を「"」（ダブルクォーテーション）で挟みます。全角スペースも文字なので、この例では「"　"」と入力しています。

また、名を取り出す場合に使用する関数はMID関数とFIND関数の2つです。MID関数は、指定の位置から任意の文字数分を、指定した文字列から取り出します。

図5-34では、FIND関数で氏名の中から全角スペース（"　"）を探し、MID関数で全角スペースの位置に1を足した位置から10文字分の文字列（全角スペースの後ろから10文字分の文字列）を取り出しています。指定した文字数より実際の文字列の文字数が少ない場合（指定した文字数に満たない場合）は、文字列の最後まで取り出します。この例では、名が10文字以上の生徒はいないという前提で、10文字分を取り出すように指定しています。

構 文

[MID関数] =MID(文字列,開始位置,文字数)

図5-34 名を取り出す数式

F2 | =MID(D2,FIND("　",D2)+1,10)

	A	B	C	D	E	F	G
1	学年	組	番号	氏名	姓	名	
2	2	A	1	安部　克実	安部	克実	
3	2	A	2	新田　樹里			
4	2	A	3	伊藤　敏也			
5	2	A	4	今井　徹			
6	2	A	5	大泉　正敏			
7	2	A	6	大場　浩之			
8	2	A	7	織田　優			
9	2	A	8	柏木　花			
10	2	A	9	片山　六郎			
11	2	A	10	杉田　勇介			
12	2	A	11	田島　奈々			

名を取り出す数式を入力。セルD2の文字列から全角スペースの後ろを取り出す。

▶姓と名を連結する

サンプルファイル 5章-8.xlsx

もう気付いた人もいると思いますが、法則性を検知して自動入力するフラッシュフィルを利用すれば、先ほどの「分割」とは逆に、姓と名を「連結」することも可能です。

では、サンプルファイル「5章-8.xlsx」で試してみましょう。

> **memo** 図5-35では、姓と名の間に区切り文字として「☆」を入力していますが、これは見た目にわかりやすくするためです。通常は全角や半角のスペースを入力することが多いでしょう。

図5-35 フラッシュフィルで姓と名を連結する

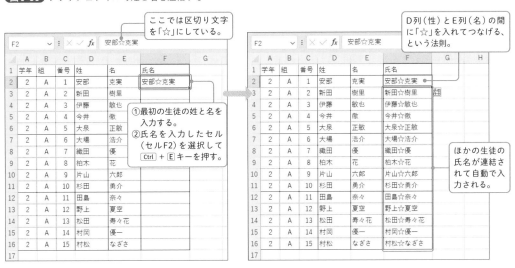

このように法則性をもってデータを作成したい場合に、フラッシュフィルは強力な機能としてとても役立ちます。ぜひ、さまざまな場面で活用してみてください。

column 数式による姓と名の連結

　数式で文字列と文字列をつなげるには「&」（アンパサンド）を使います。

　姓と名を連結する場合は、姓のセルと名のセルを「&」でつなげればよいのですが、そのままでは区切り文字がありません。図5-36の例では、性と名の間に「☆」を区切り文字として入れています。サンプルファイル「5章-8b.xlsx」で確認してください。

　Excel 2013以降を使用している場合は、姓と名の分割や連結は、関数や数式よりも圧倒的にフラッシュフィルのほうが便利です。

　ただし、姓と名の分割や連結に使用する関数や数式はさほど難しくはありませんので、このテクニックを覚えておけばExcel 2013以降でも存分に威力を発揮するのではないでしょうか。

　なお、関数や数式については第7章を参照してください。

図5-36 姓と名を連結する数式

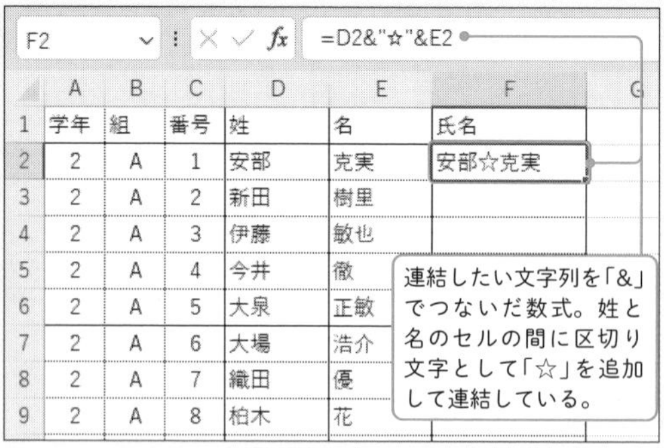

	A	B	C	D	E	F	G
	F2			f_x		=D2&"☆"&E2	
1	学年	組	番号	姓	名	氏名	
2	2	A	1	安部	克実	安部☆克実	
3	2	A	2	新田	樹里		
4	2	A	3	伊藤	敏也		
5	2	A	4	今井	徹		
6	2	A	5	大泉	正敏		
7	2	A	6	大場	浩介		
8	2	A	7	織田	優		
9	2	A	8	柏木	花		

連結したい文字列を「&」でつないだ数式。姓と名のセルの間に区切り文字として「☆」を追加して連結している。

5-4 ふりがなの取得と ひらがな・カタカナの相互変換

ふりがな設定機能

　Excelでは、名簿に入力した氏名からふりがなを簡単に取り出すことができます。そのためには関数を使うのですが、極めて難易度の低い関数なので安心してください。

　また、Excelではひらがなをカタカナに変換したり、逆にカタカナをひらがなに変換することも容易です。

　この節では、そうした「ふりがな設定」機能について学習していきましょう。

▶ ふりがなを取得する

> サンプルファイル　5章-9.xlsx

　サンプルファイル「5章-9.xlsx」を開いてください。サンプルファイルには名簿があり、D列が「氏名」、E列が「フリガナ」になっていますが、この欄はまだ空白です。

　この名簿の「氏名」の列からふりがなを取得してみましょう。このとき、ExcelのPHONETIC関数を利用します。PHONETIC関数は、関数に指定したセルが文字列の場合に「ふりがなの文字列」を取り出します。

　では、PHONETIC関数を入力してみましょう。

> **memo** PHONETIC関数は、カッコの中にふりがなを取り出したいセルを指定します。
>
> 構文　［PHONETIC関数］　=PHONETIC（参照）
>
> 関数の入力方法や数式の基礎知識については第7章を参照してください。

図5-37 PHONETIC関数の入力

①セルE2に半角英数字で「=p」と入力すると、「p」から始まる関数の候補が表示される。

②候補リストの中の「PHONETIC」をダブルクリックする。

③この状態で氏名の列のセルD2をクリックする。

PHONETIC関数が入力される。

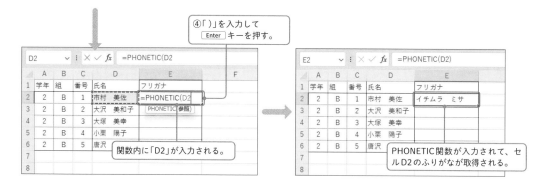

④「) 」を入力して
Enter キーを押す。

関数内に「D2」が入力される。

PHONETIC関数が入力されて、セルD2のふりがなが取得される。

　セルE2にふりがなが表示されたら、セルE2の数式を下方向にコピーします。フィルハンドルをドラッグしてコピーしてもよいのですが、ここでは別の方法を紹介しましょう。

図5-38 ショートカットメニューで数式をコピーする

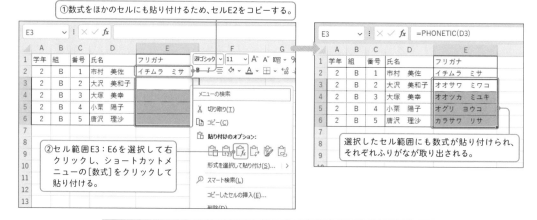

①数式をほかのセルにも貼り付けるため、セルE2をコピーする。

②セル範囲E3：E6を選択して右クリックし、ショートカットメニューの[数式]をクリックして貼り付ける。

選択したセル範囲にも数式が貼り付けられ、それぞれふりがなが取り出される。

　このようにPHONETIC関数では、文字列のふりがなを取り出せるのですが、実は、ふりがなが取り出せるのはセルにふりがな情報が含まれている場合のみになります。同じ漢字であっても、メモ帳のデータを貼り付けたセルや、Webサイトのデータを貼り付けたセルには、ふりがな情報は含まれていません。
　そのような場合には、次のような方法でふりがなを設定します。

ふりがなを設定する

それでは、サンプルファイル「5章-10.xlsx」を開いてください。このサンプルファイルでは、図5-39のようにE列にPHONETIC関数が入力されています。

ここで注目してもらいたいのはセル範囲E3:E5です。このセルには漢字が表示されています。これは、PHONETIC関数にふりがな情報が含まれていない文字列を指定した場合には、指定したセルの文字列がそのまま表示されるからです。

図5-39 ふりがな情報を取得できない例

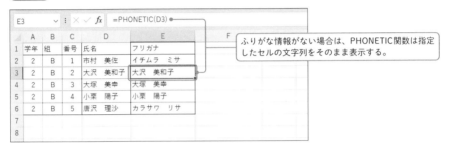

ふりがな情報がない場合は、PHONETIC関数は指定したセルの文字列をそのまま表示する。

このようなケースに対応するためには、図5-40のように「ふりがなを自動で設定する機能」を利用します。

図5-40 ふりがなの自動設定

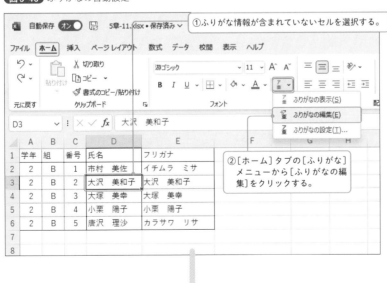

①ふりがな情報が含まれていないセルを選択する。

②[ホーム]タブの[ふりがな]メニューから[ふりがなの編集]をクリックする。

③ふりがな編集モードになり、ふりがな情報のない漢字には自動でふりがなが振られる。自動設定されたふりがなに間違いがある場合は、正しいふりがなを入力して修正する。
④ Enter キーを押す。

ふりがな情報が設定され、PHONETIC関数の結果に反映される。

ふりがなは設定できたでしょうか。それでは同様に、セルD4とセルD5にもふりがなを設定してみましょう。

このようにふりがな情報がない場合でもふりがなを自動設定できますが、一度に設定できるのは1つのセルのみになりますので、その点は注意してください。

▶数式を値に変更する

サンプルファイル 5章-11.xlsx

PHONETIC関数でふりがなを取り出したあとは、セルの数式を値に変更するとよいでしょう。数式を値に変更することで、取り出したふりがなをそのまま修正したり、データを再利用しやすくなったりします。

数式を値に変更するには、セルをコピーして同じセルに「値の貼り付け」を行います。それでは、サンプルファイル「5章-11.xlsx」を開いてください。

図5-41 数式を「値の貼り付け」で上書きする

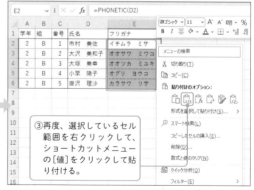

①数式の入力されているセル範囲（ここではセル範囲E2：E6）を選択する。

②選択しているセル範囲を右クリックして、ショートカットメニューの［コピー］をクリックする。

③再度、選択しているセル範囲を右クリックして、ショートカットメニューの［値］をクリックして貼り付ける。

▼memo 手順②は Ctrl + C キーでもOKです。

数式バーで「数式」なのか「値」なのかを、確認できる。

「数式（関数）」が「値」に変換される。

ふりがなの種類を変更する

サンプル
ファイル 5章-12.xlsx

これまで、PHONETIC関数で取り出したふりがなは全角カタカナでしたが、実は取り出す「ふりがなの種類」を、「ひらがな」や「半角カタカナ」に変更することができます。サンプルファイル「5章-12.xlsx」を開いて試してみましょう。

図5-42 ふりがなの種類を変更する

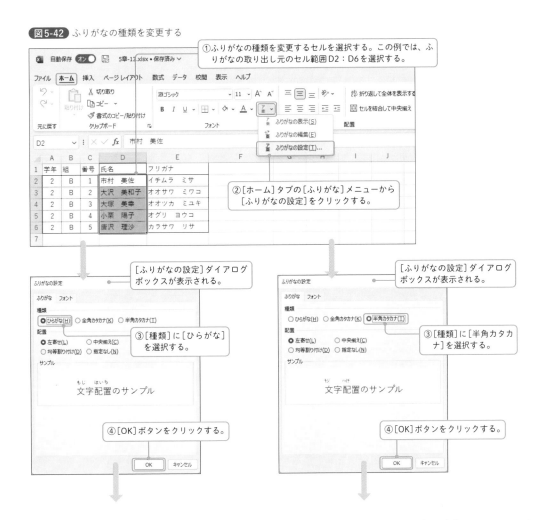

①ふりがなの種類を変更するセルを選択する。この例では、ふりがなの取り出し元のセル範囲D2：D6を選択する。

②[ホーム]タブの[ふりがな]メニューから[ふりがなの設定]をクリックする。

[ふりがなの設定]ダイアログボックスが表示される。

③[種類]に[ひらがな]を選択する。

④[OK]ボタンをクリックする。

[ふりがなの設定]ダイアログボックスが表示される。

③[種類]に[半角カタカナ]を選択する。

④[OK]ボタンをクリックする。

5-4 ふりがなの取得とひらがな・カタカナの相互変換 ふりがな設定機能　　**137**

	A	B	C	D	E
1	学年	組	番号	氏名	フリガナ
2	2	B	1	市村　美佐	いちむら　みさ
3	2	B	2	大沢　美和子	おおさわ　みわこ
4	2	B	3	大塚　美幸	おおつか　みゆき
5	2	B	4	小栗　陽子	おぐり　ようこ
6	2	B	5	唐沢　理沙	からさわ　りさ

PHONETIC関数が入力されたセルの表示が「ひらがな」に変わる。

	A	B	C	D	E
1	学年	組	番号	氏名	フリガナ
2	2	B	1	市村　美佐	イチムラ　ミサ
3	2	B	2	大沢　美和子	オオサワ　ミワコ
4	2	B	3	大塚　美幸	オオツカ　ミユキ
5	2	B	4	小栗　陽子	オグリ　ヨウコ
6	2	B	5	唐沢　理沙	カラサワ　リサ

PHONETIC関数が入力されたセルの表示が「半角カタカナ」に変わる。

　このように、PHONETIC関数で表示されるふりがなの種類は、指定したセルの「ふりがなの設定」によって決定されます。

---

column　ひらがなとカタカナの相互変換

　PHONETIC関数は、指定するセルが文字列であることが条件になります。そのため、数値や数式のセルを指定した場合は空白表示になります。

　また、文字列でもアルファベットなどふりがながない場合は、セルの文字列をそのまま表示します。ひらがなやカタカナは、ふりがな情報があってもなくても、同じ文字列が取り出されます。

　なお、PHONETIC関数の表示は、指定したセルの「ふりがなの設定」によるため、「ひらがな」から「カタカナ」の文字列を取り出したり、その逆に「カタカナ」から「ひらがな」を取り出したりできます。結果として、ひらがなとカタカナを相互に変換するようなことが可能となります。

図5-43　ひらがなのふりがなとしてカタカナを取り出した例

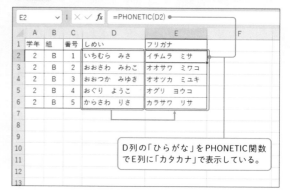

D列の「ひらがな」をPHONETIC関数でE列に「カタカナ」で表示している。

第**6**章
成績データを素早く有用に活用するテクニック

学校でのExcelを使った個人業務では、クラスや担当教科の成績データを扱うことがあります。この章ではそのような成績データを素早く正確に操作するとともに、有用に活用するテクニックを取り上げています。

ちょっとした知識やコツですが、知っていると驚くほど効果がでることでしょう。何度も扱う機会があるからこそ、学習するとその価値を実感できるようになります。

6-1 特定の点数のセルに色を付ける
条件付き書式

　特定の条件を満たしたセルの背景色やフォントの色といった書式を、自動で変更したいときに役立つのが「条件付き書式」です。この機能を利用すると、条件を満たしたセルを見やすく表示させられるので、表の可読性が著しく上がり、また、作業効率の向上も見込まれます。

　この条件付き書式にはさまざまな条件を設定できますが、この節では、成績処理に関する条件を主に取り上げます。

▶ **基準未満の点数に色を付ける**

サンプルファイル 6章-1.xlsx

　たとえば、図6-1の点数一覧に「40」未満のセルはいくつあるでしょうか。このような場合に点数を1つずつ目視で確認していくと、見落とす可能性が少なからずありますし、何よりも非効率的です。ところが、セルに色が付いているとどうでしょうか。見落とす可能性はグンと減りますよね。

　それではサンプルファイル「6章-1.xlsx」を開いてください。この点数一覧に条件付き書式を設定し、「40」未満の点数に色を付けていきましょう。

図6-1 用意されているルールを利用する（条件付き書式の設定①）

①条件付き書式を設定するセル範囲を選択する。

②［ホーム］タブを選択する。

③［条件付き書式］コマンドをクリックする。

番号	氏名	テスト1	テスト2	テスト3	テスト4	テスト5
1	小矢部 翔	57	66	96	33	92
2	片貝 修吾	67	43	95	93	86
3	木水田 文子	99	90	59	72	60
4	栗原 広美子	71	55	47	34	74
5	巣部 駿司	94	99	53	45	70
6	庄川 武士	95	30	79	42	60
7	常願寺 幸子	74	37	99	34	79
8	神通 怜奈	87	56	90	60	72
9	月野 陽子	84	100	50	50	55
10	富田 麻那	71	96	55	91	40
11	早月 さゆり	56	73	81	36	42
12	柳田 友代	98	74	67	30	73
13	増子 昭博	62	38	61	47	90
14	星蕨 志郎	63	96	92	52	96
15	秦川 太朗	37	65	56	100	70

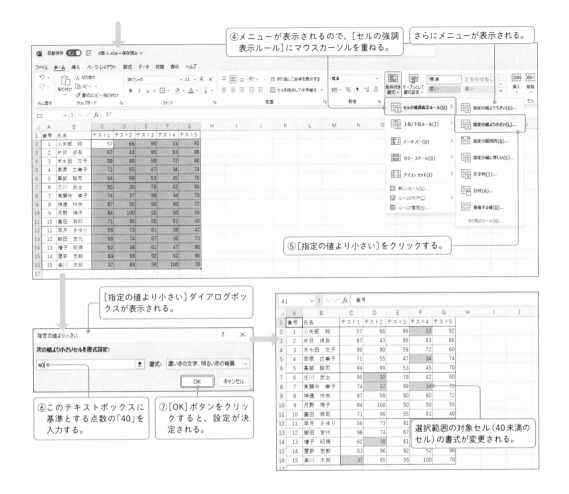

④メニューが表示されるので、［セルの強調表示ルール］にマウスカーソルを重ねる。

さらにメニューが表示される。

⑤［指定の値より小さい］をクリックする。

［指定の値より小さい］ダイアログボックスが表示される。

⑥このテキストボックスに基準とする点数の「40」を入力する。

⑦［OK］ボタンをクリックすると、設定が決定される。

選択範囲の対象セル（40未満のセル）の書式が変更される。

　条件付き書式は、このような手順であっという間に設定できます。セルやフォントの書式は自動で設定されますが、書式を変更したい場合は条件を設定するダイアログボックスで指定します。図6-1の［指定の値より小さい］ダイアログボックスでは、書式リストから選択します。

図6-2 書式の種類の変更

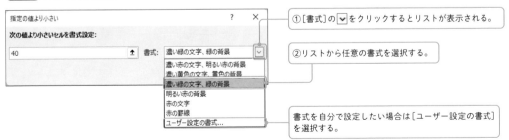

①［書式］の✓をクリックするとリストが表示される。

②リストから任意の書式を選択する。

書式を自分で設定したい場合は［ユーザー設定の書式］を選択する。

▶ 基準以上の点数に色を付ける

サンプル
ファイル 6章-1.xlsx

次は、基準以上の点数に色を付けてみましょう。引き続きサンプルファイル「6章-1.xlsx」を使います。

図6-3 新しいルールを作る（条件付き書式の設定②）

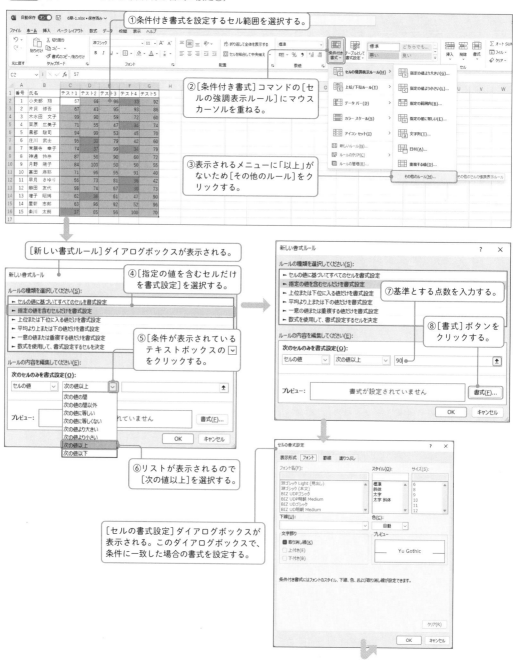

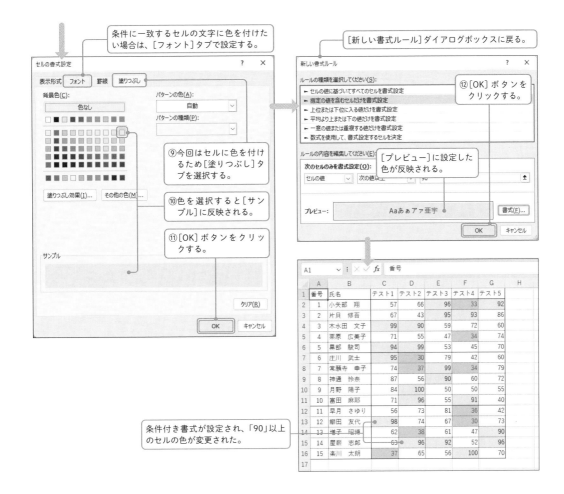

基準以上の点数に色は付けられたでしょうか。

　このように、同じセル範囲に複数の条件付き書式を設定することができます。ただし、複数の条件付き書式を設定する場合には、適用する順番を考慮する必要があります。条件付き書式を適用する順番については146ページを参照してください。

▶ 条件付き書式の変更と削除

　設定した条件付き書式の変更や削除は、[条件付き書式]コマンドの[ルールの管理]から行います。「ルール」というのは、条件付き書式の設定内容です。

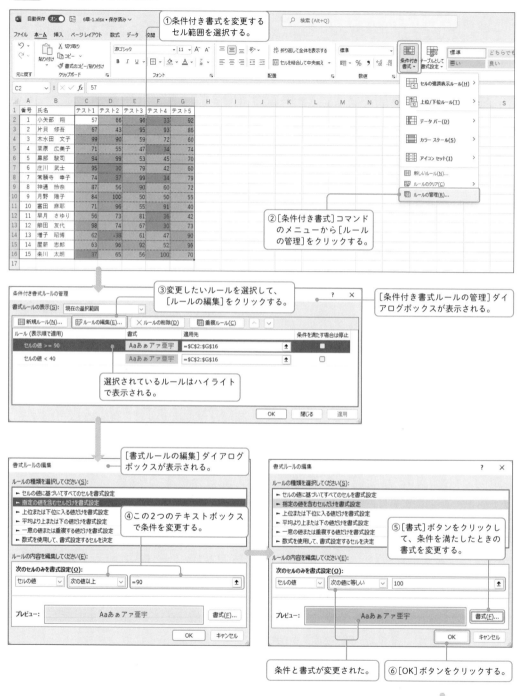

図6-4 ルール（条件や書式）の変更

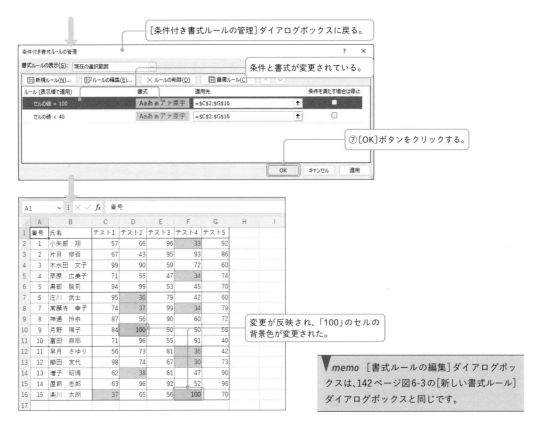

[条件付き書式ルールの管理]ダイアログボックスに戻る。

条件と書式が変更されている。

⑦[OK]ボタンをクリックする。

変更が反映され、「100」のセルの背景色が変更された。

▼memo [書式ルールの編集]ダイアログボックスは、142ページ図6-3の[新しい書式ルール]ダイアログボックスと同じです。

また、条件付き書式を削除するには、[条件付き書式ルールの管理]ダイアログボックスで[ルールの削除]を選択します。

図6-5 ルールの削除

①条件付き書式を変更するセル範囲を選択する。

②[条件付き書式]コマンドのメニューから[ルールの管理]をクリックする。

③削除したいルールを選択して、[ルールの削除]をクリックする。

④[OK]ボタンをクリックする。

このように条件付き書式はさまざまな条件を設定でき、視認性を高めるのに活躍します。特に成績や評価のように間違えられないデータでは、必須の機能といえるのではないでしょうか。

column 条件付き書式（ルール）を適用する順番

同じセル範囲に複数の条件付き書式を設定した場合に、意図したものとは異なる結果になることがあります。このような場合には、条件付き書式のルールを適用する順番を見直してみましょう。

条件付き書式は、［条件付き書式ルールの管理］ダイアログボックスに表示されているルールが、上から順番に適用されます。上にあるルールほど優先されるため、一度ルールが適用されたセルは、それより下にあるルールの対象にはなりません。そのため、たとえば「90以上のセルを薄い緑色にする」というルールの下に「100のセルを黄色にする」というルールがあると、「100」のセルには上にあるルールが適用されて「薄い緑色」で表示されます。

この例では、2つのルールの順番を入れ替え、「100のセルを黄色にする」というルールを上にすることで、期待した結果が得られます。

図6-6 ルールの順番を入れ替える

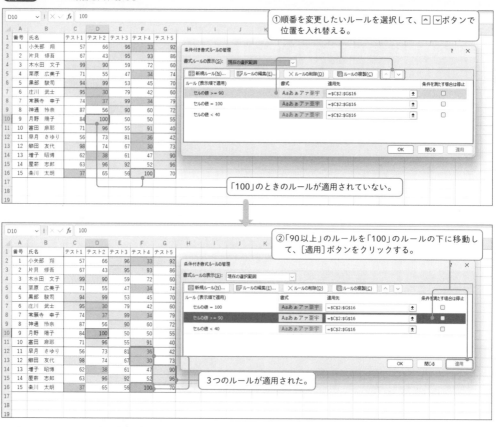

ルールのクリア

145ページの図6-5で「ルールの削除」について軽く触れましたが、シートや選択範囲の条件付き書式のルールを一括ですべてクリアするにはどうしたらよいでしょうか。

図6-7 ルールの一括クリア

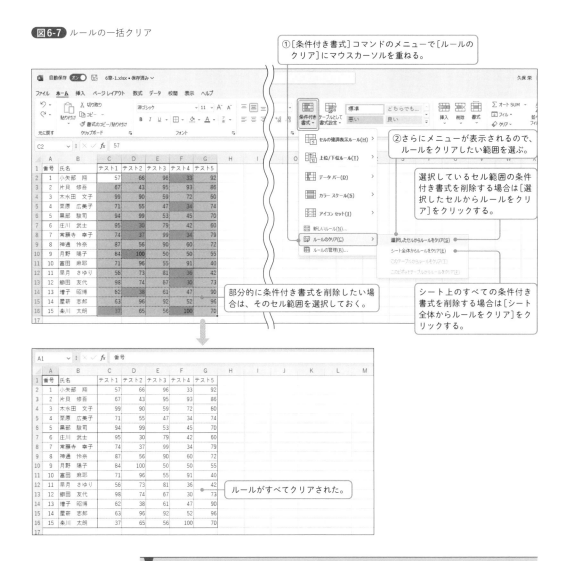

①［条件付き書式］コマンドのメニューで［ルールのクリア］にマウスカーソルを重ねる。

②さらにメニューが表示されるので、ルールをクリアしたい範囲を選ぶ。

選択しているセル範囲の条件付き書式を削除する場合は［選択したセルからルールをクリア］をクリックする。

部分的に条件付き書式を削除したい場合は、そのセル範囲を選択しておく。

シート上のすべての条件付き書式を削除する場合は［シート全体からルールをクリア］をクリックする。

ルールがすべてクリアされた。

> ▼*memo* 条件付き書式を設定したセルをコピーすると、条件付き書式の設定も一緒にコピーされます。条件付き書式を設定したあとで行や列の追加や削除を行うと、条件付き書式が意図したものとは異なる結果になることがあります。間違いの原因がよくわからないような場合には、条件付き書式を一括クリアして、あらためて設定しなおしたほうがよいでしょう。

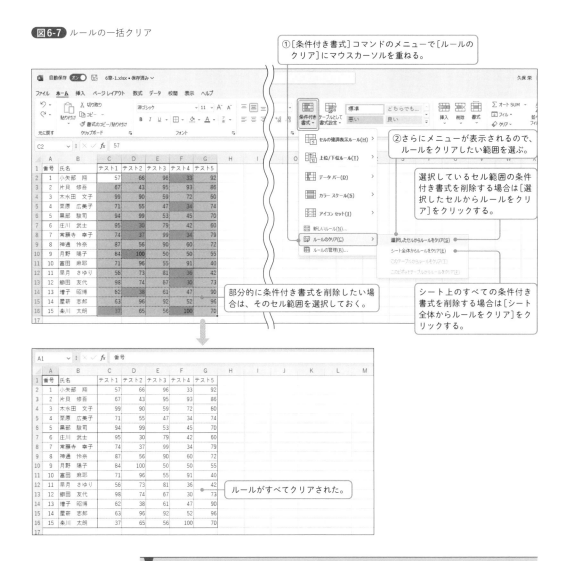

　ここでは紙面の都合上、簡単な条件のみの紹介にとどめますが、条件付き書式は以下のようにかなり幅広く応用できる機能を備えています。［条件付き書式］コマンドのメニューから、いろいろと試してみてください。

• 別のセルの値を条件にする

　元となるセルの値に応じて条件付き書式が適用される。たとえば平均点が入力されたセルを条件付き書式の元のセルに指定すれば、わざわざ条件に平均点を入力する必要がなくなる（［新しいルール］の［数式を使用して、書式設定するセルを決定］を利用）。

• 複数の条件を組み合わせる

　○以上△以下のような設定や、○または△のような設定ができる。

• アイコンを表示する

　数値のデータ範囲を選択した状態で［アイコンセット］を設定すると、数値の相対的な大きさに応じて任意のアイコンを表示できる。

• 棒グラフを表示する

　数値のデータ範囲を選択した状態で［データバー］を設定すると、数値の相対的な大きさに応じて任意の棒グラフのようなバーを表示できる。

• 数値の相対的な大きさに応じて色分けする

　数値のデータ範囲を選択した状態で［カラースケール］を設定すると、数値の相対的な大きさに応じて色分けできる。

6-2 点数順に並べ替える
ソート

みなさんも1度は、教科の受け持ちクラスで、評価を付けるために点数を基準にデータを並べ替えたことがあると思います。このような表形式のデータの並べ替えは Excel の得意とするところです。

しかし、データの扱い方によっては、データを損失してしまう可能性があります。だからこそ、本節を通じて気を付けるポイントをしっかりと押さえていきましょう。

▶ 1列を基準に並べ替える

> サンプルファイル 6章-2.xlsx

最初に、1つの列を基準に並べ替えを行ってみましょう。サンプルファイル「6章-2.xlsx」を開いてください。今回は「国語」の得点の高い順に並べ替えを行います。

図6-8 1列を基準に並べ替える

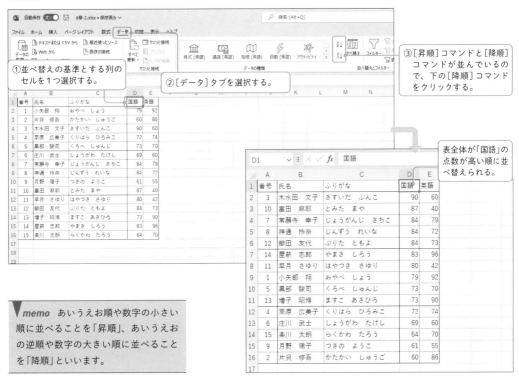

①並べ替えの基準とする列のセルを1つ選択する。

②[データ]タブを選択する。

③[昇順]コマンドと[降順]コマンドが並んでいるので、下の[降順]コマンドをクリックする。

表全体が「国語」の点数が高い順に並べ替えられる。

> **memo** あいうえお順や数字の小さい順に並べることを「昇順」、あいうえおの逆順や数字の大きい順に並べることを「降順」といいます。

このように、1つの列を基準に並べ替えるときには、基準とする列のセルを選択した状態で［昇順］コマンドか［降順］コマンドをクリックするだけで、表全体の並べ替えができます。

ただし、データ（表）に空白行や空白列があると、そこで並べ替えの対象範囲が区切られてしまいますので、その点は気を付けてください。

▶複数列を基準に並べ替える

サンプルファイル　6章-2.xlsx

次に、複数列を基準に並べ替えを行ってみましょう。

前ページの図6-8で説明した国語の並べ替えでは、国語の点数が同じ生徒が数名いました。そこで、国語の点数が同じ場合には、その中で英語の点数の大きい順に並べ替えるようにしてみましょう。サンプルファイル「6章-2.xlsx」を続けて使用します。

それでは、並べ替えを行うセル範囲を選択してください。

図6-9 2つの列で並べ替える

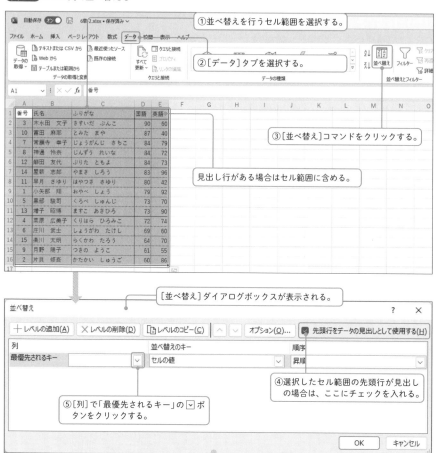

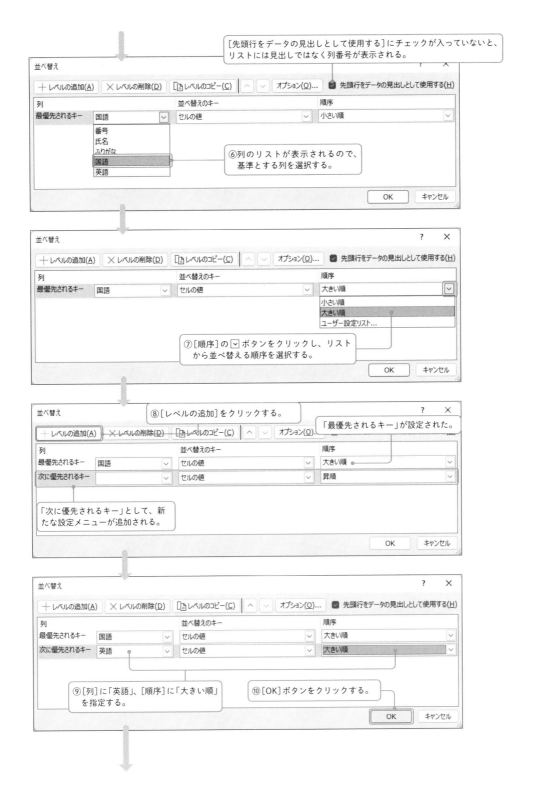

[先頭行をデータの見出しとして使用する]にチェックが入っていないと、リストには見出しではなく列番号が表示される。

⑥列のリストが表示されるので、基準とする列を選択する。

⑦[順序]の ▽ ボタンをクリックし、リストから並べ替える順序を選択する。

⑧[レベルの追加]をクリックする。

「最優先されるキー」が設定された。

「次に優先されるキー」として、新たな設定メニューが追加される。

⑨[列]に「英語」、[順序]に「大きい順」を指定する。

⑩[OK]ボタンをクリックする。

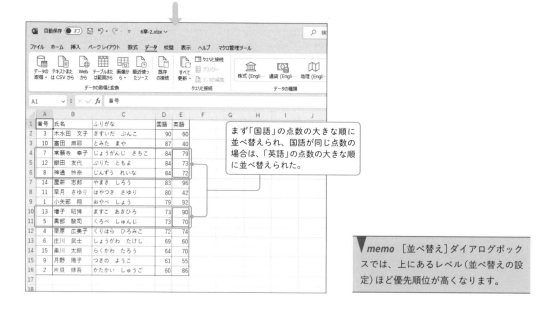

まず「国語」の点数の大きな順に
並べ替えられ、国語が同じ点数の
場合は、「英語」の点数の大きな順
に並べ替えられた。

▼*memo* ［並べ替え］ダイアログボック
スでは、上にあるレベル（並べ替えの設
定）ほど優先順位が高くなります。

　このように、［並べ替え］ダイアログボックスで［レベルの追加］をすると、新しい設定メニューが表示され、複数の列を並べ替えの基準に設定できます。最初の基準の並べ替えで同じデータがあった場合には次の基準で並べ替え… といった形で、優先順位の高い順番に並べ替えることができます。

▶設定したレベルの削除

　設定したレベルの削除は、［並べ替え］ダイアログボックスで行います。

図6-10 レベルの削除

①並べ替えを行うセル範囲を選択して、［データ］タブの［並べ替え］コマンドをクリックする。

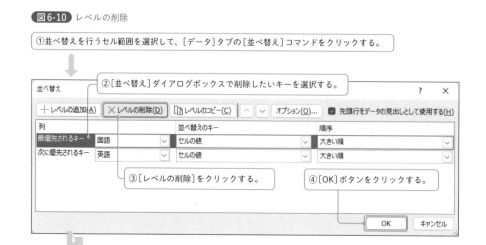

②［並べ替え］ダイアログボックスで削除したいキーを選択する。

③［レベルの削除］をクリックする。

④［OK］ボタンをクリックする。

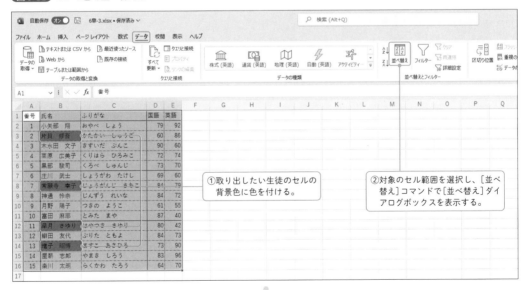

並べ替え

＋ レベルの追加(A)	✕ レベルの削除(D)	〔 レベルのコピー(C)	∧ ∨ オプション(O)... ☑ 先頭行をデータの見出しとして使用する(H)

列	並べ替えのキー	順序
最優先されるキー 英語	セルの値	大きい順

指定したレベルが削除される。

OK　　キャンセル

セルの色で並べ替える

サンプルファイル　6章-3.xlsx

　これまでの並べ替えではセルの値を基準にしていましたが、実はセルの色でも並べ替えが可能です。その特性を利用すると、たとえば、生徒の成績一覧から特定の生徒の情報をまとめて取り出すようなことも簡単に行えます。

　それではサンプルファイル「6章-3.xlsx」を開いてください。サンプルファイル「6章-3.xlsx」では、取り出したい生徒の氏名にあらかじめ色が付いています。

図6-11 セルの色で並べ替える

①取り出したい生徒のセルの背景色に色を付ける。

②対象のセル範囲を選択し、[並べ替え]コマンドで[並べ替え]ダイアログボックスを表示する。

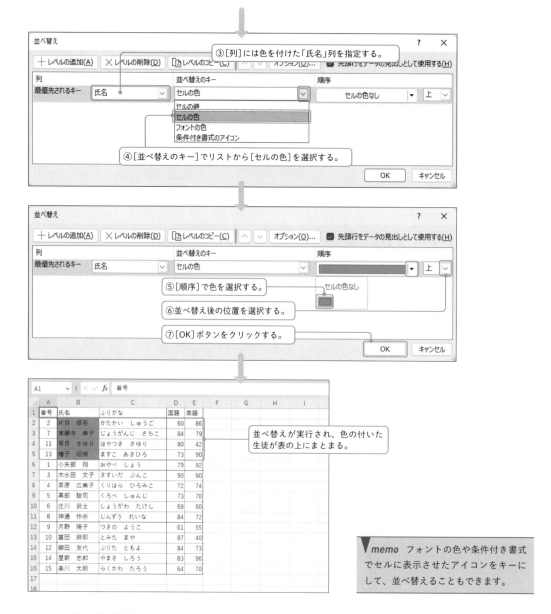

③[列]には色を付けた「氏名」列を指定する。

④[並べ替えのキー]リストから[セルの色]を選択する。

⑤[順序]で色を選択する。

⑥並べ替え後の位置を選択する。

⑦[OK]ボタンをクリックする。

並べ替えが実行され、色の付いた生徒が表の上にまとまる。

▼memo フォントの色や条件付き書式でセルに表示させたアイコンをキーにして、並べ替えることもできます。

　セルの色で並べ替えはできましたか。このテクニックを覚えると、容易にデータをまとめて取り出すことが可能になります。

　この色での並べ替えを少し工夫すると、たとえば、クラスのグループを色分けし、生徒名などに該当するグループの色を付けておくことで、生徒をグループごとに並べ替えるといったことができます。

　また、「氏名」列と「ふりがな」列をそれぞれ色分けし、「氏名」列でのグループ群と「ふりがな」列でのグループ群といった形で、複数のグループ群を切り替えて管理するといったこともできるでしょう。

　ぜひとも活用してください。

▶ 並べ替えでの留意点

　並べ替えはデータを扱う場面でさまざまに利用できますが、実は、扱うポイントを知らないと致命的なデータの損失につながる危険性があります。

　以下にまとめましたので、すでに解説した内容も含まれますが、改めて確認しておいてください。

▌1次データは原則並べ替えをしない

　第4章で説明しましたが、1次データでは原則並べ替えをしないほうがよいでしょう。並べ替えをする場合は、1次データをコピーして、そのコピーのデータを使用するようにしましょう。1次データを改変しないように気を付けてください。

▌並べ替え前の状態に戻せる列を設ける

　「並べ替え後に最初の状態に戻したい」、このような状況には頻繁に直面します。そして、そうした状況に対応できるように、基準列を設けておくことをお勧めします。

　クラスなら出席番号を基準列にできますが、そのような基準となる列がない場合には、別途基準列を設け、先頭のデータから通し番号を入力しておくのも1つの方法です。そして、並べ替え後にその通し番号の列を基準に昇順に並べ替えれば、最初の状態に戻ります。

▌選択範囲を確認する

　並べ替えを行うときには、対象とするセル範囲の確認をしっかりと行うことが大切です。よくあるケースが、セル範囲を選択し切れていない状態で並べ替えをしてしまい、各個人のデータが途中からずれてしまうというものです。

　このようにデータがおかしくなるのを回避するには、2つの確認を行うようにしましょう。1つ目が選択するセル範囲の確認です。もう1つは、並べ替え後のデータと1次データの確認です。すべての行を確認するのは時間的にも労力的にも大変ですので、ポイントとなりそうないくつかのデータの1次データと並べ替え後データの突き合わせ作業を行って確認をするとよいでしょう。

> ▼*memo*　表の中のセルを1つ選択した状態で並べ替えを行うと、アクティブセル領域が自動で範囲選択されます。表の途中に空白のセルがないことが明らかな場合には、表全体を範囲選択しなくてすむので便利です。

▌結合セルを含めない

　並べ替えをしたいセル範囲に結合したセルが含まれている場合は、並べ替えを実行できませんので注意してください。

漢字は基準列にしない

　漢字を基準にしても並べ替えそのものは実行できますが、結果が思った順序にならないことが大半です。したがって、漢字を並べ替えの基準にはしないようにしてください。

　そもそも「愛」という漢字でも、「あい」なのか「めぐみ」なのかは Excel にはわかりませんし、アルファベットと違って漢字には順序という概念がありませんので、漢字を並べ替えの基準にするのは不適切です。

> ▼*memo*　厳密には、漢字にはコンピューター用に内部的に「文字コード」という通し番号が振られているので順序がないわけではありません。しかし、この膨大な文字コードを私たちが暗記するのは不可能ですので、「漢字には順序がない」と認識してください。

> ▼*memo*　Excel に直接入力した漢字にはふりがな情報が自動で設定されます。しかし、メモ帳やWebサイトからコピーした漢字には、ふりがな情報が設定されていません。「5-4　フリガナの取得とひらがな・カタカナの相互変換 ふりがな設定機能」で紹介した PHONETIC 関数で、漢字にふりがな情報が含まれているかいないかを確認できます。もし、PHONETIC 関数を使ってその結果に漢字が表示されたら、PHONETIC 関数に指定した漢字にはふりがな情報が含まれていないことになります。

カタカナ・ひらがなは五十音順に並べ替えられる

　カタカナやひらがなは五十音順に並べ替えられます。同じ列にカタカナとひらがなが含まれている場合には、種類よりも五十音が優先されます。

　また、同じ音の中では「ア」「ｱ」「あ」のように、全角カタカナ、半角カタカナ、ひらがなの順に並べ替えられます。

6-3 特定の条件の生徒だけを抽出する
フィルター

教育現場では、成績や評価の一覧の中から、ある条件に一致する生徒を抽出する機会があります。そのような場面で威力を発揮するのがフィルター機能です。

フィルター機能は条件に一致するデータを抽出しますが、条件を複数設定するなど細かく幅広い抽出ができます。このフィルターを身に付ければ、思い通りにデータを取り出せるようになるでしょう。

▶ フィルターの設定と解除

> **サンプルファイル** 6章-4.xlsx

まずはフィルターの設定から解説します。サンプルファイル「6章-4.xlsx」を開いて、図6-12のとおりに操作してください。

図6-12 フィルターの設定

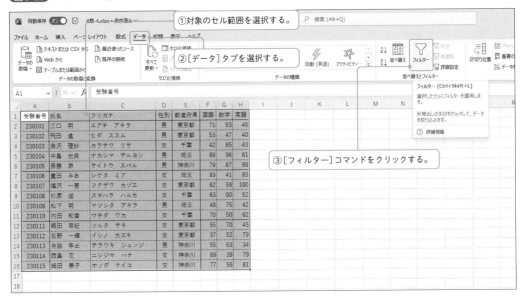

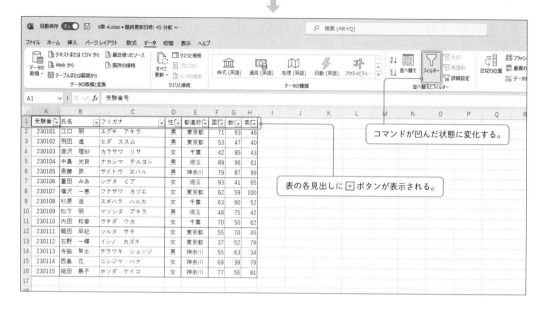

このようにボタン1つでフィルターは設定できます。フィルターが設定されると1行目は見出しになり、⏷ボタンが表示されます。フィルターを使うときには表には見出しが必要になりますので、その点に気を付けてください。

> **▼memo** 図6-12の手順①の「対象のセル範囲を選択する」操作をしないと（セル範囲を選択していなければ）、アクティブセル領域（116ページ参照）がフィルターの対象範囲として自動設定されます。

次に、設定したフィルターを解除する方法です。これは凹んだ状態になっている［フィルター］コマンドを再度クリックするだけです。

> **▼memo** フィルターの設定・解除のショートカットキーは Ctrl + Shift + L キーです。フィルターの設定はシートごとに行います。また、各シートに設定できるフィルターは1つです。

図6-13 フィルターの設定解除

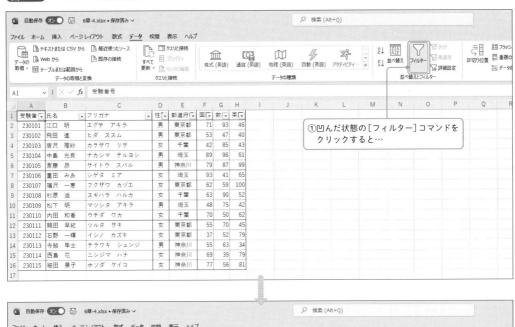

①凹んだ状態の［フィルター］コマンドを
クリックすると…

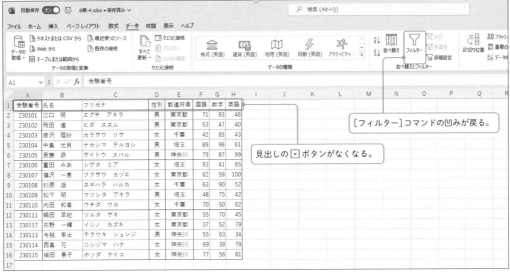

［フィルター］コマンドの凹みが戻る。

見出しの ▼ ボタンがなくなる。

成績データを素早く有用に活用するテクニック

第6章

▶1列から抽出

それでは早速、データを抽出してみましょう。サンプルファイル「6章-4.xlsx」の表にフィルターを設定し、「都道府県」の ▼ ボタンをクリックしてください。

図6-14 1列に条件を指定して抽出

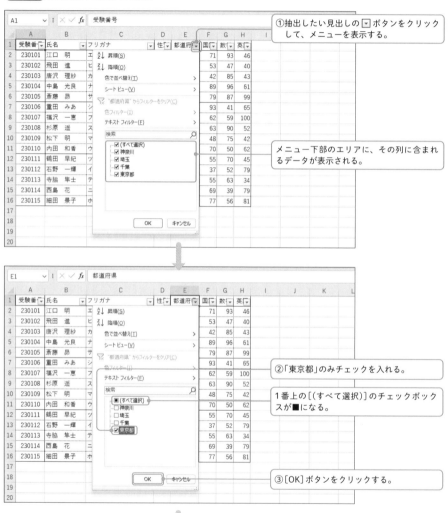

①抽出したい見出しの ▼ ボタンをクリックして、メニューを表示する。

メニュー下部のエリアに、その列に含まれるデータが表示される。

②「東京都」のみチェックを入れる。

1番上の［(すべて選択)］のチェックボックスが ■ になる。

③[OK]ボタンをクリックする。

「都道府県」が「東京都」のデータだけが抽出される。

フィルターを設定した見出しの▼ボタンは、表示が▼に変化する。

抽出状態になると、行番号が青色に変化する。

問題なく抽出できましたか。

それでは、抽出状態を解除するにはどうしたらよいでしょうか。抽出状態の解除は、抽出した見出しの▼ボタンのメニューを表示し、［○○からフィルターをクリア］を選択します。

図6-15 抽出を解除する

①条件を設定した見出しの▼ボタンをクリックし、メニューを表示する。

②［○○からフィルターをクリア］をクリックする（この例では［"都道府県"からフィルターをクリア］）。

抽出状態が解除される。

行番号の色が元に戻る。

▶2列から抽出

次は2列に条件を指定して抽出してみましょう。まず、1つめの条件として、160ページの図6-14の手順であらためて「都道府県」を「東京都」で抽出してください。

図6-16 2列に条件を指定して抽出

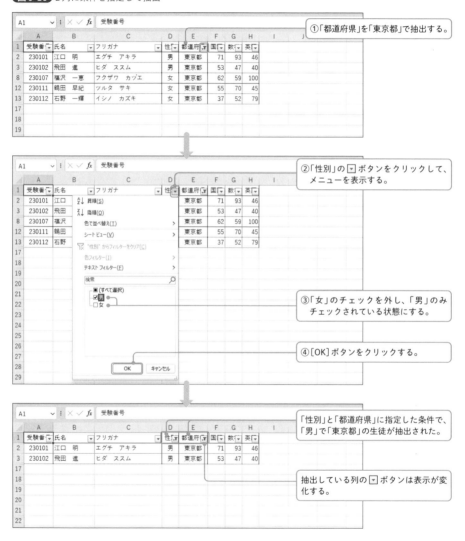

①「都道府県」を「東京都」で抽出する。

②「性別」の ▼ ボタンをクリックして、メニューを表示する。

③「女」のチェックを外し、「男」のみチェックされている状態にする。

④[OK]ボタンをクリックする。

「性別」と「都道府県」に指定した条件で、「男」で「東京都」の生徒が抽出された。

抽出している列の ▼ ボタンは表示が変化する。

2つの列で抽出はできましたか。

先ほどは1列の「フィルターをクリア」する方法を紹介しましたが、実は、複数の列のフィルターを一括でクリアすることも可能です。

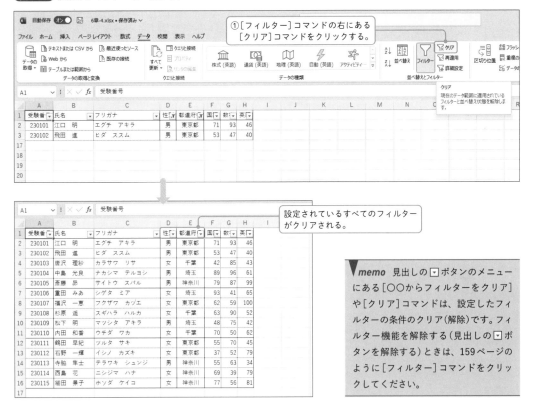

図6-17 複数のフィルターを一括クリア

①[フィルター]コマンドの右にある
[クリア]コマンドをクリックする。

クリア
現在のデータ範囲に適用されている
フィルターと並べ替え状態を解除します。

設定されているすべてのフィルター
がクリアされる。

> **memo** 見出しの▼ボタンのメニューにある［〇〇からフィルターをクリア］や［クリア］コマンドは、設定したフィルターの条件のクリア（解除）です。フィルター機能を解除する（見出しの▼ボタンを解除する）ときは、159ページのように［フィルター］コマンドをクリックしてください。

▶抽出データのコピー&貼り付け

　このようにデータを抽出できるようになると、「抽出されたデータのみ」をコピーして貼り付けたいケースも出てきます。そして、ここで多くの人が疑問に直面します。それは、「抽出されたデータ」をコピーしたときに、非表示になっている行もコピーされて貼り付けられてしまうのではないか？ということです。

　その疑問の答えを言うと、実は、フィルターによって非表示になっているセルはコピーされません。ですから、セル範囲をそのまま選択してほかのセルに貼り付けるだけで、「抽出データのみ」を貼り付けることが可能です。

図6-18 抽出結果のコピー＆貼り付け

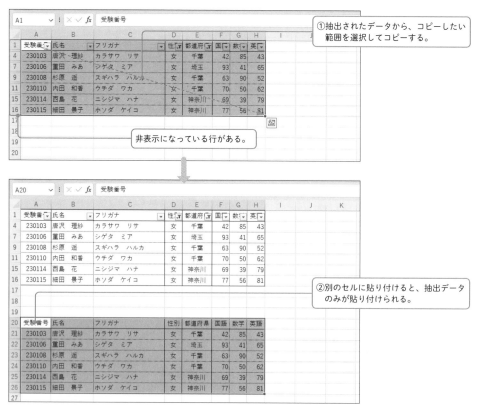

①抽出されたデータから、コピーしたい
範囲を選択してコピーする。

非表示になっている行がある。

②別のセルに貼り付けると、抽出データ
のみが貼り付けられる。

▼*memo* 図6-18の抽出データのコピー＆貼り付けは、キーボードだけで操作したほうがはる
かに簡単です。まず Ctrl + A キーで抽出データ範囲全体を選択し、Ctrl + C キーでコピーし
ます。貼り付けたいセルに移動して、Ctrl + V キーで貼り付ければOKです。

▶フィルターでの並べ替え

前節で「並べ替え」を紹介しましたが、フィルターでも並べ替えを行えます。見出しの ▼ ボタンのメ
ニューの上部が、並べ替えのコマンドです。

では、試しに国語の点数で並べ替えをしてみましょう。「国語」の ▼ ボタンでメニューを表示してく
ださい。

図6-19 フィルター機能で並べ替える

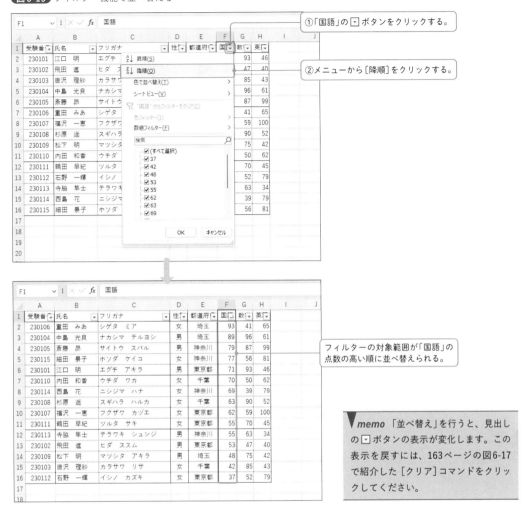

①「国語」の ボタンをクリックする。

②メニューから[降順]をクリックする。

フィルターの対象範囲が「国語」の点数の高い順に並べ替えられる。

> **memo** 「並べ替え」を行うと、見出しの ボタンの表示が変化します。この表示を戻すには、163ページの図6-17で紹介した [クリア]コマンドをクリックしてください。

　より複雑な並べ替えを行うために[並べ替え]ダイアログボックスを利用することもできます。次ページの図6-20の操作で、[並べ替え]ダイアログボックスを表示できます。

図6-20 フィルターの ▽ ボタンから［並べ替え］ダイアログボックスを表示する

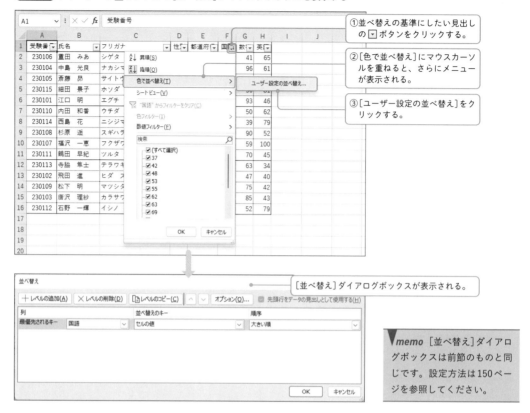

①並べ替えの基準にしたい見出しの ▽ ボタンをクリックする。

②［色で並べ替え］にマウスカーソルを重ねると、さらにメニューが表示される。

③［ユーザー設定の並べ替え］をクリックする。

［並べ替え］ダイアログボックスが表示される。

▼memo ［並べ替え］ダイアログボックスは前節のものと同じです。設定方法は150ページを参照してください。

　それでは、次の操作のためにセル範囲を最初の状態に戻します。「受験番号」の▽ボタンをクリックし、メニューから［昇順］コマンドを実行してください。

▶カスタムオートフィルターによる高度な抽出

　たとえば、3教科の点数がすべて50点以上の生徒を抽出したいといったことはないでしょうか。ここでは、そうした柔軟で高度な抽出にチャレンジしてみましょう。

　まず最初に、「国語」の点数で50点以上の生徒を抽出します。

> **▼memo** カスタムオートフィルターには数値フィルター、文字フィルター、日付フィルターがあります。その列に入力されているデータの種類に応じて、フィルターの▽ボタンのメニューに適切なフィルターが表示されます。

図6-21 カスタムオートフィルターで数値を抽出

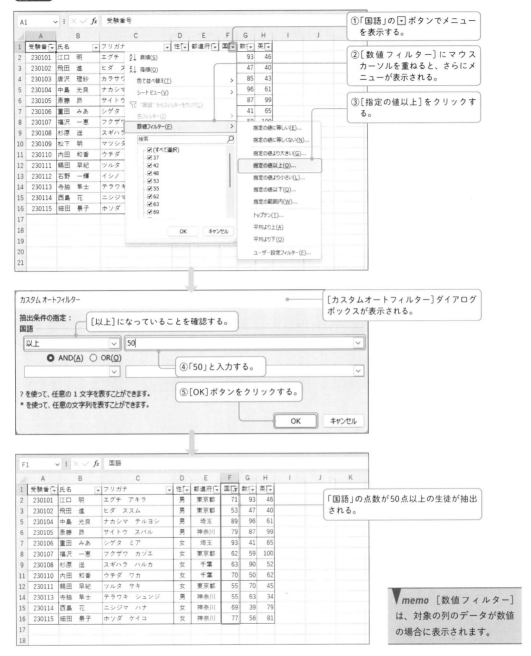

同様の手順で、「数学」「英語」の点数も「50点以上」を設定してみましょう。すると、3教科すべてが50点以上の生徒が抽出されます。

図6-22 3教科にフィルターの条件を設定

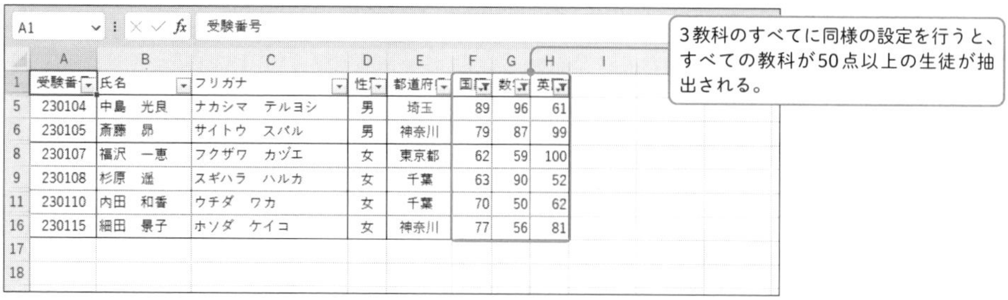

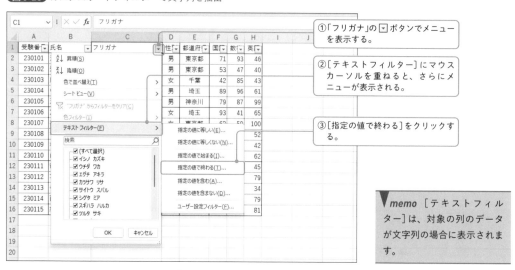

3教科のすべてに同様の設定を行うと、すべての教科が50点以上の生徒が抽出される。

このように［カスタムオートフィルター］ダイアログボックスを使うと、柔軟に条件を設定できて、複雑な抽出ができるのです。

ここまで「点数」という「数値」を「数値フィルター」によって指定する方法を紹介しましたが、文字列に柔軟な条件を指定して抽出するにはどうすればよいでしょうか。その手順を「フリガナ」列で確認していきましょう。

図6-22のようにフィルターで抽出を行った状態の人は、163ページの図6-17で紹介した［クリア］コマンドで、フィルターを一括クリアしてください。次に「フリガナ」の▾ボタンでメニューを表示します。

図6-23 カスタムオートフィルターで文字列を抽出

①「フリガナ」の▾ボタンでメニューを表示する。

②［テキストフィルター］にマウスカーソルを重ねると、さらにメニューが表示される。

③［指定の値で終わる］をクリックする。

▼memo ［テキストフィルター］は、対象の列のデータが文字列の場合に表示されます。

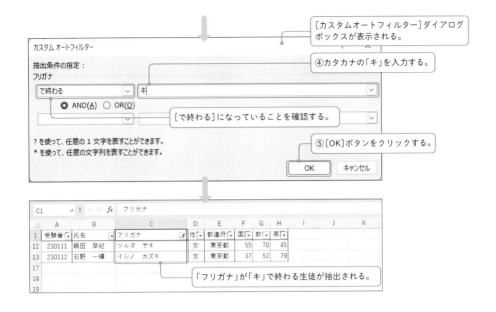

- [カスタムオートフィルター]ダイアログ ボックスが表示される。
- ④カタカナの「キ」を入力する。
- [で終わる]になっていることを確認する。
- ⑤[OK]ボタンをクリックする。
- 「フリガナ」が「キ」で終わる生徒が抽出される。

なお、「キ」を含むデータを抽出するときには図6-24のように指定します。

図6-24 指定した文字列を含むデータの抽出

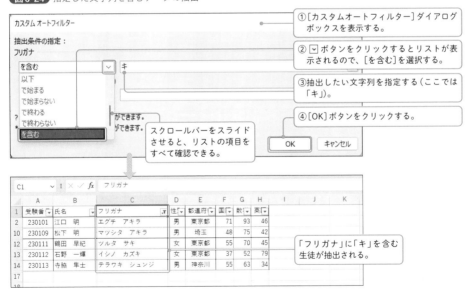

- ①[カスタムオートフィルター]ダイアログ ボックスを表示する。
- ② ボタンをクリックするとリストが表示されるので、[を含む]を選択する。
- ③抽出したい文字列を指定する(ここでは「キ」)。
- ④[OK]ボタンをクリックする。
- スクロールバーをスライドさせると、リストの項目をすべて確認できる。
- 「フリガナ」に「キ」を含む 生徒が抽出される。

memo ここでは紹介しませんが、列のデータが日付の場合は、見出しの ボタンのメニューに[日付フィルター]が表示されます。
また、抽出対象の列に色の付いているセルがある場合、見出しの ボタンのメニューの[色フィルター]が有効になり、セルの色による抽出ができるようになります。

▶ワイルドカードを用いた抽出

　抽出の最後に、「ワイルドカード」を用いた抽出、というテクニックについて解説します。このワイルドカードとは「?」や「*」の記号のことで、任意の文字列の代わりに使用できます。

　ワイルドカードの「?」は任意の1文字を表します。たとえば「神?川」の場合は、「神」と「川」の間に任意の1文字が入りますので、「神奈川」や「神田川」などの単語が抽出対象になります。

　もう1つの「*」は文字数に関係なく任意の文字列を表します。たとえば「*川」の場合は、「品川」や「柿田川」「阿武隈川」などが抽出対象として該当するといった具合です。

> **memo** ワイルドカードの「?」(クエスチョンマーク)と「*」(アスタリスク)は、必ず半角で入力してください。

　それでは、ワイルドカードを使って抽出してみましょう。まず、168ページの図6-23を参考に、「フリガナ」列で[カスタムオートフィルター]ダイアログボックスを表示してください。

図6-25 ワイルドカードを用いた抽出(例①)

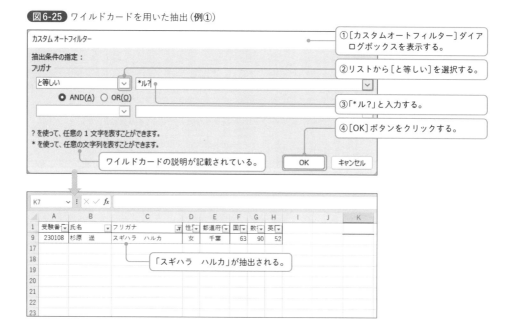

　このケースでは最後の「?」のワイルドカードに注目してください。「?」は「任意の1文字」のことですので、ここには1文字しか文字は入りません。必然的に最後から2文字目は「ル」でなければなりません。そして、その前は「文字数に関係なく任意の文字」を意味する「*」が指定されているので、最後から2文字目が「ル」のデータすべてが抽出対象になります。

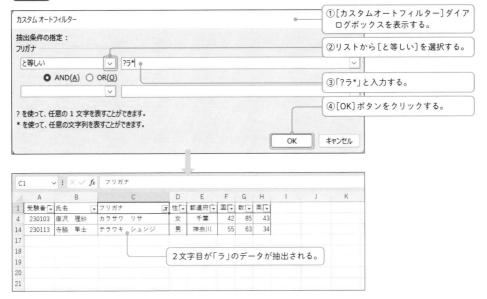

図6-26 ワイルドカードを用いた抽出（例②）

① [カスタムオートフィルター] ダイアログボックスを表示する。

② リストから [と等しい] を選択する。

③ 「?ラ*」と入力する。

④ [OK] ボタンをクリックする。

2文字目が「ラ」のデータが抽出される。

　このケースでは最初に「?」が指定されているので、ここには1文字しか文字は入りません。必然的に最初から2文字目は「ラ」でなければなりません。そして、その後は「*」が指定されているので、最初から2文字目が「ラ」のデータがすべて抽出されることになります。

> ▼*memo*　この例では2種類のワイルドカードを使っていますが、1種類での使用や、「?マ?」「???県」のように同じワイルドカードを複数個使用することもできます。

　いかがでしたか。ワイルドカードを用いるとさらに柔軟な抽出ができることを、おわかりいただけたのではないでしょうか。

> ▼*memo*　抽出対象のセル範囲に結合セルが含まれていてもフィルターの設定はできますが、抽出対象のセル範囲内には、結合セルを含めないようにしてください。
> 結合セルでは、左上にあたるセルにのみ値が含まれていると識別されて、ほかのセルは空白とされるため、抽出が制限されるからです。

column フィルターの使いどころ

データ一覧から値を抽出するフィルターですが、教育現場ではどのような場面で使えるのでしょうか。

参考までにいくつかの例を挙げてみます。ほかにもさまざまな場面で使いどころがあると思いますので、ぜひともフィルターを存分に活用してください。

名簿・個人情報

- 在住地区ごとの生徒を抽出する。
- 特定の生徒が何組何番かを調べる。
- 特定の姓、特定の名の生徒を抽出する。
- 通学経路ごとの生徒を調べる。
- 部活動・委員会ごとの生徒を抽出する。
- 出身校ごとの受験生を抽出する。　　　など

成績

- 少人数や習熟度ごとに生徒を色分けし、グループごとに抽出する。
- 受け持ちクラスのデータから一定の評価以上の生徒を調べる。
- 複数の評価軸でそれぞれ条件を満たしている生徒を調べる。
- 基準に満たない生徒を調べる。
- 入試ですべての基準をクリアした生徒を抽出する。　　　など

その他

- 高校進路において特定の地方や、特定の単語を含む学部・学科の大学を抽出する。
- 進学先、就職先ごとの卒業生を抽出する。　　　など

第**7**章

関数を使った
成績集計のテクニック

　学校では受け持ち教科や担任しているクラス、そして模試など、成績を扱う機会が多くありますので、先生自身が集計テクニックを磨くと、さまざまな切り口での集計データが得られ、より多角的な分析が可能となります。
　この章では、関数を用いた集計表を実際に作成しながら、集計テクニックの向上を目指します。

7-1 数式作成の基礎知識

先生の中には関数に苦手意識を持つ人もいるのではないでしょうか。確かに「同僚に聞けば何とかなる」とやり過ごしたくなる気持ちは理解できますが、そうした意識では、データを扱う上での可能性を狭めているのは明白です。

この節では、関数に苦手意識を持つ人を対象に、関数を扱う上での前提となる数式作成の基礎知識を紹介します。すでに関数を使いこなせる人は読み飛ばして、次の節に進んでください。

▶ 関数について知ろう

ときどき、「関数」と「数式」という言葉を同じように使っているのを見かけます。しかし基本的には、Excelでの数式はセル内で「＝」から始まるものの総称で、関数は数式を構成する要素の1つです。

数式は必ず先頭に「＝」を入力し、その後に数値、算術演算子、関数などを入力することで、シートに入力されているデータを使って計算したり、指定した操作を行ったりします。

> **memo** 算術演算子には、＋（加算）、－（減算）、＊（乗算）、／（除算）、＾（べき乗）、％（パーセント）があります。

数式の例

=A1······················ セルA1の値を結果として表示する。

　　［例］　セルA1が「10」の場合　→　結果は「10」

　　　　　　セルA1が「東京都」の場合　→　結果は「東京都」

＝（B1+C1）＊2········· セルB1とセルC1の値を足して2倍した計算結果を表示する。

　　［例］　セルB1が「15」でセルC1が「25」の場合　→　結果は「80」

=SUM（B1：C1）······ SUM関数で指定した値の合計を計算し、結果を表示する。

　　［例］　セルB1が「15」でセルC1が「25」の場合　→　結果は「40」

以上の例を見て難しく感じる人もいるかもしれませんが、ここでは「Excelでは数式の先頭に＝を付ける」「数式の中で関数を使うことがある」と覚えればそれで十分です。

関数にはいろいろな種類がありますが、特定の値を、特定の順番に指定することで結果を得る、という使い方は共通です。この特定の値を「引数（ひきすう）」、特定の順番を「構文」と呼び、関数ごとに引数の種類や数、構文は異なります。引数は関数名の後ろの「( )」の中に、「 , 」（コンマ）で区切って入力します。

図7-1 関数のしくみ

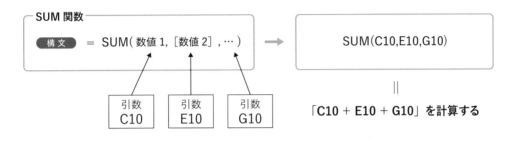

---

column 計算をしない数式

　計算ではなく操作を行う数式には、第5章で紹介した文字列を連結する数式などがあります（132ページ参照）。文字列を連結する「&」は文字列演算子といい、文字列だけでなく数値をつなげて表示することもできます。

例　セルA1が「技評」、セルB1が「太郎」、セルC1が「10」、セルD1が「15」の場合

　=A1&B1&C1　→　　結果は「技評太郎10」……　文字も数値もつなげて表示する。

　=C1&D1　　　→　　結果は「1015」……………　数値だけの場合でもつなげて表示する（合計しない）。
　　　　　　　　　　　　　　　　　　　　　　　　　　つなげて表示された値は文字列として扱われる。

　=A1&"花子"　→　　結果は「技評花子」………　数式の中で文字列を指定するときは「"」でくくる。

　また、第5章で紹介したPHONETIC関数を利用すると、指定したセルの値（漢字）からふりがなを取り出すという数式を作成できます（133ページ参照）。

　「数式」というと計算式が浮かびますが、計算を行わなくても、Excelでは「=」で始まるものはすべて数式です。

▶関数の利用方法

サンプルファイル　7章-1.xlsx

　それでは早速、セルに関数を使った数式を入力するための2つの方法を紹介します。サンプルファイル「7章-1.xlsx」を開いてください。

関数名を直接入力する

　関数名がわかっている場合には、直接入力する方法が簡単です。今回は合計を求めるSUM関数を入力します。

　まず、数式を入力するセルを選択して、半角で「=」を入力します。続けて半角英字で関数名を数文字入力してみましょう。関数名を入力し始めると、次ページの図7-2のように候補リストが表示されます。

この候補リスト内の「SUM」をダブルクリックするか、カーソルで「SUM」を選択後に Tab キーを押すと、関数が入力されます。

図7-2 数式を直接入力する

①数式を入力したいセルを選択し、半角で「=su」と入力する。

②カーソルキーで候補リストから関数を選択して Tab キーを押す。

セルに入力を始めると候補リストが表示される。

指定した関数が入力される。

関数の構文が表示されるので、これを参考に引数を指定すればよい。

③合計したいセル範囲をマウスでドラッグすると、そのセル範囲が関数の「(」の中に入力される。

④「)」を入力して Enter キーを押す。

ここではセル範囲C2:G2をドラッグして指定した。

数式バーには入力した関数の数式が表示される。

指定したセル範囲の合計が表示される。

memo 関数名がわかっているなら、「=sum(」などとすべて手入力してもOKです。

column 引数と戻り値

175ページで説明したように、関数には計算などに必要な「引数」を指定しなければなりません。引数は、関数名の後ろに「( )」に入れて指定します。

図7-2では「=SUM(C2：G2)」という数式を作成しましたが、この「C2：G2」が「引数」です。

ここでは「C2：G2」と「：」を使っていますが、「：」は「つなげる」という意味で、「セルC2からセルG2までのセル範囲」を表します。結果として「セルC2からセルG2までの数値の合計」が求められます。

一方で、「=SUM(C2, G2)」と「，」を使うときもあります。「，」は「区切る」という意味で、「=SUM(C2, G2)」とすると「セルC2とセルG2の2個のセル」の数値の合計が求められます。

> 構文
> ［SUM関数］ =SUM(数値1,[数値2], …)
> ※[ ]で示された引数は省略可能。

また、これは無理に覚える必要はありませんが、関数が返す値(関数で求められる結果)のことを「戻り値」と呼びます。図7-2では、セルH2に表示されている「344」が「SUM(C2：G2)の戻り値」です。

［関数の挿入］ダイアログボックスを利用する

SUM関数は非常によく使う関数なので手入力で大丈夫だと思いますが、関数名がわからない場合は［関数の挿入］ダイアログボックスを利用します。このダイアログボックスでは、関数の名前や機能を調べられます。

それでは、「SUM」の名前を忘れてしまったと仮定して［関数の挿入］ダイアログボックスを使ってみましょう。

図7-3 ［関数の挿入］ダイアログボックスから関数を入力する

①結果を表示するセル(ここではセルH2)を選択して、[関数の挿入]コマンドをクリックする。

番号	氏名	テスト1	テスト2	テスト3	テスト4	テスト5	合計
1	小矢部　翔	57	66	96	33	92	
2	片貝　修吾	67	43	95	93	86	
3	木水田　文子	99	90	59	72	60	
4	栗原　広美子	71	55	47	34	74	
5	黒部　駿也	94	99	53	45	70	
6	庄川　武士	95	30	79	42	60	
7	常願寺　幸子	74	37	99	34	79	
8	神通　怜奈	87	56	90	60	72	
9	月野　陽子	84	100	50	50	55	
10	富田　麻耶	71	96	55	91	40	
11	早月　さゆり	56	73	81	36	42	
12	鯛田　友代	98	74	67	30	73	
13	増子　昭博	62	38	61	47	90	
14	屋薪　志郎	63	96	92	52	96	
15	楽川　太朗	37	65	56	100	70	

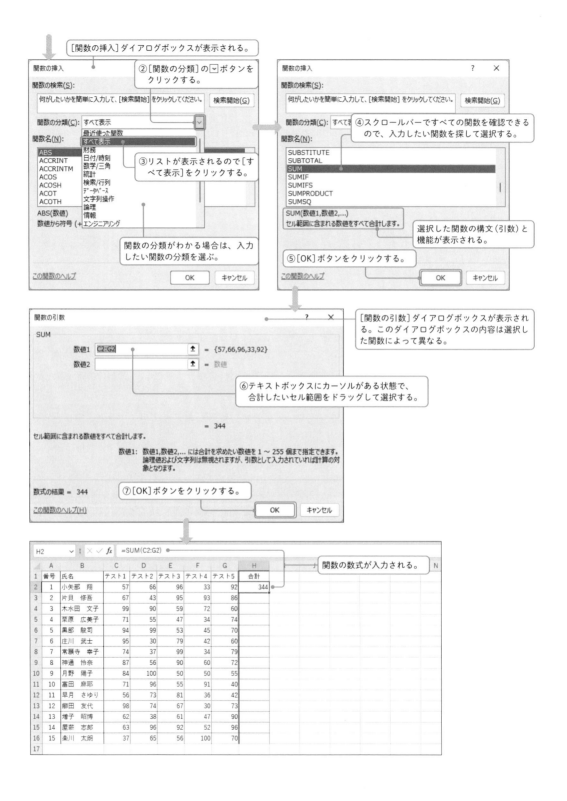

[関数の挿入]ダイアログボックスが表示される。

関数の挿入

関数の検索(S):

何がしたいかを簡単に入力して、[検索開始]をクリックしてください。　　検索開始(G)

②[関数の分類]の☑ボタンを
クリックする。

関数の分類(C): すべて表示

最近使った関数
すべて表示
関数名(N):　財務
　　　　日付/時刻
ABS　　数学/三角　　③リストが表示されるので[す
ACCRINT　統計　　　　べて表示]をクリックする。
ACCRINTM　検索/行列
ACOS　　データベース
ACOSH　　文字列操作
ACOT　　論理
ACOTH　　情報
ABS(数値)　エンジニアリング
数値から符号 (+

関数の分類がわかる場合は、入力
したい関数の分類を選ぶ。

この関数のヘルプ　　　　OK　　キャンセル

関数の挿入　　　　　　　　　　　　　　　? ✕

関数の検索(S):

何がしたいかを簡単に入力して、[検索開始]をクリックしてください。　検索開始(G)

④スクロールバーですべての関数を確認できる
ので、入力したい関数を探して選択する。

関数の分類(C): すべて表示

関数名(N):

SUBSTITUTE
SUBTOTAL
SUM
SUMIF
SUMIFS
SUMPRODUCT
SUMSQ

SUM(数値1,数値2,...)
セル範囲に含まれる数値をすべて合計します。

選択した関数の構文(引数)と
機能が表示される。

⑤[OK]ボタンをクリックする。

この関数のヘルプ　　　　OK　　キャンセル

関数の引数　　　　　　　　　　　　　? ✕

SUM

数値1　C2:G2　　　　　　↑　= {57,66,96,33,92}

数値2　　　　　　　　　　↑　= 数値

[関数の引数]ダイアログボックスが表示され
る。このダイアログボックスの内容は選択し
た関数によって異なる。

⑥テキストボックスにカーソルがある状態で、
合計したいセル範囲をドラッグして選択する。

= 344

セル範囲に含まれる数値をすべて合計します。

数値1: 数値1,数値2,... には合計を求めたい数値を 1 ～ 255 個まで指定できます。
論理値および文字列は無視されますが、引数として入力されていれば計算の対
象となります。

数式の結果 = 344　　⑦[OK]ボタンをクリックする。

この関数のヘルプ(H)　　　　　　OK　　キャンセル

H2　　∨ : ✕ ✓ fx　=SUM(C2:G2)

関数の数式が入力される。

	A	B	C	D	E	F	G	H	N
1	番号	氏名	テスト1	テスト2	テスト3	テスト4	テスト5	合計	
2	1	小矢部　翔	57	66	96	33	92	344	
3	2	片貝　修吾	67	43	95	93	86		
4	3	木水田　文子	99	90	59	72	60		
5	4	栗原　広美子	71	55	47	34	74		
6	5	黒部　駿司	94	99	53	45	70		
7	6	庄川　武士	95	30	79	42	60		
8	7	常願寺　幸子	74	37	99	34	79		
9	8	神通　怜奈	87	56	90	60	72		
10	9	月野　陽子	84	100	50	50	55		
11	10	富田　麻耶	71	96	55	91	40		
12	11	早月　さゆり	56	73	81	36	42		
13	12	鄭田　友代	98	74	67	30	73		
14	13	増子　昭博	62	38	61	47	90		
15	14	屋薪　志郎	63	96	92	52	96		
16	15	楽川　太朗	37	65	56	100	70		
17									

[関数の挿入]ダイアログボックスは、関数名を忘れてしまったときや関数の機能を調べたいときに、活用してください。

▶ 絶対参照と相対参照

サンプルファイル 7章-2.xlsx

数式内にセルを指定することをセル参照といいます。そして、セル参照を含む数式では、そのセルの値に基づいて計算を行います。

このこと自体は難しい話ではないと思いますが、このようなセル参照を含む数式をオートフィルなどでコピーするときに、絶対に覚えておかなければならない大切なことがあります。それが「絶対参照」と「相対参照」です。

サンプルファイル「7章-2.xlsx」を使いながら、確認していきましょう。

図7-4 セル参照した数式をコピーする（例①）

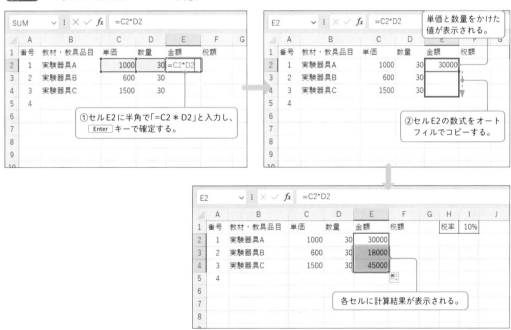

このとき、たとえばセルE4の数式を見てみると、「=C4 * D4」とセル参照のセル番地が、自動的にずれていることがわかります。

図7-5 コピーした数式のセル参照を確認する (例①)

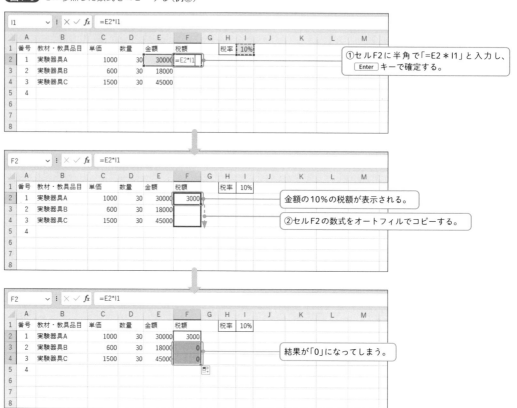

	A	B	C	D	E	F	G	H	I	J	K	L	M
							税率	10%					
1	番号	教材・教具品目	単価	数量	金額	税額							
2	1	実験器具A	1000	30	30000								
3	2	実験器具B	600	30	18000								
4	3	実験器具C	1500	30	=C4*D4								
5	4												

セルE4で F2 キーを押してセル内編集モードにすると、
行にあわせてセル参照が移動していることがわかる。

このように、数式をコピーしたときに貼り付け先にあわせてセル参照が変わることを「相対参照」と
いいます。

次に、もう1つのケースを見てみましょう。今度は、セルF2に図7-6のような数式を入力します。

図7-6 セル参照した数式をコピーする (例②)

①セルF2に半角で「=E2＊I1」と入力し、
Enter キーで確定する。

金額の10％の税額が表示される。

②セルF2の数式をオートフィルでコピーする。

結果が「0」になってしまう。

このケースでは、オートフィルで数式をコピーしているのに、コピー先のセルでは正確な値を求めることができていません。その原因を、図7-7で確認しましょう。

図7-7 コピーした数式のセル参照を確認する（例②）

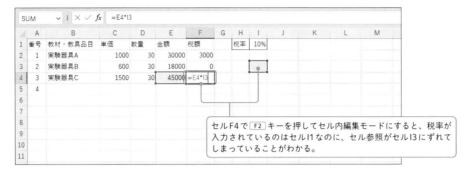

セルF4で F2 キーを押してセル内編集モードにすると、税率が入力されているのはセルI1なのに、セル参照がセルI3にずれてしまっていることがわかる。

このケースでは、税率の参照を固定しなければなりません。図7-8で数式を修正しましょう。

図7-8 セル参照を固定する

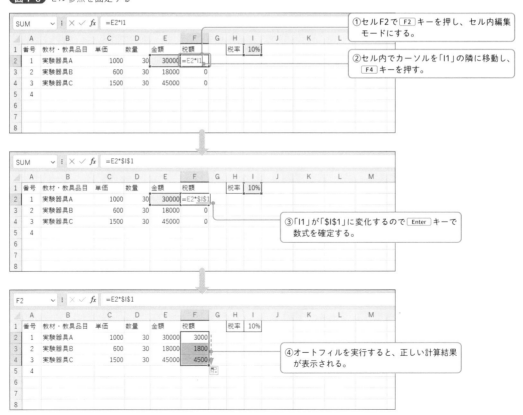

①セルF2で F2 キーを押し、セル内編集モードにする。

②セル内でカーソルを「I1」の隣に移動し、F4 キーを押す。

③「I1」が「$I$1」に変化するので Enter キーで数式を確定する。

④オートフィルを実行すると、正しい計算結果が表示される。

このとき、コピーされたセルの数式を見ると、図7-9のように「セルI1」が固定されていることがわかります。

図7-9 セル参照が固定されていることを確認する

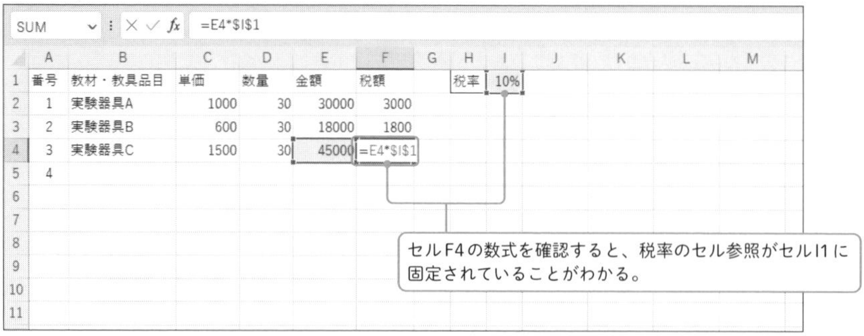

このように固定されたセル参照のことを「絶対参照」といいます。絶対参照は、オートフィルなどでコピーしても、参照元が変わることはありません。

Excelの数式のルールでは、セル参照に「$」マークを付けると参照が固定されます。

解説した絶対参照では、アルファベット（I）の前と数字（1）の前に「$」が追加されています。もし行だけを固定したい場合には数字（行番号）の前にのみ「$」を付けて、列だけを固定したい場合はアルファベット（列記号）の前にのみ「$」を付けてください。

> ▼*memo* このように行列のどちらかだけを固定する参照を「複合参照」といいます。この複合参照が役立つケースは206ページで解説しているので、ここでは「相対参照」と「絶対参照」を確実に理解してください。

なお、セル参照を固定する「$」ですが、これは基本的に手入力する必要はありません。

数式を F2 キーでセル内編集モードにし、セル参照にカーソルがある状態で F4 キーを押すたびに、図7-10のように参照の形式が切り替わります。

> ▼*memo* セル参照を固定するための「$」は F4 キーで表示できますが、キーボードから「$」を手入力しても、もちろんかまいません。慣れてきたら、行だけや列だけを固定する場合など、手入力のほうが手軽なこともあります。

図7-10 F4 キーで参照を切り替える

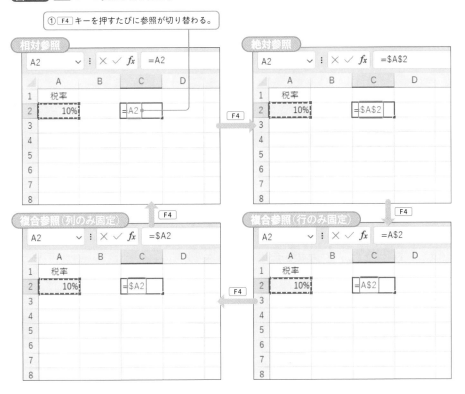

① F4 キーを押すたびに参照が切り替わる。

相対参照 / 絶対参照 / 複合参照（列のみ固定）/ 複合参照（行のみ固定）

　数式をオートフィルなどでコピーしたときに正しい計算結果が求められない原因として代表的なものが、この絶対参照と相対参照の入力ミスです。ここは、必ず押さえておいてください。

7-2 成績の集計表を作る

　この節では成績の基本的な集計表を作成していきます。Excelは表計算ソフトですので、この節で紹介する集計表で用いるような関数は当然理解していたいところです。

　この節で紹介するほとんどの関数は機能こそ異なりますが、使い方はまったく同じと考えても差し支えはありません。

▶1人ずつテストの合計を求める［SUM関数］

サンプルファイル　7章-3.xlsx

　最初に、1人ずつ各教科の点数の合計を求めてみましょう。合計を求めるのに用いるのは177ページで紹介したSUM関数です。SUM関数は、ほとんどの人が最初に触れる関数なのではないでしょうか。

　SUM関数は、セル範囲に含まれる数値をすべて合計するものです。もし、指定したセル範囲に文字列や空白があった場合には、それらを無視して合計します。

　SUM関数にセルやセル範囲を指定するには、以下の2つの方法があります。177ページでも説明したとおり、「：」（コロン）はつなげる、「，」（コンマ）は区切るという意味になるので、連続するセル範囲は「：」、飛び飛びのセルは「，」で区切って並べます。

① =SUM（A1：F1）……………　セル範囲A1：F1の6個のセルの合計
② =SUM（A1, C1, E1, F1）……　セルA1とC1とE1とF1の4個のセルの合計

　① のようにセル範囲をつなげて入力するときには、関数の入力中に参照するセル範囲をマウスでドラッグして選択します。② のように区切って入力するときには、参照するセルを1つずつクリックして選択します。

> ▼memo この「：」（コロン）と「，」（コンマ）の使い方はどの関数でも共通の「引数の基礎知識」です。

　それでは、サンプルファイル「7章-3.xlsx」を開いてください。177ページでSUM関数を入力した方法を参考に、図7-11のセルL2にSUM関数を入力してみましょう。

図7-11 合計を求める

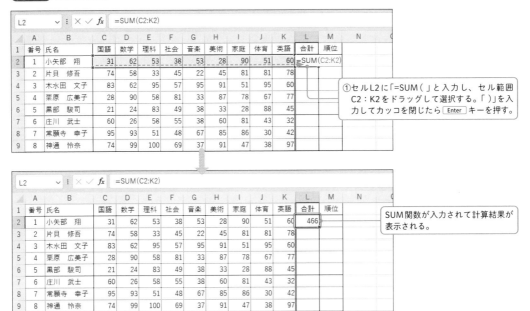

①セルL2に「=SUM（」と入力し、セル範囲C2：K2をドラッグして選択する。「）」を入力してカッコを閉じたら Enter キーを押す。

SUM関数が入力されて計算結果が表示される。

　次に、図7-12のようにセルL2の数式を下方向にコピーし、セル範囲L3：L16にSUM関数を入力しましょう。

　なお、図7-12では、セルC17に縦の列の合計（国語の合計）を求めるために「=SUM（C2：C16）」という数式を入力し、それを右方向（セル範囲D17：K17）にコピーして各教科の合計を求めています。

図7-12 表の各合計を求める

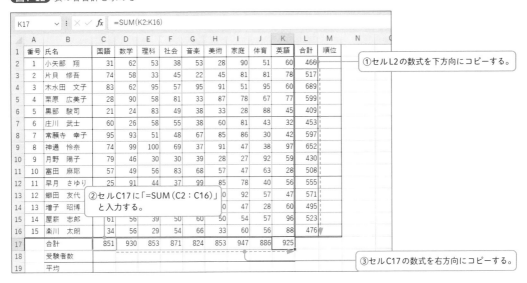

①セルL2の数式を下方向にコピーする。

②セルC17に「=SUM（C2：C16）」と入力する。

③セルC17の数式を右方向にコピーする。

▶テストを受けた生徒の数を求める［COUNT関数］

COUNT関数は、セル範囲の中から数値のセルの数をカウントします（数えます）。この関数は文字列や空白のセルはカウントしないため、教科ごとの点数範囲を指定すると、点数が入力されたセルの個数（テストを受けた人数）を求めることができます。

それでは、図7-13のようにCOUNT関数を入力してみましょう。入力方法はSUM関数と同様です。

図7-13 各教科のテストを受けた生徒数を求める

	C18	✓ fx	=COUNT(C2:C16)											
	A	B	C	D	E	F	G	H	I	J	K	L	M	N
1	番号	氏名	国語	数学	理科	社会	音楽	美術	家庭	体育	英語	合計	順位	
2	1	小矢部　翔	31	62	53	38	53	28	90	51	60	466		
3	2	片貝　修吾	74	58	33	45	22	45	81	81	78	517		
4	3	木水田　文子	83	62	95	57	95	91	51	95	60	689		
5	4	栗原　広美子	28	90	58	81	33	87	78	67	77	599		
6	5	黒部　駿司	21	24	83	49	38	33	28	88	45	409		
7	6	庄川　武士	60	26	58	55	38	60	81	43	32	453		
8	7	常願寺　幸子	95	93	51	48	67	85	86	30	42	597		
9	8	神通　怜奈	74	99	100	69	37	91	47	38	97	652		
10	9	月野　陽子	79	46	30	30	39	28	27	92	59	430		
11	10	富田　麻耶	57	49	56	83	68	57	47	63	28	508		
12	11	早月　さゆり	25	91	44	37	99	85	78	40	56	555		
13	12	柳田　友代	75	57	43	99	71	30	92	57	47	571		
14	13	増子　昭博	54	61	81	76	38	50	47	28	60	495		
15	14	屋薪　志郎	61	56	39	50	60	50	54	57	96	523		
16	15	楽川　太朗	34	56	29	54	66	33	60	56	88	476		
17		合計	851	930	853	871	824	853	947	886	925			
18		受験者数	15	15	15	15	15	15	15	15	15			
19		平均												
20		中央値												
21		最高点												

①セルC18に「=COUNT(C2:C16)」と入力する。

②セルC18の数式を右方向にコピーする。

構文

［COUNT関数］　　　=COUNT（数値1,［数値2］, …）

▶ テストの平均点を求める［AVERAGE関数］

AVERAGE関数は、セル範囲の数値の平均を求める関数で、セル範囲に文字列や空白があった場合にはそれらを無視して計算します。

SUM関数を理解していればなにも難しい関数ではありません。図7-14のように入力してください。

図7-14 各教科の平均点を求める

	A	B	C	D	E	F	G	H	I	J	K	L	M
	番号	氏名	国語	数学	理科	社会	音楽	美術	家庭	体育	英語	合計	順位
1													
2	1	小矢部　翔	31	62	53	38	53	28	90	51	60	466	
3	2	片貝　修吾	74	58	33	45	22	45	81	81	78	517	
4	3	木水田　文子	83	62	95	57	95	91	51	95	60	689	
5	4	栗原　広美子	28	90	58	81	33	87	78	67	77	599	
6	5	黒部　駿司	21	24	83	49	38	33	28	88	45	409	
7	6	庄川　武士	60	26	58	55	38	60	81	43	32	453	
8	7	常願寺　幸子	95	93	51	48	67	85	86	30	42	597	
9	8	神通　怜奈	74	99	100	69	37	91	47	38	97	652	
10	9	月野　陽子	79	46	30	30	39	28	27	92	59	430	
11	10	富田　麻耶	57	49	56	83	68	57	47	63	28	508	
12	11	早月　さゆり	25	91	44	37	99	85	78	40	56	555	
13	12	郷田　友代	75	57	43	99	71	30	92	57	47	571	
14	13	増子　昭博	54	61	81	76	38	50	47	28	60	495	
15	14	屋薪　志郎	61	56	39	50	60	50	54	57	96	523	
16	15	桑川　太朗	34	56	29	54	66	33	60	56	88	476	
17		合計	851	930	853	871	824	853	947	886	925		
18		受験者数	15	15	15	15	15	15	15	15	15		
19		平均	56.73	62	56.87	58.07	54.93	56.87	63.13	59.07	61.67		
20		中央値											
21		最高点											
22		最低点											

C19 に `=AVERAGE(C2:C16)`

①セルC19に「=AVERAGE（C2：C16）」と入力する。

②セルC19の数式を右方向にコピーする。

構文

［AVERAGE関数］　=AVERAGE（数値1,［数値2］,…）

小数点以下の桁数を揃える

AVERAGE関数を入力したセルに注目してください。左から2つ目のセルD19は、小数点以下の桁数がほかのセルとは異なっていますね。このような場合に、セルの表示形式で小数点以下の桁数を揃える方法を紹介します。

ここでは、セル範囲C19：K19の小数点以下の桁数を1桁に揃えます。

図7-15 小数点以下の桁数を1桁に揃える

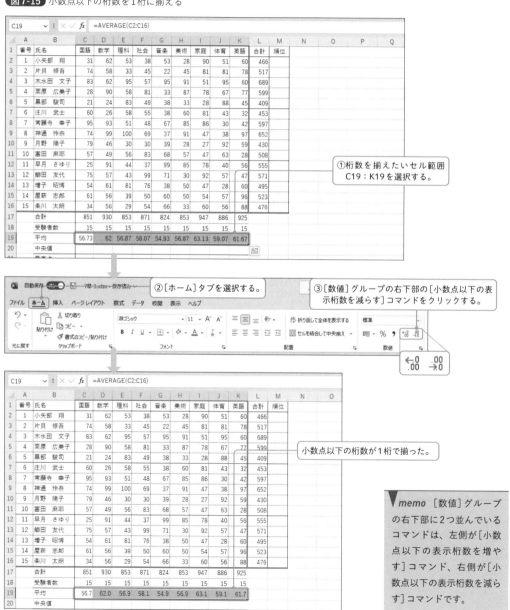

①桁数を揃えたいセル範囲
C19：K19を選択する。

②［ホーム］タブを選択する。

③［数値］グループの右下部の［小数点以下の表示桁数を減らす］コマンドをクリックする。

小数点以下の桁数が1桁で揃った。

memo ［数値］グループの右下部に2つ並んでいるコマンドは、左側が［小数点以下の表示桁数を増やす］コマンド、右側が［小数点以下の表示桁数を減らす］コマンドです。

▶ テストの中央値を求める［MEDIAN関数］

　MEDIAN関数は、セル範囲の数値のメジアン（中央値）を求めます。関数の利用方法や引数の指定方法は、SUM関数と同様です。

図7-16 各教科の中央値を求める

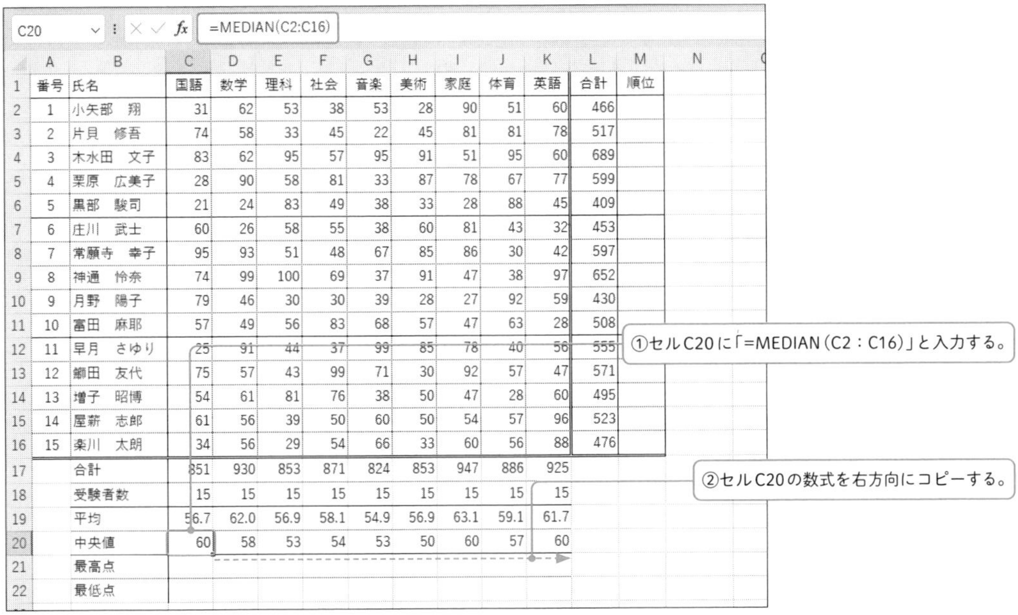

	A	B	C	D	E	F	G	H	I	J	K	L	M	N
1	番号	氏名	国語	数学	理科	社会	音楽	美術	家庭	体育	英語	合計	順位	
2	1	小矢部　翔	31	62	53	38	53	28	90	51	60	466		
3	2	片貝　修吾	74	58	33	45	22	45	81	81	78	517		
4	3	木水田　文子	83	62	95	57	95	91	51	95	60	689		
5	4	栗原　広美子	28	90	58	81	33	87	78	67	77	599		
6	5	黒部　駿司	21	24	83	49	38	33	28	88	45	409		
7	6	庄川　武士	60	26	58	55	38	50	81	43	32	453		
8	7	常願寺　幸子	95	93	51	48	67	85	86	30	42	597		
9	8	神通　怜奈	74	99	100	69	37	91	47	38	97	652		
10	9	月野　陽子	79	46	30	30	39	28	27	92	59	430		
11	10	富田　麻耶	57	49	56	83	68	57	47	63	28	508		
12	11	早月　さゆり	25	91	44	37	99	85	78	40	56	555		
13	12	鰤田　友代	75	57	43	99	71	30	92	57	47	571		
14	13	増子　昭博	54	61	81	76	38	50	47	28	60	495		
15	14	屋薪　志郎	61	56	39	50	60	50	54	57	96	523		
16	15	桑川　太朗	34	56	29	54	66	33	60	56	88	476		
17		合計	851	930	853	871	824	853	947	886	925			
18		受験者数	15	15	15	15	15	15	15	15	15			
19		平均	56.7	62.0	56.9	58.1	54.9	56.9	63.1	59.1	61.7			
20		中央値	60	58	53	54	53	50	60	57	60			
21		最高点												
22		最低点												

① セルC20に「=MEDIAN（C2：C16）」と入力する。

② セルC20の数式を右方向にコピーする。

構文

［MEDIAN関数］　=MEDIAN（数値1,［数値2］,…）

▶ テストの最高点・最低点を求める［MAX関数］［MIN関数］

　MAX関数は、セル範囲の数値の最高値を求めます。そして、最低値を求めるときにはMIN関数を使います。これまでの関数同様に、セル範囲に文字列や空白があった場合には、それらを無視して計算します。

図7-17 各教科の最高点・最低点を求める

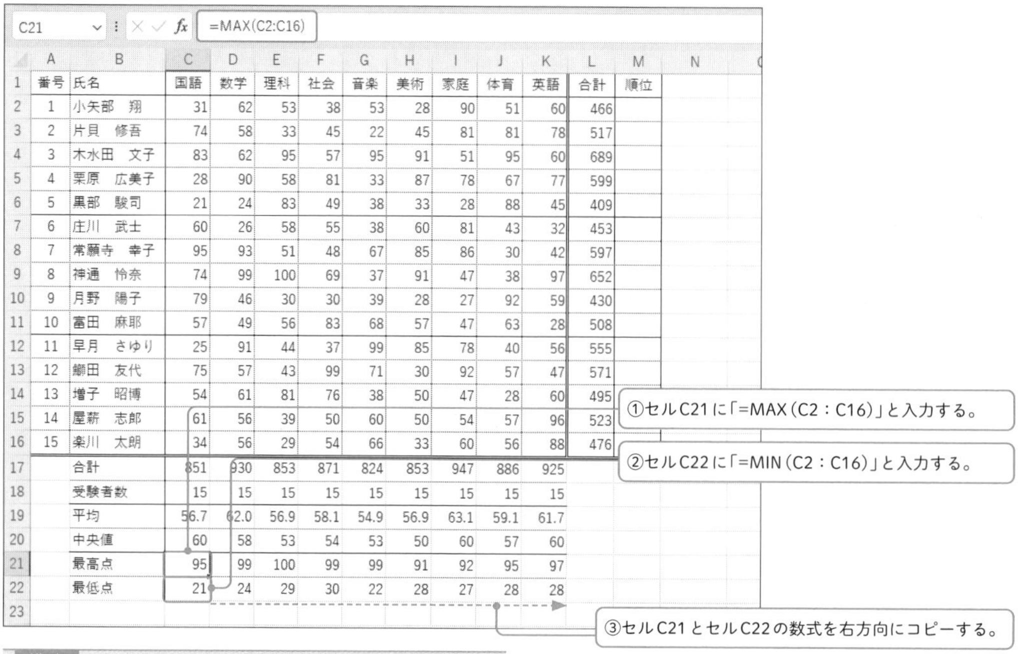

		A	B	C	D	E	F	G	H	I	J	K	L	M	N	O

C21 | =MAX(C2:C16)

	A	B	C 国語	D 数学	E 理科	F 社会	G 音楽	H 美術	I 家庭	J 体育	K 英語	L 合計	M 順位
1	番号	氏名	国語	数学	理科	社会	音楽	美術	家庭	体育	英語	合計	順位
2	1	小矢部　翔	31	62	53	38	53	28	90	51	60	466	
3	2	片貝　修吾	74	58	33	45	22	45	81	81	78	517	
4	3	木水田　文子	83	62	95	57	95	91	51	95	60	689	
5	4	栗原　広美子	28	90	58	81	33	87	78	67	77	599	
6	5	黒部　駿司	21	24	83	49	38	33	28	88	45	409	
7	6	庄川　武士	60	26	58	55	38	60	81	43	32	453	
8	7	常願寺　幸子	95	93	51	48	67	85	86	30	42	597	
9	8	神通　怜奈	74	99	100	69	37	91	47	38	97	652	
10	9	月野　陽子	79	46	30	39	39	28	27	92	59	430	
11	10	富田　麻耶	57	49	56	83	68	54	51	35	55	508	
12	11	早月　さゆり	25	91	44	37	99	85	78	40	56	555	
13	12	櫛田　友代	75	57	43	99	71	30	92	57	47	571	
14	13	増子　昭博	54	61	81	76	38	60	47	28	60	495	
15	14	屋薪　志郎	61	56	39	50	60	50	54	57	96	523	
16	15	楽川　太朗	34	56	29	54	66	33	60	56	88	476	
17		合計	851	930	853	871	824	853	947	886	925		
18		受験者数	15	15	15	15	15	15	15	15	15		
19		平均	56.7	62.0	56.9	58.1	54.9	56.9	63.1	59.1	61.7		
20		中央値	60	58	53	54	53	50	60	57	60		
21		最高点	95	99	100	99	99	91	92	95	97		
22		最低点	21	24	29	30	22	28	28	28	28		
23													

①セルC21に「=MAX（C2：C16）」と入力する。

②セルC22に「=MIN（C2：C16）」と入力する。

③セルC21とセルC22の数式を右方向にコピーする。

構文

［MAX関数］	=MAX（数値1,［数値2］,…）
［MIN関数］	=MIN（数値1,［数値2］,…）

さまざまな情報を得られる集計表になってきましたね。ここまでの関数はどれも集計の定番ですので、必ず覚えておきたいところです。

さて、次は順位を求める関数です。少しレベルが上がりますので、じっくり確認していきましょう。

▶ テストの順位を求める ［RANK.EQ関数］

テストの順位を求めるときにはRANK.EQ関数を使用します。RANK.EQ関数は、ある数値が、そのグループの中で何番目かを求める関数です。今回は、生徒全員の合計点の中で、各生徒の合計点が何番目か、すなわち各生徒の順位を求めます。

このRANK.EQ関数には次のように3つの引数を指定します。これまで説明してきたとおり、複数の引数を指定するときには、引数と引数の間を「，」（コンマ）で区切ります。

では、実際にテストの合計点で順位を求めるために、図7-18のようにセルM2にRANK.EQ関数の数式を入力してみましょう。

図7-18 合計点の順位を求める数式を入力する

①セルM2にRANK.EQ関数を入力し、「=RANK.EQ（L2,」と入力する。

②セル範囲L2:L16を選択したら F4 キーを押して＄の付いた絶対参照にする。

③「,」を入力するとリストが表示されるので、[降順]を選択して Tab キーを押す。

④「）」を入力してカッコを閉じて、 Enter キーで数式を確定する。

「小矢部　翔」の全体の中の順位が表示される。

この数式で、セルL2がセル範囲L2:L16の中で何番目に大きいかを求めることができます。

なお、このRANK.EQ関数で注意しなければならないのは第2引数です。

第2引数で全生徒の合計点（セル範囲L2:L16）を参照するときには、181ページで解説した、入力後に F4 キーを押して「＄L＄2:＄L＄16」という絶対参照にするテクニックを使用しています。

これは、この数式をコピーしたときに、全生徒の合計点のセル範囲L2:L16がずれないようにするためです。もし絶対参照にしなければ、セルM2を下方向にコピーしたときに、第2引数のセル範囲が「L3:L17」「L4:L18」… と1行ずつ下にずれてしまいます。それでは全生徒の合計点を正しく参照できずに、結果として各生徒の順位を正しく求めることができなくなってしまいます。

そのため、RANK.EQ関数の第2引数は必ず絶対参照にすると覚えてください。

それでは、セルM2を下方向にコピーして全員の順位を求めてみましょう。

図7-19 完成した集計表

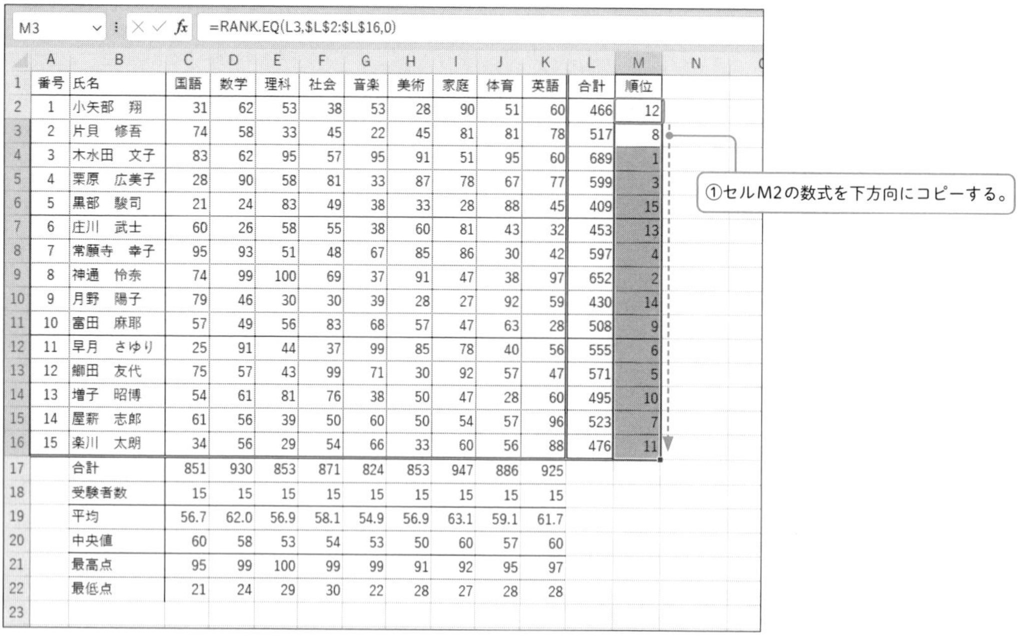

	A	B	C	D	E	F	G	H	I	J	K	L	M	N
												fx	=RANK.EQ(L3,$L$2:$L$16,0)	
1	番号	氏名	国語	数学	理科	社会	音楽	美術	家庭	体育	英語	合計	順位	
2	1	小矢部　翔	31	62	53	38	53	28	90	51	60	466	12	
3	2	片貝　修吾	74	58	33	45	22	45	81	81	78	517	8	
4	3	木水田　文子	83	62	95	57	95	91	51	95	60	689	1	
5	4	栗原　広美子	28	90	58	81	33	87	78	67	77	599	3	
6	5	黒部　駿司	21	24	83	49	38	33	28	88	45	409	15	
7	6	庄川　武士	60	26	58	55	38	60	81	43	32	453	13	
8	7	常願寺　幸子	95	93	51	48	67	85	86	30	42	597	4	
9	8	神通　怜奈	74	99	100	69	37	91	47	38	97	652	2	
10	9	月野　陽子	79	46	30	30	39	28	27	92	59	430	14	
11	10	富田　麻耶	57	49	56	83	68	57	47	63	28	508	9	
12	11	早月　さゆり	25	91	44	37	99	85	78	40	56	555	6	
13	12	鄉田　友代	75	57	43	99	71	30	92	57	47	571	5	
14	13	増子　昭博	54	61	81	76	38	50	47	28	60	495	10	
15	14	屋薪　志郎	61	56	39	50	60	50	54	57	96	523	7	
16	15	楽川　太朗	34	56	29	54	66	33	60	56	88	476	11	
17		合計	851	930	853	871	824	853	947	886	925			
18		受験者数	15	15	15	15	15	15	15	15	15			
19		平均	56.7	62.0	56.9	58.1	54.9	56.9	63.1	59.1	61.7			
20		中央値	60	58	53	54	53	50	60	57	60			
21		最高点	95	99	100	99	99	91	92	95	97			
22		最低点	21	24	29	30	22	28	27	28	28			
23														

①セルM2の数式を下方向にコピーする。

　これで各生徒の順位も求まり、集計表は完成です。多くの情報を一度に得られる表となりました。

　サンプルファイル「7章-4.xlsx」には完成された集計表が用意されているので、自分で入力した表とサンプルファイルを比較してみてください。

> **memo**　RANK.EQ関数はExcel 2010から登場した関数です。それ以前はRANK関数になりますが、RANK.EQ関数と同じ引数で同じ働きをします。Excelのバージョンに左右されないように、RANK関数を使うこともあります。

📝 もっと詳しく！

191ページの図7-18で、テストの合計点から順位を求めるために入力した数式を確認しましょう。RANK.EQ関数の構文は以下のとおりです。

[構文]

[RANK.EQ関数]　=RANK.EQ（数値, 参照, [順序]）

　　　数値：対象の数値………………………………………… 例 対象とする合計点

　　　参照：対象の数値を含むグループ…………………… 例 全合計点

　　　順序（省略可）：0か省略で降順（大きい順）………… 例 降順

　　　　　　　　　　　0以外の数値（通常は1）で昇順（小さい順）

=RANK.EQ（L2, \$L\$2：\$L\$16, 0）
　　　　　　　❶　　　　❷　　　　❸

❶RANK.EQ関数の第1引数には対象の生徒の合計点、この例では「小矢部　翔」の合計点が入力されたセルL2を指定する。

❷第2引数には全生徒の合計点、この例ではセル範囲L2：L16を指定して、[F4]キーで絶対参照にする。順序を指定する場合は「 , 」で区切り、第3引数を指定する。

❸第3引数を入力する際に降順・昇順のリストが表示されるので、「降順」を選択して[Tab]キーを押すと「0」が入力される。

7-3 習熟度や少人数のグループごとの集計表を作る

　1クラスを習熟度や少人数のグループに分けた場合に、グループごとの成績情報を得たいことがあるのではないでしょうか。グループごとにシートを分けて管理するのも1つの方法ですが、グループの入れ替えがある場合には、その都度、名簿を作成する必要があります。

　そこでこの節では、クラス名簿にグループ欄を設ける形で、関数を用いてグループごとの集計を行います。

▶特定条件のセルを数える［COUNTIF関数］

サンプルファイル　7章-5.xlsx

　あるグループ群から特定のグループの人数を求めるにはCOUNTIF関数を利用します。COUNTIF関数は、セル範囲の中で特定の条件に一致するセルを数えます。今回は「α」「β」「γ」というグループ群の中から、各グループに所属している生徒の人数を数えます。

　慣れるまでは、検索条件の指定が難しいかもしれません。まずは検索条件を文字列で指定した数式を入力してから、セル参照の数式に変更してみます。

　それではグループごとの人数を求めるために、集計表にCOUNTIF関数を入力しましょう。

図7-20 グループの人数を求める

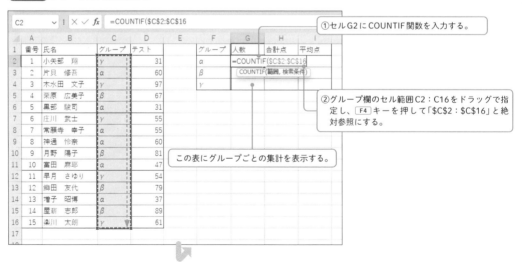

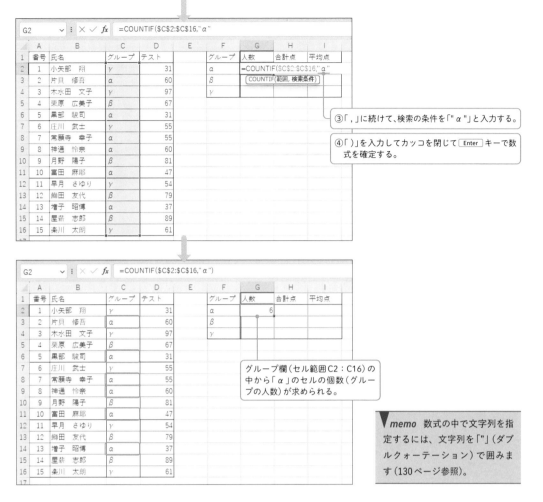

③「,」に続けて、検索の条件を「"α"」と入力する。

④「)」を入力してカッコを閉じて Enter キーで数式を確定する。

グループ欄(セル範囲C2:C16)の中から「α」のセルの個数(グループの人数)が求められる。

▼*memo* 数式の中で文字列を指定するには、文字列を「"」(ダブルクォーテーション)で囲みます(130ページ参照)。

これで「α」グループの人数が求められました。この数式を下方向にコピーして、検索条件の「α」を「β」や「γ」に修正すればそれぞれのグループの人数を求めることができます。

しかし、この数式を検索条件が入力されているセルを参照するように修正すれば、コピーするだけですべてのグループの人数が求められます。実際に、グループが入力されているセルF2を参照するように修正してみましょう。

図7-21 検索条件をセル参照に修正する

①セルG2を選択して F2 キーを押す。

②第2引数の「"α"」を削除して、セルF2を選択したら、Enter キーで数式を確定する。

7-3 習熟度や少人数のグループごとの集計表を作る　　195

第7章 関数を使った成績集計のテクニック

COUNTIF関数で気を付けたいのは、第1引数のセル参照を絶対参照で固定していることです。

もしセル参照が固定されていなければ、数式（セルG2）を下方向にコピーしたときに第1引数のセル範囲（グループ欄）が下にずれてしまい、正確なグループの範囲を参照できなくなります。グループ欄がずれると、当然正しいグループの人数を求めることはできません。

そのため、COUNTIF関数の第1引数はセル参照を固定すると覚えてください。

反対に、第2引数の検索条件は、下方向にコピーしたときにずれてほしいので、$を付けず相対参照のままにしています。

ほかのグループの人数を求めるために、COUNTIF関数の数式を入力したセルG2を下方向にコピーし、セルG3とセルG4に貼り付けてみましょう。

このとき、第1引数はセル参照が「$C$2:$C$16」で固定されていますが、第2引数のセル参照は下にずれていきますので、結果的に「β」と「γ」が入力されたセルF3とセルF4を参照することになります。

図7-22 数式をコピーして各グループの人数を求める

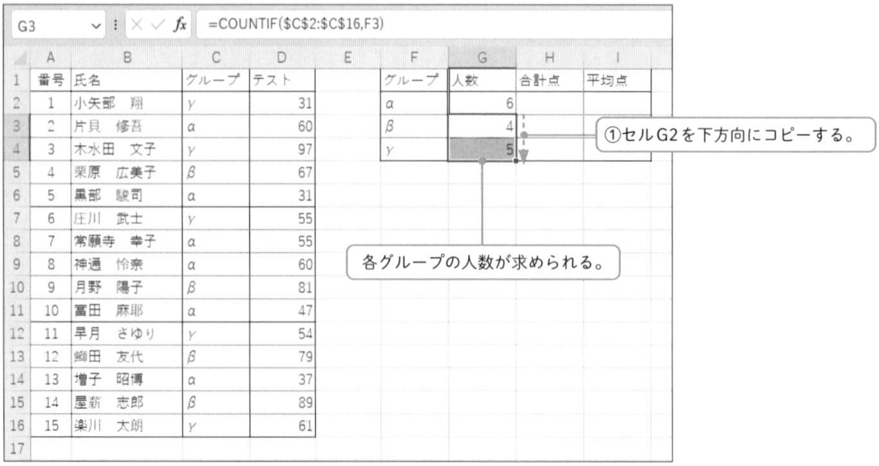

COUNTIF関数の第2引数（検索条件）を文字列で直接指定すると、数式をコピーしてもその文字列は変化しません。複数の行にコピーして検索条件を変えて集計する場合には、コピーした数式の検索条件を直接入力し直さなければいけなくなるため、間違いが生じやすくなります。

また、検索条件に変更が生じた場合にも、数式全部を間違いなく入力し直すのは大変ですが、セル参照で指定していれば、参照元のセルを入力し直すだけですみます。第2引数に値が入力されたセル番地を指定するこの手法は、確実に覚えてください。

もっと詳しく！

195ページの図7-21で、グループごとの人数を求めるために入力した数式を確認しましょう。COUNTIF関数の構文は以下のとおりです。

構文

[COUNTIF関数]　　=COUNTIF（範囲, 検索条件）

範囲：対象のセル範囲‥‥‥‥‥‥‥‥‥‥‥‥‥‥‥‥ 例 対象とするグループ欄のセル範囲

検索条件：検索の条件‥‥‥‥‥‥‥‥‥‥‥‥‥‥‥‥ 例 「α」「β」「γ」という条件

=COUNTIF（\$C\$2：\$C\$16, F2）
　　　　　　　❶　　　　 ❷

❶COUNTIF関数の第1引数には条件を検索するセル範囲、この例では名簿のグループ欄（セル範囲C2：C16）を絶対参照で指定する。

❷第2引数には検索の条件、この例ではグループ名が入力されているセルF2を相対参照で指定する。

▶特定条件の生徒の合計を求める［SUMIF関数］

あるグループ群から特定のグループの合計点を求めるにはSUMIF関数を利用します。SUMIF関数は、セル範囲の中で特定の条件に一致するセルの数値を合計します。

それでは、SUMIF関数でグループごとのテストの合計点を求めていきましょう。

図7-23 グループの合計点数を求める

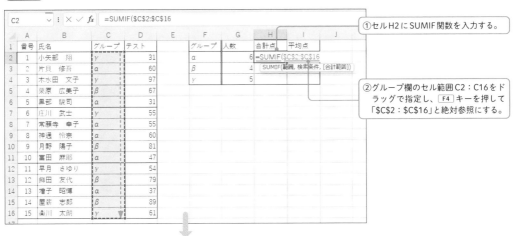

①セルH2にSUMIF関数を入力する。

②グループ欄のセル範囲C2：C16をドラッグで指定し、F4キーを押して「\$C\$2：\$C\$16」と絶対参照にする。

③「,」に続けて、検索の条件であるグループ名のセル（F2）を指定する。

④「,」に続けて、テスト点数欄のセル範囲D2：D16をドラッグで指定し、[F4]キーを押して「$D$2：$D$16」と絶対参照にする。

⑤「）」を入力してカッコを閉じて[Enter]キーで数式を確定する。

グループ「α」の合計点が求められる。

第1引数のセル範囲C2：C16から「α」を検索し、第3引数のセル範囲D2：D16の同じ位置（行）の数値を合計している。

SUMIF関数の構文はCOUNTIF関数と似ています。COUNTIF関数と違うのは、第3引数で合計する範囲を指定できることです。

　第1引数と第3引数を絶対参照で指定するのは、数式をコピーしたときにセル参照がずれないようにするためであることは、もうおわかりですね。

　また、第1引数と第2引数はCOUNTIF関数と同様ですが、SUMIF関数には第3引数がある点が異なります。SUMIF関数に第3引数を指定すると、第2引数の検索の条件に一致した第1引数のセル範囲のセルと同じ位置（行）の、第3引数のセルを合計することができます。そのため、第3引数には合計するセル範囲を指定します。

> ▼**memo** SUMIF関数の第3引数は省略することができます。第3引数を省略した場合は、第2引数の検索条件に一致した第1引数のセル範囲のセルを合計します（203ページ参照）。

　ほかのグループの点数を求めるために、数式を入力したセルH2をコピーし、セルH3とセルH4に貼り付けましょう。

図7-24 数式をコピーして、グループごとの合計点を求める

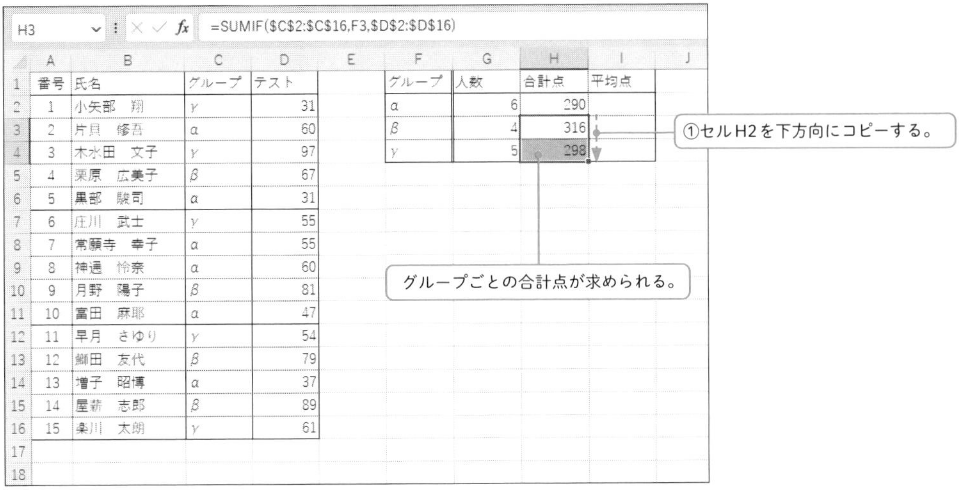

　SUMIF関数もCOUNTIF関数と同様にコピーすることが多いので、第1引数と第3引数のセル参照を固定する（絶対参照にする）ことを、確実に覚えておいてください。

📖 もっと詳しく！

197ページの図7-23で、グループごとの合計点を求めるために入力した数式を確認しましょう。SUMIF関数の構文は以下のとおりです。

構文

[SUMIF関数]　　　=SUMIF（範囲, 検索条件, [合計範囲]）

範囲：対象のセル範囲‥‥‥‥‥‥‥‥‥‥‥‥‥‥‥ 例 対象とするグループ欄のセル範囲

検索条件：検索の条件‥‥‥‥‥‥‥‥‥‥‥‥‥‥ 例「α」「β」「γ」という条件

合計範囲（省略可）：合計対象のセル範囲 ‥‥‥‥‥ 例 テスト点数欄のセル範囲

$$=SUMIF(\$C\$2：\$C\$16, F2, \$D\$2：\$D\$16)$$
❶　　　　　　　❷　　　❸

❶ SUMIF関数の第1引数には条件を検索するセル範囲を指定する。この例ではセルG2に入力したCOUNTIF関数と同じように、絶対参照でグループ欄のセル範囲$C$2：$C$16を指定する。

❷ 第2引数には検索の条件、この例ではグループ名の入力されているセルF2を相対参照で指定する。

❸ 第3引数には合計対象のセル範囲、この例では絶対参照でテスト点数欄のセル範囲$D$2：$D$16を指定する。

▶ 特定条件の生徒の平均を求める［AVERAGEIF関数］

あるグループ群から特定のグループの平均点を求めるにはAVERAGEIF関数を利用します。もう気付いている人も多いと思いますが、合計点を求めるならSUM関数、平均点を求めるならAVERAGE関数を使用するように、今回もSUMIF関数がAVERAGEIF関数に変わるだけです。

詳細な解説は不要だと思いますが、図7-25のセルI2に入力する数式を確認しましょう。

図7-25 グループの平均点を求める

	A	B	C	D	E	F	G	H	I	J	K	L
						fx	=AVERAGEIF($C$2:$C$16,F2,$D$2:$D$16)					
1	番号	氏名	グループ	テスト		グループ	人数	合計点	平均点			
2	1	小矢部　翔	γ	31		α	6	290	=AVERAGEIF($C$2:$C$16,F2,$D$2:$D$16)			
3	2	片貝　修弄	α	60		β	4	316	AVERAGEIF(範囲, 条件, [平均対象範囲])			
4	3	木水田　文子	γ	97		γ	5	298				
5	4	栗原　広美子	β	67								
6	5	黒部　駿司	α	31								
7	6	庄川　武士	γ	55								
8	7	常藤寺　幸子	α	55								
9	8	神通　怜奈	α	60								
10	9	月野　陽子	β	81								
11	10	冨田　麻耶	α	47								
12	11	早月　さゆり	γ	54								
13	12	細田　友代	β	79								
14	13	増子　昭博	α	37								

①セルI2に「=AVERAGEIF（$C$2：$C$16, F2, $D$2：$D$16）」と入力する。

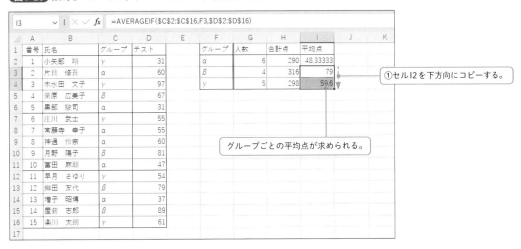

| I2 | | | fx | =AVERAGEIF($C$2:$C$16,F2,$D$2:$D$16) | | | | | | | |

	A	B	C	D	E	F	G	H	I	J	K	L
1	番号	氏名	グループ	テスト		グループ	人数	合計点	平均点			
2	1	小矢部　翔	γ	31		α	6	290	48.33333			
3	2	片貝　修吾	α	60		β	4	316				
4	3	木水田　文子	γ	97		γ	5	298				
5	4	栗原　広美子	β	67								
6	5	黒部　駿司	α	31								
7	6	庄川　武士	γ	55								
8	7	寓願寺　幸子	α	55								
9	8	神通　怜奈	α	60								
10	9	月野　陽子	β	81								
11	10	冨田　麻耶	α	47								
12	11	早月　さゆり	γ	54								
13	12	蜩田　友代	β	79								
14	13	増子　昭博	α	37								
15	14	屋薪　志郎	β	89								
16	15	楽川　太朗	γ	61								
17												

グループ「α」の平均点が求められる。

第1引数のセル範囲C2：C16から「α」を検索し、第3引数のセル範囲D2：D16の同じ位置（行）の数値の平均を求めている。

　第1引数と第3引数を絶対参照で指定するのは、数式をコピーしたときにセル参照がずれないようにするためです。

　各引数はセルH2のSUMIF関数と同じで、違いは関数名だけであることがわかりますね。

　ほかのグループの平均点を求めるために、数式を入力したセルI2を下方向にコピーし、セルI3とセルI4に貼り付けましょう。

図7-26 数式をコピーして、グループごとの平均点を求める

| I3 | | | fx | =AVERAGEIF($C$2:$C$16,F3,$D$2:$D$16) | | | | | | |

	A	B	C	D	E	F	G	H	I	J	K
1	番号	氏名	グループ	テスト		グループ	人数	合計点	平均点		
2	1	小矢部　翔	γ	31		α	6	290	48.33333		
3	2	片貝　修吾	α	60		β	4	316	79		
4	3	木水田　文子	γ	97		γ	5	298	59.6		
5	4	栗原　広美子	β	67							
6	5	黒部　駿司	α	31							
7	6	庄川　武士	γ	55							
8	7	寓願寺　幸子	α	55							
9	8	神通　怜奈	α	60							
10	9	月野　陽子	β	81							
11	10	冨田　麻耶	α	47							
12	11	早月　さゆり	γ	54							
13	12	蜩田　友代	β	79							
14	13	増子　昭博	α	37							
15	14	屋薪　志郎	β	89							
16	15	楽川　太朗	γ	61							
17											

①セルI2を下方向にコピーする。

グループごとの平均点が求められる。

　AVERAGEIF関数の解説は以上ですが、このままでは小数点以下の桁数が異なっています。そこで、「7-2」のAVERAGE関数で紹介した、［小数点以下の表示桁数を減らす］／［小数点以下の表示桁数を増やす］コマンドを利用して桁数を揃えてみましょう（188ページ参照）。

図7-27 小数点の桁数を揃える

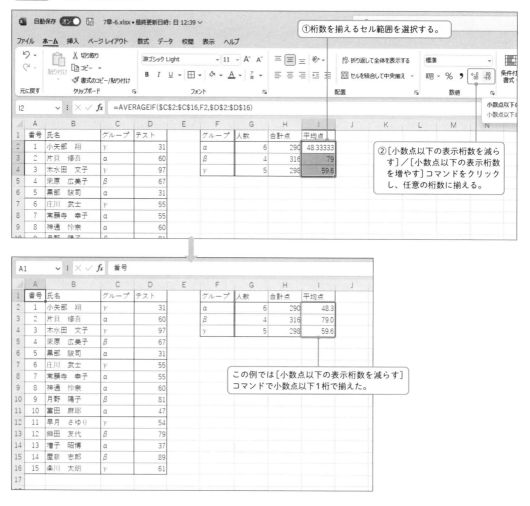

①桁数を揃えるセル範囲を選択する。

②[小数点以下の表示桁数を減らす]／[小数点以下の表示桁数を増やす]コマンドをクリックし、任意の桁数に揃える。

この例では[小数点以下の表示桁数を減らす]コマンドで小数点以下1桁で揃えた。

　これで少人数のグループごとのテスト集計表の完成です。生徒のグループを変更すると、連動して集計内容が変わります。

　サンプルファイル「7章-6.xlsx」に完成した集計表を用意してあるので、ここまで入力してきた表とサンプルファイル「7章-6.xlsx」を比較してみてください。

📖 もっと詳しく!

200ページの図7-25で、グループごとの平均点を求めるために入力した数式を確認しましょう。AVERAGEIF関数の構文は以下のとおりです。

構文

[AVERAGEIF関数]　　=AVERAGEIF(範囲, 検索条件, [平均範囲])

範囲：対象のセル範囲 …………………………………… 例 対象とするグループ欄のセル範囲

検索条件：検索の条件 …………………………………… 例 「α」「β」「γ」という条件

平均範囲(省略可)：平均を求める対象のセル範囲… 例 テスト点数欄のセル範囲

$$=AVERAGEIF(\underset{❶}{\$C\$2：\$C\$16}, \underset{❷}{F2}, \underset{❸}{\$D\$2：\$D\$16})$$

❶ AVERAGEIF関数の第1引数には条件を検索するセル範囲を指定する。この例ではセルH2に入力したSUMIF関数と同じように、絶対参照でグループ欄のセル範囲\$C\$2：\$C\$16を指定する。

❷ 第2引数には検索の条件、この例ではグループ名の入力されているセルF2を相対参照で指定する。

❸ 第3引数には平均を求める対象のセル範囲、この例では絶対参照でテスト点数欄のセル範囲\$D\$2：\$D\$16を指定する。

---

column 第3引数を指定しない場合

SUMIF関数やAVERAGEIF関数は第3引数を省略することができます。これらの関数は、第3引数が指定されていない場合には、第1引数のセル範囲の中で条件に一致するセルを計算対象とします。

例として、第3引数を指定しないケースを紹介します。

図7-28 AVERAGEIF関数で第3引数を指定しない場合

第1引数の中で条件に一致するセルの平均を求める。

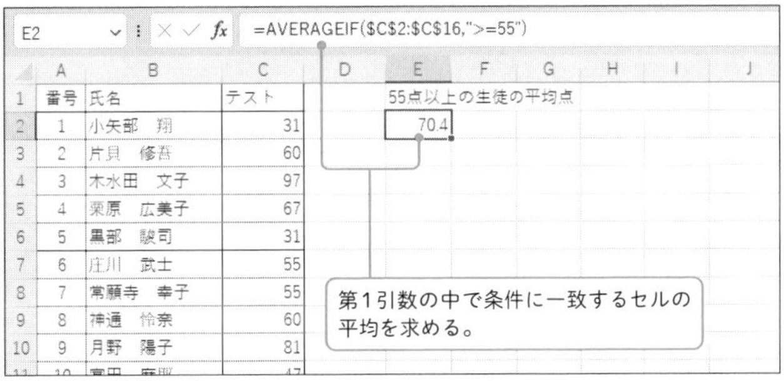

▶ 複数回のテストをグループごとに集計する

サンプルファイル 7章-6b.xlsx

今回作成した集計表は1回のテストを対象としたものでしたが、複数回のテストをグループごとに集計したいこともあるでしょう。その1つの例が図7-29です。セル参照を変更する必要はありますが、仕組みは同じですので、サンプルファイル「7章-6b.xlsx」を参考にぜひ作成してみてください。

図7-29 複数のテストをグループごとに集計する

	A	B	C	D	E	F	G	H	I	J	K
A1	fx	番号									
1	番号	氏名	グループ	テスト1	テスト2	テスト3	テスト4	テスト5			
2	1	小矢部　翔	γ	31	75	94	48	83			
3	2	片貝　修吾	α	60	25	42	79	93			
4	3	木水田　文子	γ	97	26	63	94	68			
5	4	栗原　広美子	β	67	84	22	35	94			
6	5	黒部　駿司	α	31	79	22	44	49			
7	6	庄川　武士	γ	55	55	39	77	95			
8	7	常願寺　幸子	α	55	53	57	43	23			
9	8	神通　怜奈	α	60	67	39	87	76			
10	9	月野　陽子	β	81	79	89	65	66			
11	10	富田　麻耶	α	47	45	97	43	67			
12	11	早月　さゆり	γ	54	86	78	94	93			
13	12	鰤田　友代	β	79	41	100	25	71			
14	13	増子　昭博	α	37	24	76	49	52			
15	14	星新　志郎	β	89	30	38	95	82			
16	15	楽川　太朗	γ	61	24	54	60	66			
17											
18	グループ	人数	合計点	290	293	333	345	360			
19	α	6	平均点	48.3	48.8	55.5	57.5	60.0			
20											
21	グループ	人数	合計点	316	234	249	220	313			
22	β	4	平均点	79.0	58.5	62.3	55.0	78.3			
23											
24	グループ	人数	合計点	298	266	328	373	405			
25	γ	5	平均点	59.6	53.2	65.6	74.6	81.0			
26											

▼**memo** この節で紹介した関数は、どれも1つの条件で検索するものです。実は、それぞれの関数には、複数の条件での検索に対応した「COUNTIFS関数」「SUMIFS関数」「AVERAGEIFS関数」が準備されています。これらの関数を使えば、たとえば「βグループの中の50点未満の生徒数」のような、より複雑な集計が行えます。

条件が1つのものと比べ、引数の数や順番は異なったりしますが、基本的な仕組みは同じです。本書では210ページでCOUNTIFS関数を解説しますが、SUMIFS関数とAVERAGEIFS関数は扱いませんので、興味のある人はぜひ挑戦してみてください。

column 検索条件の指定方法

COUNTIF関数・SUMIF関数・AVERAGEIF関数の第2引数は「検索条件」です。本節での検索条件はグループ名（α・β・γ）でしたが、この検索条件には、数値のほかに比較演算子や第6章で紹介したワイルドカードを使用できるなど、柔軟な条件設定が可能です。

> ▼*memo* 比較演算子には、＝（等しい）、＜＞（等しくない）、＞（より大きい）、
> ＜（より小さい）、＞＝（以上）、＜＝（以下）があります。

▌数値の指定例

数値の指定は、第2引数にそのまま数値を入力するか、セルを参照している場合は、そのセルに数値を入力します。

> 例　セル範囲C2：C16から「55」の数値の個数を求める
> =COUNTIF($C$2：$C$16, 55)

▌比較演算子の指定例

比較演算子を使うと、「以上」や「以下」などの条件を指定できます。条件の指定は以下のように「 ” 」（ダブルクォーテーション）で囲んで入力します。

```
">50"   ：  50より大きな数値
">=50"  ：  50以上の数値
"<=50"  ：  50以下の数値
"<50"   ：  50より小さな数値
"<>50"  ：  50以外の数値
"=50"   ：  50と等しい    ※数値として「50」を指定するのと同じ
```

> 例　セル範囲C2：C16から「55」以上の数値の個数を求める
> =COUNTIF($C$2：$C$16, ">=55")

▌ワイルドカードの指定例

任意の1文字を表す「?」と、任意の文字列を表す「*」を組み合わせて指定します。

> 例　氏名列のセル範囲B2：B16から2文字目が「田」の生徒数を求める
> =COUNTIF($B$2：$B$16, "?田*")

7-4 評定・得点の分布表を作る

評定や得点の状況把握には分布表が欠かせません。分布表では評定や得点を軸に、偏りなどの分析が行えます。

この節では、数値自体の分布を求める表と、ある数値区間の分布を求める表の2つを作成していきます。2つの分布表の作成で使用する関数はそれぞれ1つずつですが、参照の設定や関数の使い方が、これまで紹介した関数より少し複雑ですので、しっかりと確認していきましょう。

▶評定の分布表を作る［COUNTIF関数］

サンプルファイル 7章-7.xlsx

評定の分布表は、前節で紹介したCOUNTIF関数のみで作れます。関数でセルの参照設定を工夫すると、1つの関数を表全体にコピー＆貼り付けするだけで、表を完成させることができます。

サンプルファイル「7章-7.xlsx」を開いてください。このサンプルファイルには3教科の評定一覧があり、その右側に分布表を作成していきます。まず、セルH2に数式を入力します。

図7-30 評定の分布表を作成する

	A	B	C	D	E	F	G	H	I	J	K	L	M
1	番号	氏名	国語	数学	英語		評定	国語	数学	英語			
2	1	小矢部　翔	4	6	6		10						
3	2	片貝　修吾	7	7	8		9						
4	3	木水田　文子	8	6	6		8						
5	4	栗原　広美子	5	8	8		7						
6	5	黒部　駿司	4	3	5		6						
7	6	庄川　武士	6	4	3		5						
8	7	常願寺　幸子	10	9	4		4						
9	8	神通　怜奈	7	10	10		3						
10	9	月野　陽子	8	5	6		2						
11	10	富田　麻耶	6	5	3		1						
12	11	早月　さゆり	3	8	6								
13	12	郷田　友代	8	6	5								
14	13	増子　昭博	5	7	6								
15	14	屋薪　志郎	6	6	10								
16	15	粂川　太朗	3	6	9								
17													

H2

3教科の10段階評定一覧

分布表作成エリア

評定の区分

①セルH2に「=COUNTIF(」と入力し、第1引数にセル範囲C2：C16を選択したら F4 キーを2回押して、行のみ固定する複合参照にする。

②「,」に続けて、第2引数にセルG2を選択し、F4 キーを3回押して、列のみ固定する複合参照にする。

③「)」を入力してカッコを閉じて Enter キーで数式を確定する。

COUNTIF関数の数式が入力され、結果が表示される。

　第1引数では、前節のCOUNTIF関数と異なり、セル参照を行のみ固定します。行のみ固定とは、セル参照で数値の前に「$」が付いている状態であることは、「7-1」の「絶対参照と相対参照」で解説したとおりです（179ページ参照）。セル参照の隣にカーソルがある状態で F4 キーを2回押すと、行のみ固定された複合参照になります。

　行のみ固定するのは、数式を下方向にコピーしたときに、評定一覧の国語のセル範囲（C2：C16）が下にずれたら困るためです。しかし、分布表のI列「数学」やJ列「英語」に数式をコピーするときには、評定一覧のセル参照をD列「数学」やE列「英語」に移動させたいので、列の参照は固定しないのです。

　第2引数の参照も工夫が必要です。検索条件である第2引数では、セル参照は列のみ固定します。列のみ固定とは、セル参照でアルファベットの前に「$」が付いている状態です。

　列のみ固定しているのは、関数を右方向にコピーしたときに、「評定」の検索条件（G列）が右にずれたら困るためです。しかし、数式を下方向にコピーしたときには、G列の「評定」のセル参照を下に移

動させたいので、行の参照は固定しないのです。

このようなタイプの表では、第1引数は行を固定し、第2引数は列を固定することがポイントです。

それでは数式を入力したセルH2をオートフィルし、数式をコピーしましょう。

図7-31 評定の分布表に数式をコピーする

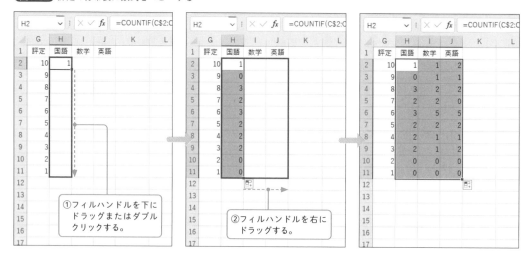

①フィルハンドルを下に
　ドラッグまたはダブル
　クリックする。

②フィルハンドルを右に
　ドラッグする。

オートフィルなどで数式をコピーしたあとは、セル参照に誤りがないか確認することが大切です。

試しにセルJ11を選択し、F2キーでセル内編集モードにしてみましょう。セルJ11では、第1引数
のセル範囲がE2：E16で、第2引数の検索条件がセルG11になっていれば、数式に誤りはありません。

図7-32 関数のセル参照を確認する

	A	B	C	D	E	F	G	H	I	J	K	L	M

SUM　=COUNTIF(E$2:E$16,$G11)

	A	B	C	D	E	F	G	H	I	J
1	番号	氏名	国語	数字	英語		評定	国語	数字	英語
2	1	小矢部　翔	4	6	6		10	1	1	2
3	2	片貝　修吾	7	7	8		9	0	1	1
4	3	木水田　文子	8	6	6		8	3	2	2
5	4	栗原　広美子	5	8	8		7	2	2	0
6	5	黒部　駿司	4	3	5		6	3	5	5
7	6	庄川　武士	6	4	3		5	2	2	2
8	7	常藤寺　幸子	10	9	4		4	2	1	2
9	8	神通　怜奈	7	10	10		3	2	1	2
10	9	月野　陽子	8	5	6		2	0	0	0
11	10	富田　麻耶	6	5	3		1	0	=COUNTIF(E$2:E$16,$G11)	
12	11	早月　さゆり	3	8	6					
13	12	櫛田　友代	8	6	6					
14	13	増子　昭博	5	7	6					
15	14	屋薪　志郎	6	6	10					
16	15	楽川　太朗	3	6	9					
17										

COUNTIF(範囲, 検索条件)

①セルJ11を選択してF2キーを押す。

第1引数は「英語」列のセル範囲E2：E16、第2
引数は「評定」列のセルG11になっている。

最後に罫線を引いて、分布表を見やすく整えましょう。

図7-33 完成した評定分布表

	A	B	C	D	E	F	G	H	I	J	K	L	M
								=COUNTIF(C$2:C$16,$G2)					
1	番号	氏名	国語	数学	英語		評定	国語	数学	英語			
2	1	小矢部　翔	4	6	6		10	1	1	2			
3	2	片貝　修吾	7	7	8		9	0	1	1			
4	3	木水田　文子	8	6	6		8	3	2	2			
5	4	栗原　広美子	5	8	8		7	2	2	0			
6	5	黒部　駿司	4	3	5		6	3	5	5			
7	6	庄川　武士	6	4	3		5	2	2	2			
8	7	常願寺　幸子	10	9	4		4	2	1	1			
9	8	神通　怜奈	7	10	10		3	2	1	2			
10	9	月野　陽子	8	5	6		2	0	0	0			
11	10	富田　麻耶	6	5	3		1	0	0	0			
12	11	早月　さゆり	3	8	6								
13	12	鰤田　友代	8	6	5								
14	13	増子　昭博	5	7	6								
15	14	屋薪　志郎	6	6	10								
16	15	楽川　太朗	3	6	9								
17													

これで評定分布表は完成です。

サンプルファイル「7章-8.xlsx」には完成した評定分布表が保存されています。もし図7-33のようにならなかった場合は、作成したファイルとサンプルファイルを比較してみてください。

📖 もっと詳しく！

206ページの図7-30で、評定の分布を求めるために入力した数式を確認しましょう。COUNTIF関数の構文は197ページを参照してください。

$$=COUNTIF \; (\underset{①}{\underline{C\$2 ： C\$16}}, \; \underset{②}{\underline{\$G2}})$$

❶COUNTIF関数の第1引数には条件を検索するセル範囲、この例ではH列の「国語」の評定が入力されているセル範囲C2：C16を、行のみ固定した複合参照で指定する。

❷第2引数には検索の条件、この例では評定の基準であるセルG2を、列のみ固定した複合参照で指定する。

▶得点の分布表を作る［COUNTIFS関数］

サンプルファイル 7章-9.xlsx

　ここでは、評定とは異なり、ある点数からある点数までの区間の人数という「得点の分布表」を作成します。

　「区間」というと難しく感じますが、要するに「○点以上×点以下」といった2つの条件を満たしているかどうかということです。2つの条件を満たしているセルの個数を数えるのは、COUNTIFS関数です。使い方はCOUNTIF関数とほぼ同じですので、何も心配することはありません。

　今回、COUNTIFS関数に指定する「検索条件」には、前節のコラムで解説した比較演算子を使います。あらためて、比較演算子を用いた検索条件について確認しておきましょう。

　比較演算子を使えば、「検索条件」に「以上」や「以下」などの条件を指定できます。条件の指定は表7-1の例のように、比較演算子と数値を「"」（ダブルクォーテーション）で囲んで、文字列として入力します。

表7-1 比較演算子

比較演算子	意味	例
>	より大きい	">50"：50より大きな数値
>=	以上	">=50"：50以上の数値
<=	以下	"<=50"：50以下の数値
<	より小さい	"<50"：50より小さな数値
<>	等しくない	"<>50"：50以外の数値
=	等しい	"=50"：50と等しい

> **memo** たとえばCOUNTIF関数で、セル範囲C2：C16から「55」以上のセルの個数を求めるには、「 =COUNTIF（$C$2：$C$16, ">=55"）」と入力します。

　それでは、図7-34のセルJ2に入力するCOUNTIFS関数の数式を確認しましょう。

　慣れるまでは、第2引数と第4引数の指定が難しいかもしれません。まずは検索条件を数値で指定した数式を入力してから、セル参照の数式に変更してみましょう。

　サンプルファイル「7章-9.xlsx」を開いてください。サンプルファイルには3教科の得点一覧がありますが、ここではその右側に分布表を作成していきます。

図7-34 「国語」の得点が「91点以上100点以下」の人数を求める

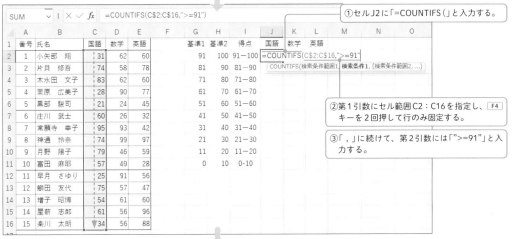

①セルJ2に「=COUNTIFS(」と入力する。

②第1引数にセル範囲C2：C16を指定し、F4キーを2回押して行のみ固定する。

③「，」に続けて、第2引数には「">=91"」と入力する。

④「，」に続けて、第3引数にもセル範囲C2：C16を指定し、F4キーを2回押して行のみ固定する。

⑤「，」に続けて、第4引数には「"<=100"」と入力する。

⑥「）」を入力してカッコを閉じて、Enterキーで確定する。

J2				f_x	=COUNTIFS(C\$2:C\$16,">=91",C\$2:C\$16,"<=100")										
	A	B	C	D	E	F	G	H	I	J	K	L	M	N	O	P	Q

	A	B	C	D	E	F	G	H	I	J	K	L	M	N	O	P	Q
1	番号	氏名	国語	数学	英語		基準1	基準2	得点	国語	数学	英語					
2	1	小矢部　翔	31	62	60		91	100	91−100	1							
3	2	片貝　修吾	74	58	78		81	90	81−90								
4	3	木水田　文子	83	62	60		71	80	71−80								
5	4	栗原　広美子	28	90	77		61	70	61−70								
6	5	黒部　駿司	21	24	45		51	60	51−60								
7	6	庄川　武士	60	26	32		41	50	41−50								
8	7	常藤寺　幸子	95	93	42		31	40	31−40								
9	8	神通　怜奈	74	99	97		21	30	21−30								
10	9	月野　陽子	79	46	59		11	20	11−20								
11	10	富田　麻耶	57	49	28		0	10	0-10								
12	11	早月　さゆり	25	91	56												
13	12	鄉田　友代	75	57	47												
14	13	増子　昭博	54	61	60												
15	14	屋薪　志郎	61	56	96												
16	15	楽川　太朗	34	56	88												
17																	

> 国語の点数範囲で「91」以上で「100」以下の
> セルがカウントされる。

　これで、国語の点数が91以上で100以下の生徒数をカウントできました。しかし、このままほかの
セルにコピーすると、すべての検索条件が「91以上100以下」になってしまいます。

　そこでG列とH列にあらかじめ入力されている点数の基準を、数式内でセル参照するように第2引数
と第4引数を修正しましょう。

　数式を修正するには、修正したい数式が入力されているセルを選択して F2 キーを押し、セル内編
集モードにします。

図7-35 第2引数と第4引数をセル参照で指定する

SUM				f_x	=COUNTIFS(C\$2:C\$16,">="&\$G2,C\$2:C\$16,"<=100")										

> ① セルJ2を選択して F2 キーを押す。

	A	B	C	D	E	F	G	H	I	J	K	L	M	N	O	P	Q
1	番号	氏名	国語	数学	英語		基準1	基準2	得点	国語	数学	英語					
2	1	小矢部　翔	31	62	60		91	100	91−100	=COUNTIFS(C\$2:C\$16,">="&\$G2,C\$2:C\$16,"<=100")						
3	2	片貝　修吾	74	58	78		81	90	81−90	COUNTIFS(検索条件範囲1, 検索条件1, [検索条件範囲2, 検索条件2], [検索条件範囲3, ...])						
4	3	木水田　文子	83	62	60		71	80	71−80								
5	4	栗原　広美子	28	90	77		61	70	61−70								
6	5	黒部　駿司	21	24	45		51	60	51−60								
7	6	庄川　武士	60	26	32		41	50	41−50								
8	7	常藤寺　幸子	95	93	42		31	40	31−40								
9	8	神通　怜奈	74	99	97		21	30	21−30								
10	9	月野　陽子	79	46	59		11	20	11−20								
11	10	富田　麻耶	57	49	28		0	10	0-10								
12	11	早月　さゆり	25	91	56												
13	12	鄉田　友代	75	57	47												
14	13	増子　昭博	54	61	60												
15	14	屋薪　志郎	61	56	96												
16	15	楽川　太朗	34	56	88												
17																	

> ② 第2引数から「91」を削除して「">="」にして「&」
> を追加し、セルG2を選択する。 F4 キーを3
> 回押して「\$G2」と列のみ固定する。

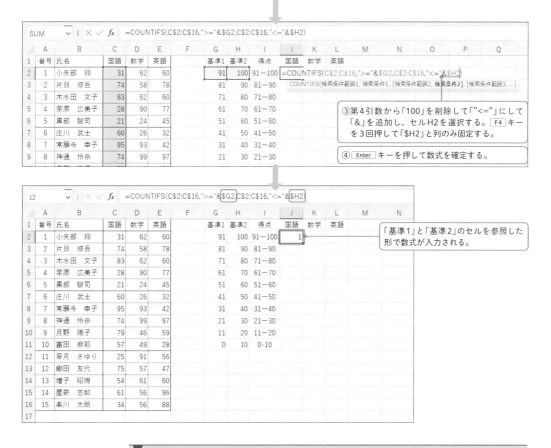

memo 「&」（アンパサンド）で文字をつなげる数式については、第5章のコラム（132ページ）で説明しています。

　第1引数と第3引数は、評定分布表と同じようにセル参照を行のみ固定し、数式を下方向にコピーしても参照する行番号（セル範囲）がずれないようにしています。ただし、列は固定していないので、数式を右方向にコピーすれば、「数学」「英語」のセル参照に変更されます。

　第2引数の検索条件は、比較演算子を「 " 」で囲んだ文字列と、条件となる値が入力されたセルを「&」でつないで「">="&$G2」と指定しています。G列は「○点以上」という点数の基準が入力されています。セルG2は「91」なので、この検索条件は「">=91"」と同じ意味になります。

　第4引数の検索条件も同じように、「×点以下」という点数の基準が入力されているH列を使って「"<="&$H2」と指定します。セルH2は「100」なので、この検索条件は「"<=100"」と同じです。

　セルG2やセルH2の列を固定したのは、数式を右方向にコピーしたときにセル参照の列がずれるのを防ぐためです。ただし、数式を下方向にコピーしたときにはセル参照を1行ずつ下に移動させたいので、行は固定していません。この部分も、評価分布表と同じです。

これで数式は完成です。続いて数式を分布表にコピーします。コピーの方法は評価分布表と同じで、下方向と右方向にコピーするだけです。

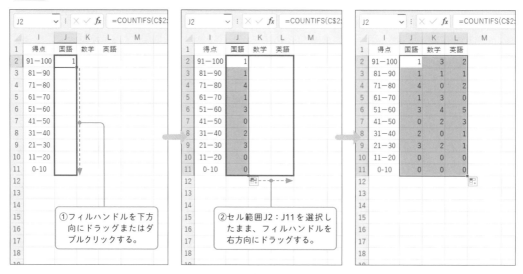

図7-36 数式をコピーして、得点分布表を作成する

①フィルハンドルを下方向にドラッグまたはダブルクリックする。

②セル範囲J2：J11を選択したまま、フィルハンドルを右方向にドラッグする。

それでは、最後に罫線を引き、分布表を見やすく整えましょう。

図7-37 完成した得点分布表

J2 | ƒx =COUNTIFS(C$2:C$16,">="&$G2,C$2:C$16,"<="&$H2)

番号	氏名	国語	数字	英語		基準1	基準2	得点	国語	数字	英語
1	小矢部　翔	31	62	60		91	100	91－100	1	3	2
2	片貝　修吾	74	58	78		81	90	81－90	1	1	1
3	木水田　文子	83	62	60		71	80	71－80	4	0	2
4	栗原　広美子	28	90	77		61	70	61－70	1	3	0
5	黒部　駿司	21	24	45		51	60	51－60	3	4	5
6	庄川　武士	60	26	32		41	50	41－50	0	2	3
7	常願寺　幸子	95	93	42		31	40	31－40	2	0	1
8	神通　怜奈	74	99	97		21	30	21－30	3	2	1
9	月野　陽子	79	46	59		11	20	11－20	0	0	0
10	富田　麻耶	57	49	28		0	10	0-10	0	0	0
11	早月　さゆり	25	91	56							
12	櫛田　友代	75	57	47							
13	増子　昭博	54	61	60							
14	屋薪　志郎	61	56	96							
15	楽川　太朗	34	56	88							

memo この例では、「○点以上」と「×点以下」という2つの検索条件を1つの条件範囲に対して指定していますが、「国語が81点以上」で「数学が71点以上」の人数を求めるといったように、異なる条件範囲にそれぞれ検索条件を指定することもできます。

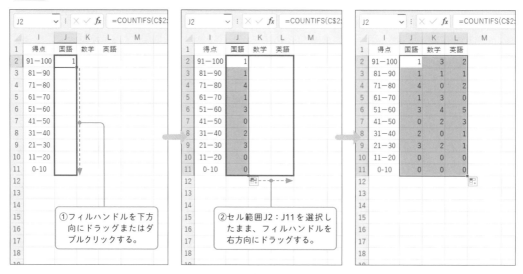

Part

2

個人業務効率化編

214

サンプルファイル「7章-10.xlsx」には完成した得点分布表が保存されていますので、そちらも参考にしてみてください。

📝 もっと詳しく!

212ページの図7-35で、得点の分布を求めるために入力した数式を確認しましょう。COUNTIFS関数の構文は以下のとおりです。

構文

[COUNTIFS関数]　　=COUNTIFS（条件範囲1, 検索条件1, [条件範囲2, 検索条件2], …）

　　条件範囲1：対象のセル範囲 …………………………… 例 対象とする教科「国語」の得点範囲
　　検索条件1：検索の条件 …………………………………… 例 「国語」の得点範囲を検索する条件
　　条件範囲2（省略可）：2つ目の対象のセル範囲 …… 例 対象とする教科「国語」の得点範囲
　　検索条件2（省略可）：2つ目の検索の条件 ………… 例 「国語」の得点範囲を検索する2つ
　　　　　　　　　　　　　　　　　　　　　　　　　　　　　目の条件

　　　　　　　※2つ目以降の条件範囲や検索条件は、必要に応じて設定する。
　　　　　　　※この例では同じ条件範囲に対して2つの検索条件を指定しているが、異なる条件範囲に検索条件を指定してもかまわない。

=COUNTIFS（C$2：C$16, ">="&$G2, C$2：C$16, "<="&$H2）
　　　　　　　　①　　　　②　　　　　③　　　　　④

❶ J列は「国語」なので、COUNTIFS関数の第1引数に国語の得点が入力されているセル範囲C2：C16を、行のみ固定した複合参照にして指定する。

❷ 第2引数には1つ目の検索条件「91以上」を、比較演算子「>=」と点数の基準が入力されているセルG2を「&」でつないで指定する。セルG2は列のみ固定した複合参照にする。

❸ 第3引数には第1引数と同じ、国語の得点が入力されているセル範囲C2：C16を、行のみ固定した複合参照で指定する。

❹ 第4引数には2つ目の検索条件「100以下」を、比較演算子「<=」と点数の基準が入力されているセルH2を「&」でつないで指定する。セルH2は列のみ固定した複合参照にする。

column **FREQUENCY関数**

サンプルファイル「7章-10.xlsx」には、2つ目のシートがあります。

この2つ目のシートにも完成された得点の分布表がありますが、実はこの分布表は、少し難しいFREQUENCY関数を使った配列数式を用いて作成しています。本書では配列や配列数式を扱いませんが、興味のある人は参照してみてください。

▼memo 配列数式は、Ctrl キーと Shift キーを押しながら Enter キーを押して入力します。

図7-38 FREQUENCY関数で作成した得点分布表

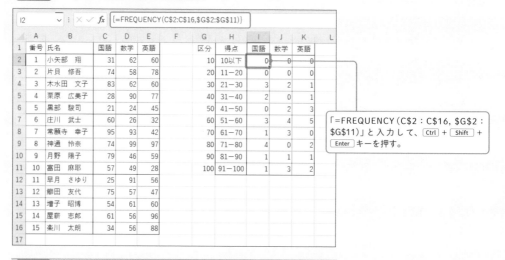

「=FREQUENCY（C$2：C$16, $G$2：$G$11）」と入力して、Ctrl + Shift + Enter キーを押す。

構文

[FREQUENCY関数] =FREQUENCY（データ配列, 区間配列）

第**8**章

学校で役立つ
簡単なシステムとその使い方

　最終章は、学校で役立つ簡単なシステムを紹介します。システムには、データベースのような考え方や、関数による処理が組み込まれているため、その原理についても簡単な例で学べるようになっています。

　本章のサンプルファイルに触れて、そして状況にあわせて改修することで、Excel のレベルは着実にアップすることでしょう。今後はみなさんが、現場にあわせた新たな効率化のシステムを作成できるようになることを願っています。

8-1 座席表を作る

出席番号を入力すると数式によって氏名やふりがなを表示する座席表は、名簿と座席の枠組みを組み合わせる簡易なシステムです。これは名簿のデータを座席の枠組みに反映させるものですので、「名簿」用のシートと「印刷」用のシートの構成になりますが、決して難しいものではありません。

本節では、現場ですぐに使える座席表のサンプルファイル「8章-1.xlsx」を紹介します。

▶シート構成

サンプル
ファイル　8章-1.xlsx

まず、座席表サンプルファイルのシート構成について説明します。

サンプルファイル「8章-1.xlsx」には、次の2つのシートがあります。「名簿」シートにクラス・名簿情報を入力し、「印刷」シートに出席番号を入力すると、座席表が作成できるといったシンプルな仕組みです。

「名簿」シート

名簿を貼り付けるシートです。A列が「番号」、B列が「氏名」、C列が「ふりがな」です。学年と組はセルF1の1か所に入力する形にしています。生徒欄は40人分ですが、必要に応じて人数を増やしたり減らしたりできます。

図8-1 「名簿」シートの入力欄

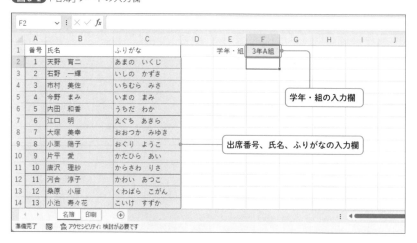

「印刷」シート

シートの上部には座席の枠組みがあり、この部分が印刷エリアです。

シートの下部は出席番号を入力する入力エリアです。番号入力欄に出席番号を入力すると、上部の対応する座席枠に該当生徒の氏名とふりがなが表示されるようにします。

図8-2 「印刷」シートの番号入力欄と印刷エリア

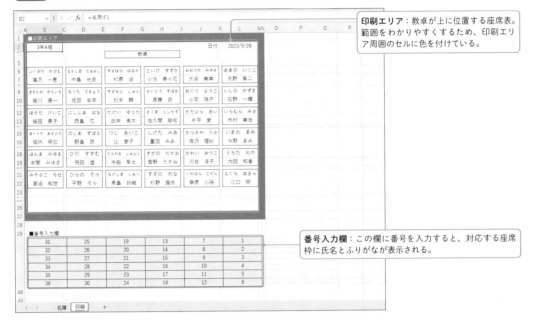

印刷エリア：教卓が上に位置する座席表。範囲をわかりやすくするため、印刷エリア周囲のセルに色を付けている。

番号入力欄：この欄に番号を入力すると、対応する座席枠に氏名とふりがなが表示される。

▶ 仕様・操作方法

仕様と操作方法について確認しましょう。

「印刷」シートを表示してください。「印刷」シートでは、座席表の左上に「学年・組」が表示されています。ここには「名簿」シートのセルF1に入力した値が、自動で反映されるようになっています。

また座席表右上の日付は、ファイルを使用する日付（今日の日付）が自動で表示されます。

図8-3 「学年・組」と「日付」の表示

左上の「学年・組」は「名簿」シートのセルF1の値が自動で表示される。

右上には今日の日付が自動で表示される。

実際に番号入力欄に出席番号を入力してみましょう。

図8-4 番号入力欄に出席番号を入力する

①番号入力欄のセルL30に「1」を入力し Enter キーで確定する。

対応する座席枠に、出席番号「1」番の生徒のふりがなと氏名が表示される。

②同じように出席番号を入力していく。

対応する座席枠が埋まっていく。

▼*memo* 番号入力欄(セルの背景色が緑色の入力欄)の番号を消すと、座席枠は空白になります。

このように、出席番号の入力に応じて座席表が作成されていきます。基本的な操作は、色の付いた番号入力欄に出席番号を入力・削除するだけで完結する仕組みになっています。

> **memo** ここでは教卓が上に配置された座席表を紹介していますが、教卓が下に配置された座席表が必要なこともあるでしょう。その場合には、「付録1　反転表示に対応した座席表」も参照してください。

名簿枠を増やす

名簿枠は40名分になっていますが、枠を追加すると自動で対応するようになっています。必要な場合は、セルをコピー＆貼り付けして増やしてください。なお、コピー＆貼り付けをした場合には、出席番号が重ならないように気を付けてください。

図8-5 コピー＆貼り付けで入力欄を増やす

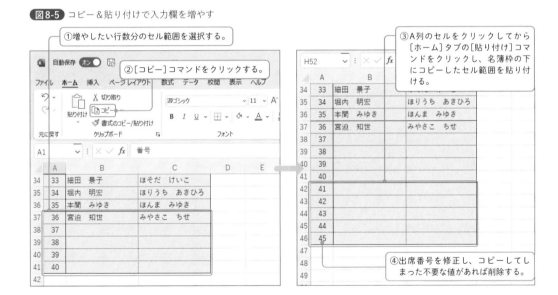

座席枠を増やす

名簿枠は40名分用意してありますが、サンプルファイル「8章-1.xlsx」の座席表では6列×6行の36席を想定しています。座席配置を実際のクラスの配置と同じに修正するために、座席枠を増やす方法を解説します。

> **memo** 反対に座席枠を減らす場合は、行や列を非表示にしてください。

横の座席枠（列）を増やす

横の座席枠を増やすには、列をコピーして挿入します。列単位でコピーすることで、シート下部の番号入力欄も追加できます。

図8-6 列を挿入して横の座席枠を増やす

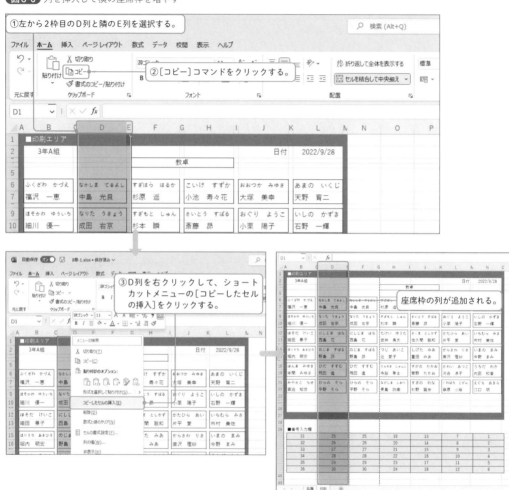

> **memo** 座席枠の左端ではなく、中の列をコピーして挿入している点に注意してください。

これで、座席表に横の座席枠（列）が追加されました。

図8-7 横の座席枠（列）を増やした例

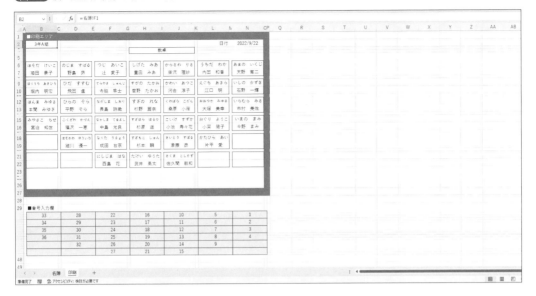

縦の座席枠（行）を増やす

　次は縦の座席枠を増やす方法です。行を増やす場合は、シート下部の「番号入力欄」を増やしたあとに「座席枠」を増やすようにしてください。

図8-8 番号入力欄を増やす

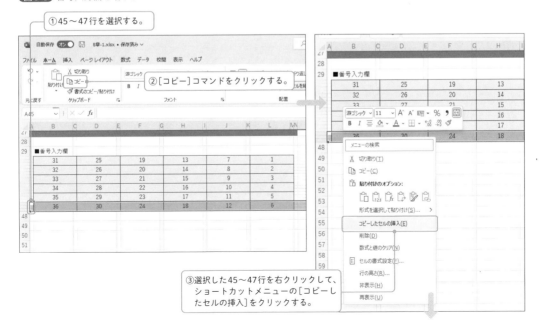

① 45〜47行を選択する。

② ［コピー］コマンドをクリックする。

③ 選択した45〜47行を右クリックして、ショートカットメニューの［コピーしたセルの挿入］をクリックする。

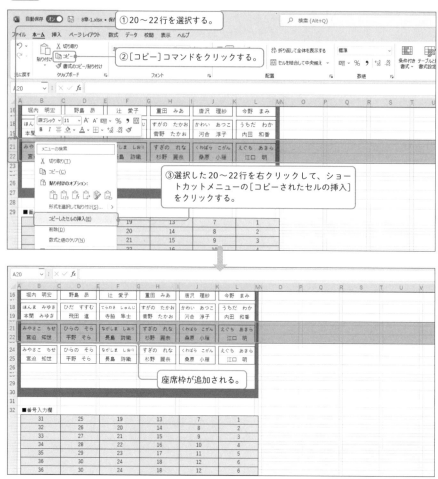

31	25	19	13	7	1
32	26	20	14	8	2
33	27	21	15	9	3
34	28	22	16	10	4
35	29	23	17	11	5
36	30	24	18	12	6
36	30	24	18	12	6

番号入力欄が追加される。

番号入力欄を追加したら、続けて座席枠を増やします。操作方法は番号入力欄と同じです。

図8-9 縦の座席枠を増やす

①20〜22行を選択する。

②［コピー］コマンドをクリックする。

③選択した20〜22行を右クリックして、ショートカットメニューの［コピーされたセルの挿入］をクリックする。

座席枠が追加される。

これで番号入力欄と縦の座席枠が追加されました。

図8-10 縦の座席枠を増やした例

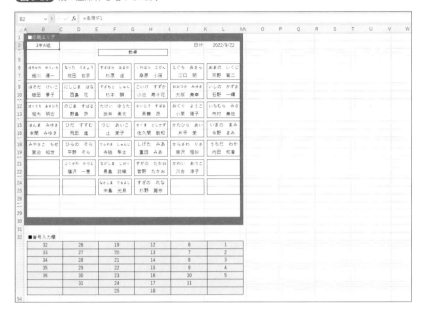

▶ 座席表で使用している数式と関数

　座席表ではいくつかの数式と関数を使用しています。ここでは、自分でも座席表が一から作れるように、もしくは、座席表の仕組みをより深く理解するために、座席表で使用している数式と関数について簡略化したサンプルファイルで確認しましょう。

　一度にすべてを理解する必要はありませんが、座席表のみならずさまざまなシーンで役に立つテクニックばかりですので、ニーズに応じて少しずつ身に付けてください。

▎セルの参照（図8-21 ❶）

| サンプルファイル | 8章-2.xlsx |

　ほかのセルの値を表示するセル参照の数式です。サンプルファイル「8章-2.xlsx」を開いてください。

　サンプルファイルのセルA1には「3年A組」と入力されています。そこで、セルC1に「=A1」と数式を入力してください。

図8-11 セルの参照

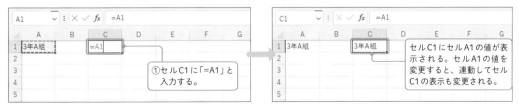

①セルC1に「=A1」と入力する。

セルC1にセルA1の値が表示される。セルA1の値を変更すると、連動してセルC1の表示も変更される。

このように数式でセルを参照すると、参照したセルの値が表示されるようになります。ただ、1つ注意しなければならないことがあります。それは参照したセルが空欄の場合です。

試しに、セルA1の値を削除してみると、セルC1には「0」が表示されます。

実は、このように数式でセルを参照した場合、参照元のセルが空欄だと数式は参照元のセルを数値として扱うため、数式を入力したセルには「0」が表示されるのです。

この「0」を表示しないようにするには、数式の最後に「&""」のように、「&」（アンパサンド）と「"」（ダブルクォーテーション）2つを追加します。

数式内で文字列を扱う場合は、"@" のように文字列としたい値を「"」でくくります。そして「""」のようにダブルクォーテーションを2つ連続で入力すると空白の文字列として扱われます。また「&」は文字列を結合するための記号です（132ページ参照）。

数式にこの「&""」を追加すると、数式の戻り値は数値ではなく文字列として扱われるため、「0」ではなく空白になります。「0」を表示したくない場合は数式の最後に「&""」を追加すると覚えておいてください。

図8-12 空欄のセル参照で「0」を表示しないようにする

セルA1の値を削除すると、セルC1には「0」が表示される。

①数式の最後に「&""」と追加する。

「0」の表示が消える。

TODAY 関数（図8-21 ❷）

サンプルファイル 8章-2.xlsx

今日の日付を取得するには、TODAY関数を使います。

TODAY関数は引数を持たないとてもシンプルな関数で、ファイルを開いたときに自動でその日の日付を取得します。

図8-13 TODAY関数の入力

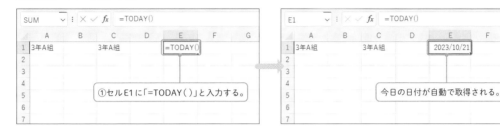

> ①セルE1に「=TODAY()」と入力する。

> 今日の日付が自動で取得される。

> **memo** この TODAY 関数は、数値を足したり引いたりすることで、その日を起点に別の日を表示することができます。たとえば「=TODAY() - 1」と入力すると、1日前の日付が表示されます。

構文	
[TODAY関数]	=TODAY()

VLOOKUP 関数（図8-21 ❸）

サンプルファイル 8章-3.xlsx

座席表では、VLOOKUP関数を利用して出席番号を検索し、ふりがなや氏名を取得しています。

それでは、サンプルファイル「8章-3.xlsx」を開いてください。サンプルファイルには、あらかじめ10名の名簿が入力されています。

図8-14 サンプルファイル「8章-3.xlsx」の構成

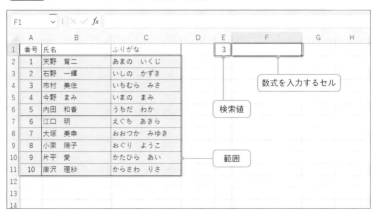

> 数式を入力するセル

> 検索値

> 範囲

セルE1の「値」に該当する生徒の「ふりがな」を表示するには、次のような数式を入力します。

図8-15 ふりがなの取得

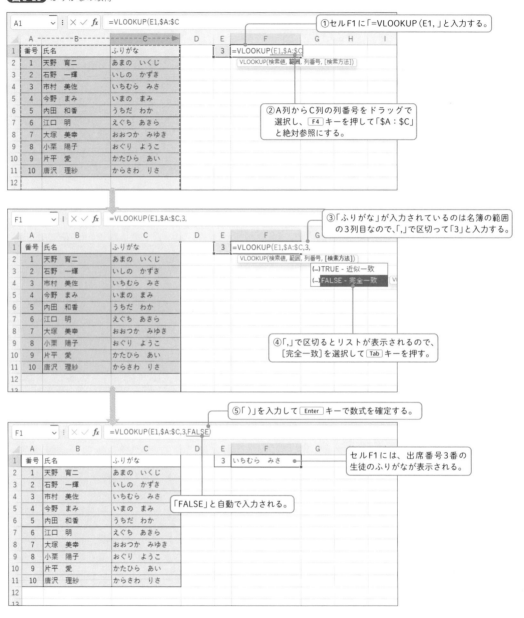

第2引数にはデータの入力されているセル範囲A2：C11を参照したくなりますが（それでも間違いではありません）、その場合には名簿の人数が増えたときに参照するセル範囲を変更しなければなりません。しかし、この例のように列全体を範囲として指定しておけば、その必要はなくなります。

このようなケースでは列全体を指定するほうが効率的ですので、このテクニックはぜひとも習得してください。

このVLOOKUP関数がどれほど便利なのかを実感するために、セルE1の値を変えてみましょう。

図8-16 別の生徒のふりがなを取得

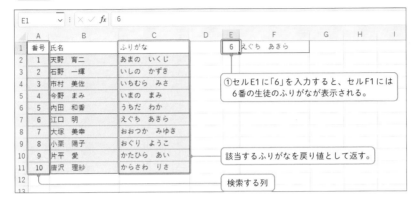

①セルE1に「6」を入力すると、セルF1には6番の生徒のふりがなが表示される。

該当するふりがなを戻り値として返す。

検索する列

次に、セルF1の表示を「ふりがな」から「氏名」に変えてみましょう。セルF1を F2 キーでセル内編集モードにし、第3引数の「3」(ふりがな列)を「2」(氏名列)に変更してください。

図8-17 氏名を取得

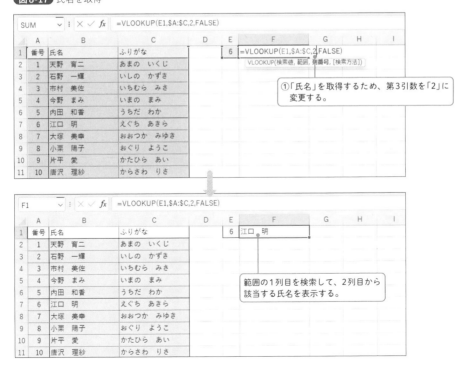

①「氏名」を取得するため、第3引数を「2」に変更する。

範囲の1列目を検索して、2列目から該当する氏名を表示する。

VLOOKUP関数は、データベース形式の表から値を検索するときによく使用される「Excelの登龍門」とでも言うべき関数ですので、使いこなせるようになることを強く推奨します。

📝 もっと詳しく！

構文

[VLOOKUP関数]　　=VLOOKUP（検索値, 範囲, 列番号, [検索の型]）

　　　　検索値：検索対象の値……………………………………… 例 探したい出席番号

　　　　範囲　：検索値を探す範囲………………………………… 例 出席番号が左端にある名簿の範囲

　　　　列番号：戻り値を含む列の番号（範囲の左端の列が「1」）

　　　　　　　　　　　　　　　　　　　…………………………… 例 範囲の中の「ふりがな」の列

　　　　検索の型（省略可）：1かTRUEか省略で近似一致（最も近い値）・0かFALSEで完全一致

　　　　　　　　　　　　　　　　……………………………… 例 FALSE

$$=VLOOKUP(\underset{❶}{E1}, \underset{❷}{\$A:\$C}, \underset{❸}{3}, \underset{❹}{FALSE})$$

❶VLOOKUP関数の第1引数は探したい値（検索値）を指定する。この例では探したい出席番号が入力されているセルE1を指定する。

❷第2引数には検索対象の範囲を指定する。この例では名簿の範囲を列単位でA：Cと選択して、F4 キーで絶対参照にする。

> ▼memo VLOOKUP関数では、第2引数に指定したセル範囲の1列目（左端）が検索対象の列となります。この例では、第1引数に指定した「3」という検査値（出席番号）を、第2引数に指定したセル範囲の1列目から検索します。

❸第3引数には、第2引数で指定したセル範囲の左から何番目の列の値を取得するかを指定する。この例ではセル範囲A：Cの左から3番目の「ふりがな」を取得したいので、「3」を指定する。

❹第4引数には検索の方法を指定する。この例では「完全一致」で検索したいので、「FALSE」を指定する。

> ▼memo 「完全一致」とは文字どおり、第1引数に指定した検索値（今回は「3」という出席番号）と完全に一致するセルを、第2引数の1列目（A列）から検索するということです。

この数式で、❶ セルE1の値を、❷ セル範囲A：Cの左端（A列）で検索し、❸ セル範囲A：Cの左から3番目の列（C列）から該当する行の値を、❹ 完全一致で取得することができます。

IFERROR関数（図8-21 ❸）

サンプルファイル 8章-3.xlsx

VLOOKUP関数は、検索値が見つからなかった場合はエラーになります。

エラー表示を回避するために、座席表ではVLOOKUP関数とIFERROR関数を組み合わせて使用しています。

それでは試しに、セルF1にVLOOKUP関数の数式を入力したサンプルファイル「8章-3.xlsx」で、セルE1の値を削除してみてください。

図8-18 検索値が見つからないとエラーになる

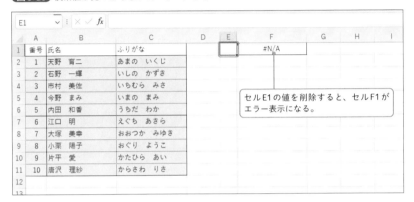

セルE1の値を削除すると、セルF1がエラー表示になる。

このように、検索値の値が空白だったり、検索値が範囲から見つからなかったりすると、#N/Aエラーが表示されます。

> **memo** 数式の結果がエラーになる場合、エラーの内容に応じて「#」から始まるエラー値が表示されます。

表を作成する際、先に数式を入力してから値（データ）を入力することはよくあります。このとき、VLOOKUP関数を使った数式を入力するとエラーが表示されますが、あとで検索値や検索値を探す範囲にデータを入力すればエラーではなくなります。数式の間違いではないのでそのままでも問題はありませんが、こうしたエラー表示はやはり非表示にしたいものです。

VLOOKUP関数のエラーを非表示にするには、IFERROR関数が便利です。

次ページの図8-19のようにIFERROR関数を追加して、「ふりがな」を取得する数式がエラーになる場合に、エラーを表示しないようにしてみましょう。

数式を扱っているとエラーになるケースが多くあります。IFERROR関数はエラー対策の定番ですので上手に活用してください。

図 8-19 エラーの場合は非表示にする

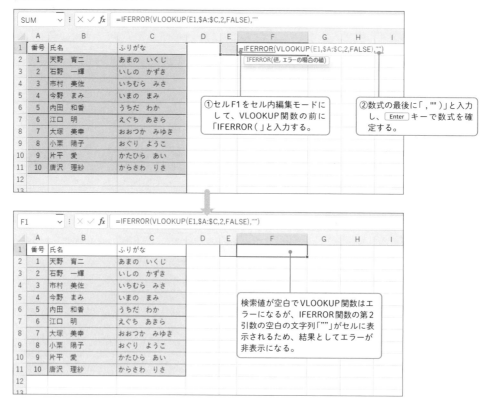

IFERROR関数の第2引数は、エラーの場合に表示する値です。何も表示したくないときは、空白の文字列である「""」を入力します。これで、VLOOKUP関数がエラーの場合は空白が表示されます。

この状態でセルE1に値を入力すると、VLOOKUP関数がエラーではなくなるので、第1引数の数式の結果が表示されます。

図 8-20 エラーでなければ数式の結果が表示される

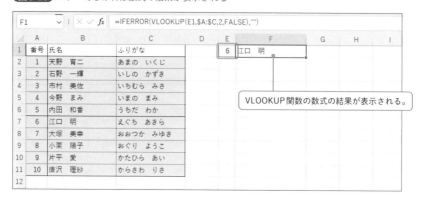

✎ もっと詳しく！

構文

[IFERROR関数]　　=IFERROR（値, エラーの場合の値）

値：エラーかどうかをチェックする値……………… 例 エラーかどうかチェックする数式

エラーの場合の値：エラーの場合の戻り値………… 例 エラーを非表示にするなら ""

$$=IFERROR（\underset{①}{\underline{VLOOKUP（E1, \$A：\$C, 2, FALSE）}}, \underset{②}{\underline{""}}）$$

❶ IFERROR関数の第1引数には、エラーかどうかチェックする値を入力する。この例では「氏名」を取得する数式を入力する。

❷ 第2引数にはエラーの場合に表示する値、この例ではエラーを表示したくないので「""」を入力する。

---

column 座席表の数式

座席表で使用している数式を紹介します。

図8-21 座席表の数式

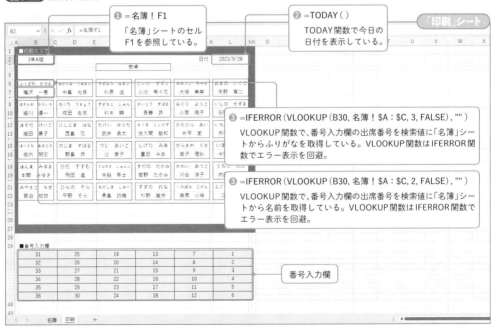

❶ =名簿！F1
「名簿」シートのセル
F1を参照している。

❷ =TODAY（）
TODAY関数で今日の
日付を表示している。

❸ =IFERROR（VLOOKUP（B30, 名簿！$A：$C, 3, FALSE）, ""）
VLOOKUP関数で、番号入力欄の出席番号を検索値に「名簿」シートからふりがなを取得している。VLOOKUP関数はIFERROR関数でエラー表示を回避。

❸ =IFERROR（VLOOKUP（B30, 名簿！$A：$C, 2, FALSE）, ""）
VLOOKUP関数で、番号入力欄の出席番号を検索値に「名簿」シートから名前を取得している。VLOOKUP関数はIFERROR関数でエラー表示を回避。

番号入力欄

第 **8** 章 学校で役立つ簡単なシステムとその使い方

8-2 時間割表を使いこなす

　時間割表はどのクラスでも必要となるものです。これは教科や担当者などの情報を時間割の枠組みと組み合わせるものですので、座席表と似たようなシステムとして作成できます。シート構成は「教科・担当者」用のシートと、「印刷」用のシートの2つです。

　本節では、現場ですぐに使える時間割表のサンプルファイル「8章-4.xlsx」を紹介します。

▶シート構成

サンプル
ファイル　8章-4.xlsx

　まず、時間割表サンプルファイルのシート構成について説明します。

　サンプルファイル「8章-4.xlsx」には2つのタイプのシートが、計4枚あります。「教科・担当一覧」シートに情報を入力し、「印刷」シートで教科を選択すると、時間割表が作成できるといったシンプルなシステムです。

「教科・担当一覧」シート

　教科や担当者、場所などの情報を入力するシートです。B列が「教科」、C列が「担当者」、D列が「場所等」の情報です。学年と組はセルG1の1か所に入力する形にしています。教科欄は30枠ですが、必要に応じて増やしたり減らしたりできます。

図8-22 「教科・担当一覧」シートの入力欄

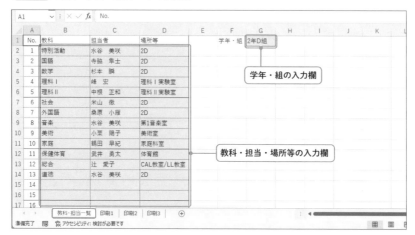

「印刷」シート

　複数の時間割表を記録できるように、印刷シートは3枚用意しています。どのシートもシート内の構成は同じです。

　シートには時間割表の枠組みがあり、この部分が印刷エリアです。薄い黄色の背景色のセルを選択するとリストが表示され、リストから教科を選択するとその下のセルに担当者や場所などの情報が表示されるようになっています。

図8-23　「印刷」シートの印刷エリア

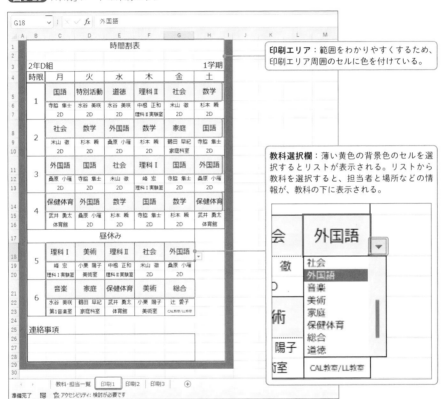

印刷エリア：範囲をわかりやすくするため、印刷エリア周囲のセルに色を付けている。

教科選択欄：薄い黄色の背景色のセルを選択するとリストが表示される。リストから教科を選択すると、担当者と場所などの情報が、教科の下に表示される。

▶仕様・操作方法

　仕様と操作方法について確認しましょう。

　「印刷1」シートを表示してください。「印刷1」シートでは、時間割表の左上に「学年・組」が表示されています。ここには「教科・担当一覧」シートのセルG1に入力した値が自動で表示されるようになっています。

図8-24 「学年・組」の表示

時間割表の左上の「学年・組」は、「教科・担当一覧」
シートのセルG1の値が自動で表示される。

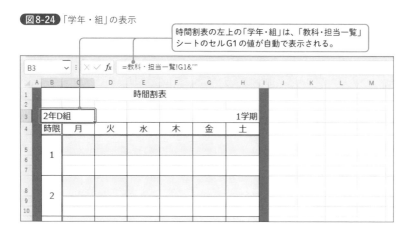

実際に教科を選択してみましょう。

図8-25 リストから教科を入力する

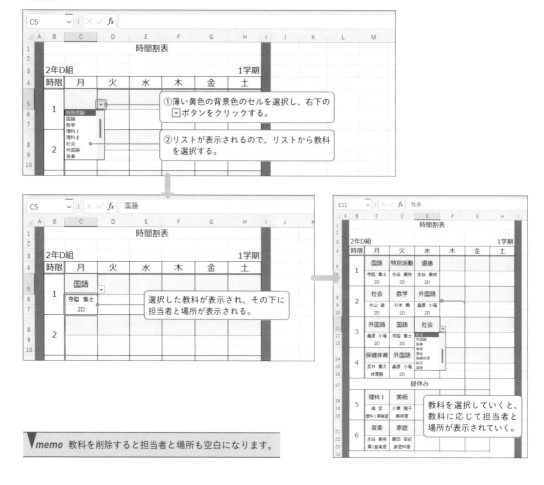

①薄い黄色の背景色のセルを選択し、右下の
▽ボタンをクリックする。

②リストが表示されるので、リストから教科
を選択する。

選択した教科が表示され、その下に
担当者と場所が表示される。

教科を選択していくと、
教科に応じて担当者と
場所が表示されていく。

▼memo 教科を削除すると担当者と場所も空白になります。

このように、教科の選択に応じて時間割表が作成されていきます。基本的な操作は、薄い黄色の背景色のセルを選択して、リストから教科を選ぶだけで完結する仕組みになっています。

なお、薄い黄色の背景色のセルには「4-2」の「データの入力規則」で紹介した「リスト」を設定しています（101ページ参照）。リストの「元の値」には数式が入力してあり、「教科・担当一覧」シートに入力した教科数に応じてリストの項目が自動で増減するテクニックを用いています。この数式で用いているOFFSET関数については242ページで解説します。

図8-26 データの入力規則でリストを設定する

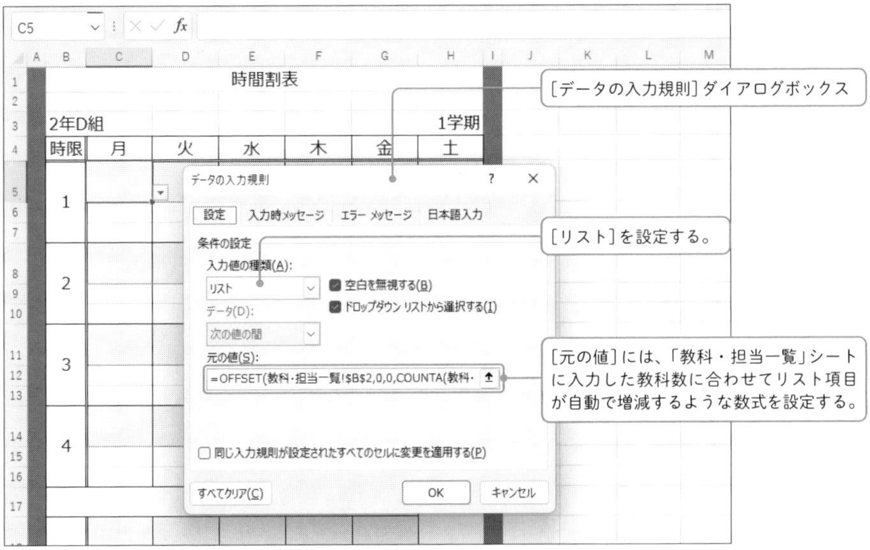

▶教科・担当者一覧の枠を増やす

教科・担当者の一覧は30枠ですが、必要な場合にはA列からD列までのセルをコピー＆貼り付けするだけで、枠を追加することができます。「貼り付け」をすると、A列の「No.」は自動で連番が設定されます。

図8-27 教科・担当者・場所等の枠を増やす

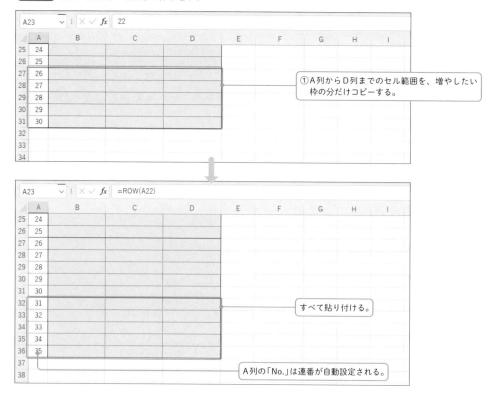

時限枠を増やす

時間割表の時限枠は6時限まであ)ますが、場合によっては時限の枠を増やしたいこともあるでしょう。時限枠を増やすための基本的な流れは、223ページで解説した座席表の縦の枠を増やす方法と同様です。

図8-28 時限枠の増やし方

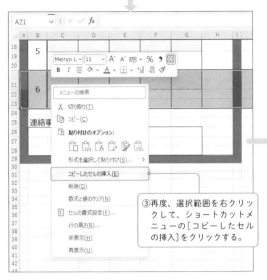

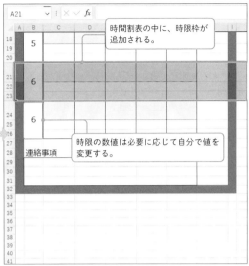

③再度、選択範囲を右クリックして、ショートカットメニューの［コピーしたセルの挿入］をクリックする。

時間割表の中に、時限枠が追加される。

時限の数値は必要に応じて自分で値を変更する。

このように、時限枠の行をコピーし、コピーした行を時間割表の中に挿入することで、時限枠を追加できます。時限の数値は自動では設定されませんので、必要に応じて変更してください。

▶ 土曜日を非表示にする

サンプルファイルでは月曜日〜土曜日の時間割になっていますが、土曜日に授業を行っていない現場もあることでしょう。そこで、サンプルファイルの土曜日の列を非表示にする方法を紹介します。

図8-29 土曜日の列を非表示にする

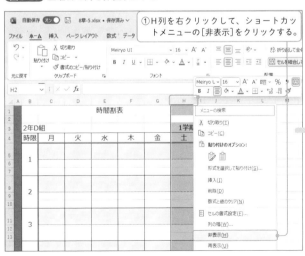

①H列を右クリックして、ショートカットメニューの［非表示］をクリックする。

H列が非表示になり、月曜日〜金曜日の時間割表になる。

土曜日が必要ない場合は、このように列を非表示にするとよいでしょう。非表示にした土曜日の列を再度表示したい場合は、G列〜I列を選択し、右クリックメニューの[再表示]をクリックしてください。

図8-30 非表示にした列を再表示する

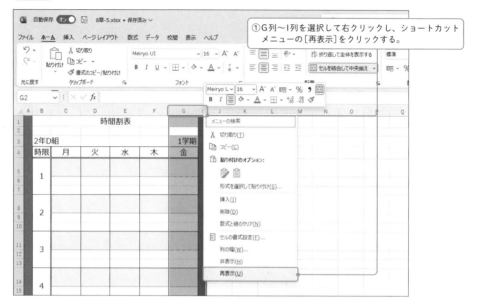

> ①G列〜I列を選択して右クリックし、ショートカットメニューの[再表示]をクリックする。

▶ シートをコピーする

サンプルファイルには時間割表の印刷シートが3枚ありますが、場合によっては時間割表を増やしたいこともあるでしょう。そこでシートをコピーする方法を紹介します。

図8-31 「印刷」シートのコピー

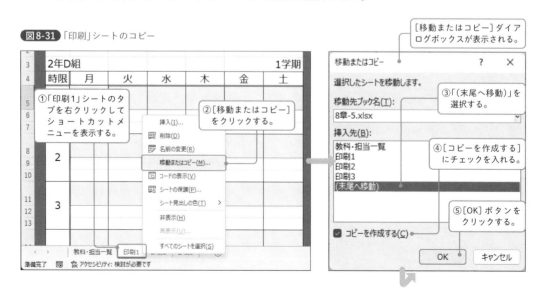

> ①「印刷1」シートのタブを右クリックしてショートカットメニューを表示する。

> ②[移動またはコピー]をクリックする。

> [移動またはコピー]ダイアログボックスが表示される。

> ③「(末尾へ移動)」を選択する。

> ④[コピーを作成する]にチェックを入れる。

> ⑤[OK]ボタンをクリックする。

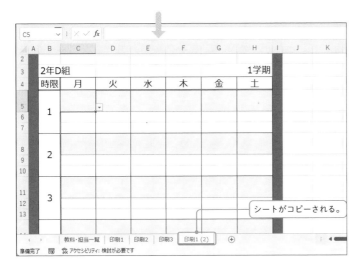

このようにシートをコピーしたときには、追加したシートでは印刷範囲の設定などもコピーされるため、再度設定する手間が省けます。また、シート名はコピー元のシート名を引き継いだ形になるため（この例では「印刷1（2）」）、必要に応じてシート名を変更してください。

時間割表で使用している数式と関数

時間割表で使用している関数のほとんどは、前節の座席表や第7章までに紹介したものです。ここでは新たに使用している関数について、簡略化したサンプルファイルで確認しましょう。

ROW関数（図8-38 ❶）

時間割表では、1から始まる連番を表示するために、行番号を取得するROW関数を利用しています。仕組みや使い方が同じで、列番号を取得するCOLUMN関数もあわせて紹介します。

新規ブックを開いて、どのセルでもよいのでROW関数やCOLUMN関数の数式を入力してみましょう。

図8-32 行番号の取得（範囲を省略）

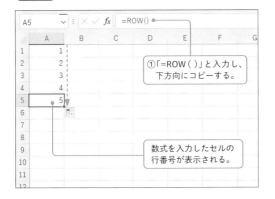

①「=ROW（ ）」と入力し、下方向にコピーする。

数式を入力したセルの行番号が表示される。

図8-33 行番号の取得（範囲を指定）

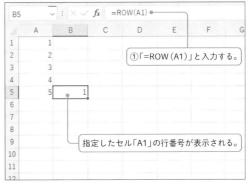

①「=ROW（A1）」と入力する。

指定したセル「A1」の行番号が表示される。

図8-34 列番号の取得（範囲を省略）

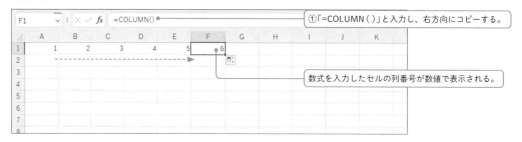

① 「=COLUMN（）」と入力し、右方向にコピーする。

数式を入力したセルの列番号が数値で表示される。

図8-35 列番号の取得（範囲を指定）

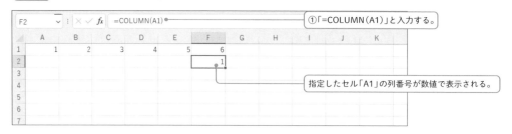

① 「=COLUMN（A1）」と入力する。

指定したセル「A1」の列番号が数値で表示される。

▼*memo* 「=ROW（）」の結果は数式を入力したセルの行数、「=ROW（A1）」の結果はセルA1の
行数「1」となります。同様に、セルF1に入力した「=COLUMN（）」の結果は数式が入力され
ているF列の列番号「6」、セルF2に入力した「=COLUMN（A1）」の結果は指定したセルA1の
列番号「1」となります。列番号は、A列を1として左から何番目の列かを表します。

構文
[ROW関数]	=ROW（[範囲]）
[COLUMN関数]	=COLUMN（[範囲]）

OFFSET関数（図8-38 ④）

サンプルファイル **8章-5.xlsx**

　教科を選択する入力規則のリストでは、OFFSET関数を利用して「教科・担当一覧」シートの教科の
入力数に応じて、リストの増減を行っています。

　OFFSET関数は指定したセル参照から、指定した行数、列数の範囲のセル参照を返します。

　それでは、サンプルファイル「8章-5.xlsx」を開いてください。サンプルファイルにはあらかじめ、セ
ル範囲A1：D5に数値が入力されています。

　まずは基準となるセルの移動について確認しましょう。

　第1引数で指定した参照（セルやセル範囲）を基準に、第2引数と第3引数で指定した行数と列数だけ、
参照を移動します。

▼*memo*　第2引数にマイナスの数値を指定すると上方向、第3引数にマイナスの数値を指定すると左方向に移動します。

図8-36 参照するセルを移動する

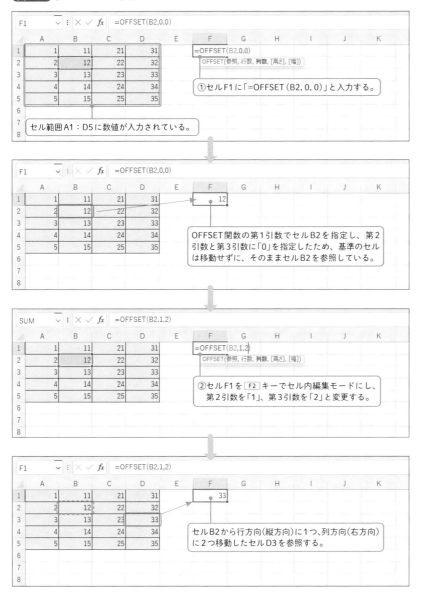

OFFSET関数では、このように基準とするセルから行方向・列方向に参照を移動させることができます。
さらに第4引数と第5引数を指定すると、基準のセルから指定した高さ（行数）と幅（列数）の範囲を
参照することができます。

セル範囲を参照していることを確認するため、OFFSET関数の結果をSUM関数で合計してみましょう。

図8-37 OFFSET関数でセル範囲を参照する

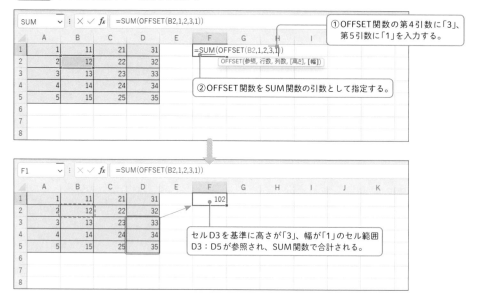

セルF1には「102」と表示されますが、これはセル範囲D3：D5を合計した値です。

この例では、セルB2から第1引数と第2引数で移動したセルD3が基準となり、その基準のセルを含めて3行1列のセル範囲が参照されていることになります。つまり、OFFSET関数でセル範囲D3：D5が参照され、そのセル範囲の値をSUM関数で合計した結果がセルF1に表示されているのです。

$$=SUM(OFFSET(B2, 1, 2, 3, 1)) \quad \rightarrow \quad =SUM(D3：D5)$$

OFFSET関数は参照するセルを移動したり、セル範囲を拡張したりすることができるので、時間割表ではこの関数を利用して入力規則のリストのセル範囲を増減させています。このように、OFFSET関数は入力規則のリストを増減させる場合に威力を発揮しますので、この機会に覚えておくとよいでしょう。

構文

[OFFSET関数] ＝OFFSET (参照, 行数, 列数, [高さ], [幅])

　　　参照：基準とするセルやセル範囲

　　　　　　例 時間割表では入力した教科の先頭

　　　行数：基準のセルから上または下の行方向に移動する数

　　　　　　例 参照がセルB2の場合、行数に「2」を指定すると2行下の「B4」セルに参照が移動

　　　列数：基準のセルから右または左の列方向に移動する数

　　　　　　例 参照がセルB2の場合、列数に「2」を指定すると2行右の「D2」セルに参照が移動

　　　高さ (省略可)：基準のセルから参照する行数 (セル範囲の高さ) を正の値で指定

　　　　　　例 参照がセルB2で行数と列数が「0」の場合、高さに「2」を指定するとセル範囲「B2：
　　　　　　　　B4」を取得

　　　幅 (省略可)：基準のセルから参照する列数 (セル範囲の幅) を正の値で指定

　　　　　　例 参照がセルB2で行数と列数が「0」の場合、幅に「2」を指定するとセル範囲「B2：
　　　　　　　　D2」を取得

＝OFFSET (B2, 0, 0)
　　　　　　　①　②

❶第1引数 (参照) に指定したセルが基準になる。ここではセルB2を指定したので、基準となる位置はセルB2となる。

❷基準の位置の移動先を、第2引数 (行数) と第3引数 (列数) で指定する。ここでは行数と列数の両方に「0」を指定しているので、基準のセルは移動しない。

＝OFFSET (B2, 1, 2)
　　　　　　　　③

❸第2引数 (行数) に「1」、第3引数 (列数) に「2」と指定すると、基準のセルは下方向に1行、右方向に2列移動して「D3」になる。

＝OFFSET (B2, 1, 2, 3, 1)
　　　　　　　　　　　④

❹基準のセルから、第4引数 (高さ) で指定した行数、第5引数 (幅) で指定した列数の範囲を参照する。ここでは高さに「3」、幅に「1」を指定しているので、「D3：D5」というセル範囲を参照する。

※この例では、第1引数で指定した基準の位置 (セルB2) が、第2引数と第3引数によりセルD3に移動している。

なお、時間割表では教科の数（リストの高さ）の指定も工夫しています。

$$=\text{OFFSET}(\underline{\text{教科・担当一覧！\$B\$2}}, \underline{0, 0}, \underline{\text{COUNTA（教科・担当一覧！\$B：\$B)}-1}, \underline{1})$$
❶❷❸❹

❶教科のリストを指定したいので、教科を入力した「教科・担当一覧」シートのB2セルを基準とする。

❷基準の位置を移動する必要はないので、第2引数（行数）と第3引数（列数）には「0」を指定する。

❸第4引数（高さ）には、入力した教科の数を指定する。ここではCOUNTA関数でB列の空欄以外のセルの数を数え、セルB1の表の見出しの分を「－1」で引いて、入力されている教科の数を取得している。

❹第5引数（幅）には「1」を指定する。

> 構文
> ［COUNTA関数］　=COUNTA（値1，［値2］，…）

246

`column` 時間割表の数式

時間割表で使用している数式を紹介します。

図8-38 時間割表の数式

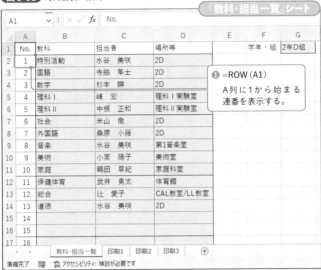

❶ =ROW (A1)
A列に1から始まる連番を表示する。

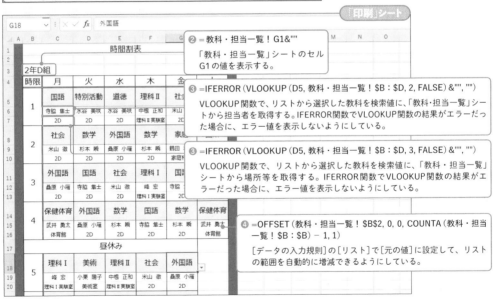

❷ =教科・担当一覧！G1&""
「教科・担当一覧」シートのセルG1の値を表示する。

❸ =IFERROR (VLOOKUP (D5, 教科・担当一覧！$B：$D, 2, FALSE) &"", "")
VLOOKUP関数で、リストから選択した教科を検索値に、「教科・担当一覧」シートから担当者を取得する。IFERROR関数でVLOOKUP関数の結果がエラーだった場合に、エラー値を表示しないようにしている。

❸ =IFERROR (VLOOKUP (D5, 教科・担当一覧！$B：$D, 3, FALSE) &"", "")
VLOOKUP関数で、リストから選択した教科を検索値に、「教科・担当一覧」シートから場所等を取得する。IFERROR関数でVLOOKUP関数の結果がエラーだった場合に、エラー値を表示しないようにしている。

❹ =OFFSET (教科・担当一覧！$B$2, 0, 0, COUNTA (教科・担当一覧！$B：$B) − 1, 1)
［データの入力規則］の［リスト］で［元の値］に設定して、リストの範囲を自動的に増減できるようにしている。

第8章 学校で役立つ簡単なシステムとその使い方

8-2 時間割表を使いこなす　247

8-3　面談用の個人成績票を作る

学校では2者や3者の面談を行いますが、中学校や高校では、その後の進路のために、成績について話すことも多いでしょう。成績は、ある地点での情報だけでなく、時間軸での推移を把握することも大切になります。

本節では、現場ですぐに使える面談用の個人成績票のサンプルファイル「8章-6.xlsx」を紹介します。

▶ シート構成

サンプル
ファイル　8章-6.xlsx

まず、面談用個人成績票サンプルファイルのシート構成について説明します。

サンプルファイルには3つのタイプのシートが、計7枚あります。考査ごとの得点を入力するシートに情報を入力し、「個人票」シートや「個人成績推移」シートで出席番号を入力すると、面談用の資料が作成できるといった仕組みです。

▼*memo* 本書では、グラフについては解説しません。

■ 考査ごとの成績入力シート

出席番号にあわせて、氏名や教科ごとの得点を入力するシートです。各教科の得点データの原本が別のファイルにあることを前提としているため、編集用のシートとしています。考査ごとにデータを入力することを想定しているため、同じ構成のシートを5枚用意しています。

B列が「氏名」、C列〜K列が「教科ごとの得点入力欄」です。得点の合計や順位は自動で計算されるように、数式が設定してあります。またシート下部には、第7章で紹介した得点分布表が設定されています。

図8-39 成績入力シート

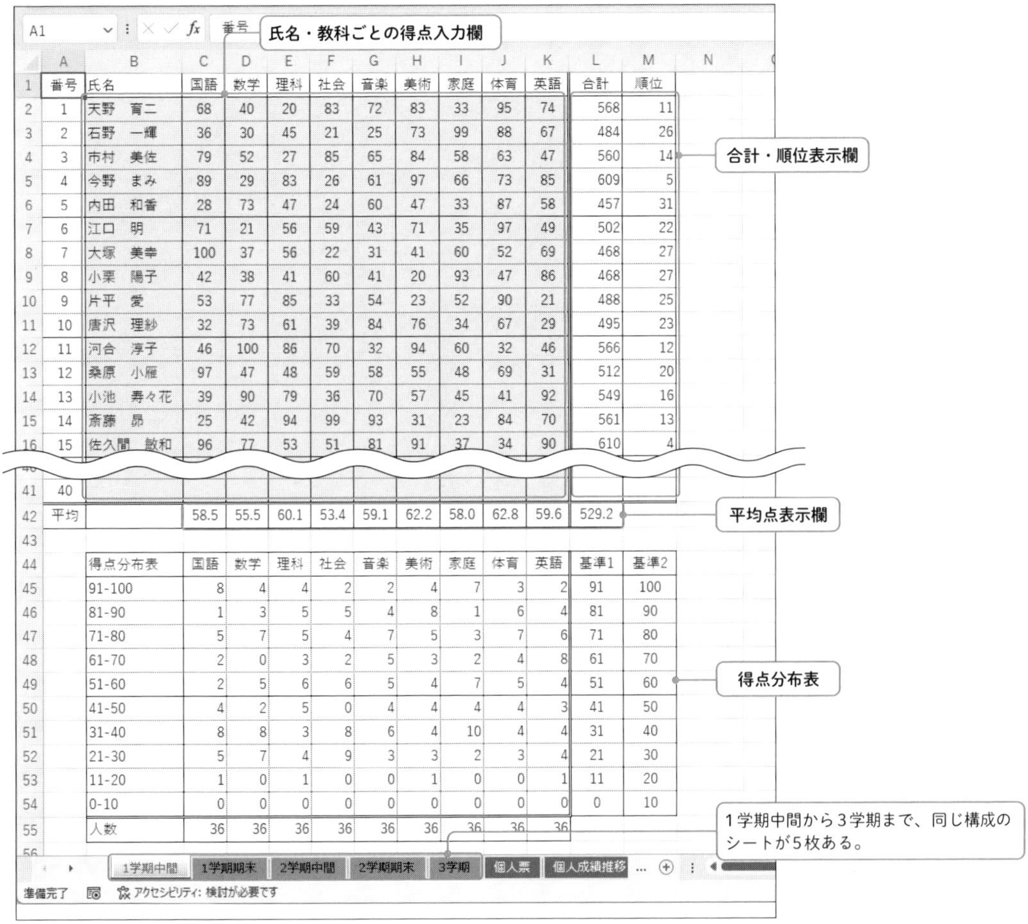

氏名・教科ごとの得点入力欄

	A	B	C	D	E	F	G	H	I	J	K	L	M	N
			国語	数学	理科	社会	音楽	美術	家庭	体育	英語	合計	順位	
1	番号	氏名												
2	1	天野　育二	68	40	20	83	72	83	33	95	74	568	11	
3	2	石野　一輝	36	30	45	21	25	73	99	88	67	484	26	
4	3	市村　美佐	79	52	27	85	65	84	58	63	47	560	14	
5	4	今野　まみ	89	29	83	26	61	97	66	73	85	609	5	
6	5	内田　和香	28	73	47	24	60	47	33	87	58	457	31	
7	6	江口　明	71	21	56	59	43	71	35	97	49	502	22	
8	7	大塚　美幸	100	37	56	22	31	41	60	52	69	468	27	
9	8	小栗　陽子	42	38	41	60	41	20	93	47	86	468	27	
10	9	片平　愛	53	77	85	33	54	23	52	90	21	488	25	
11	10	唐沢　理紗	32	73	61	39	84	76	34	67	29	495	23	
12	11	河合　淳子	46	100	86	70	32	94	60	32	46	566	12	
13	12	桑原　小雁	97	47	48	59	58	55	48	69	31	512	20	
14	13	小池　寿々花	39	90	79	36	70	57	45	41	92	549	16	
15	14	斎藤　昂	25	42	94	99	93	31	23	84	70	561	13	
16	15	佐久間　敏和	96	77	53	51	81	91	37	34	90	610	4	
41	40													
42	平均		58.5	55.5	60.1	53.4	59.1	62.2	58.0	62.8	59.6	529.2		

合計・順位表示欄

平均点表示欄

	得点分布表	国語	数学	理科	社会	音楽	美術	家庭	体育	英語	基準1	基準2
44												
45	91-100	8	4	4	2	2	4	7	3	2	91	100
46	81-90	1	3	5	5	4	8	1	6	4	81	90
47	71-80	5	7	5	4	7	5	3	7	6	71	80
48	61-70	2	0	3	2	5	3	2	4	8	61	70
49	51-60	2	5	6	6	4	4	7	5	4	51	60
50	41-50	4	2	5	0	4	4	4	3	3	41	50
51	31-40	8	5	2	3	4	10	4	4	4	31	40
52	21-30	5	7	4	9	3	2	3	3	4	21	30
53	11-20	1	0	1	0	0	1	0	0	1	11	20
54	0-10	0	0	0	0	0	0	0	0	0	0	10
55	人数	36	36	36	36	36	36	36	36	36		

得点分布表

1学期中間から3学期まで、同じ構成のシートが5枚ある。

〔シートタブ〕 1学期中間　1学期期末　2学期中間　2学期期末　3学期　個人票　個人成績推移 … ⊕

準備完了　🔲　♿ アクセシビリティ: 検討が必要です

「個人票」シート

個人の考査ごとの成績を印刷するための出力用シートです。出席番号を入力し、考査の回を選択すると、各個人の成績が表示され、それにあわせてグラフが変化します。

図8-40 「個人票」シート

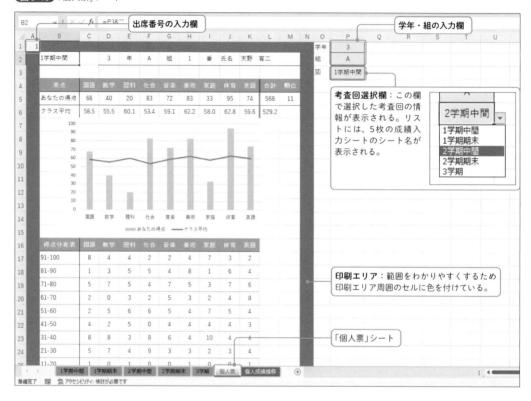

考査回選択欄：この欄で選択した考査回の情報が表示される。リストには、5枚の成績入力シートのシート名が表示される。

印刷エリア：範囲をわかりやすくするため印刷エリア周囲のセルに色を付けている。

「個人票」シート

「個人成績推移」シート

　個人の各教科の得点の推移を印刷するための出力用シートです。出席番号を入力すると、得点が反映され、それにあわせてグラフが変化します。

図8-41　「個人成績推移」シート

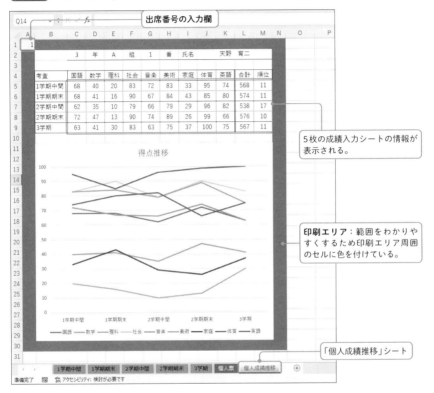

仕様・操作方法

　仕様と操作方法について確認しましょう。サンプルファイルでは考査ごとの得点データが成績入力シートに入力されていますので、ここでは「個人票」シートと「個人成績推移」シートについて見ていきます。

　「個人票」シートでは、セルB2に「考査回」、その右に「学年」と「組」が表示されています。この表示は、セルP1からセルP3に入力した値が自動で反映されるようになっています。また、対象とする生徒は、セルA1に出席番号を入力して指定します。

　このように「個人票」シートは、考査回を指定して出席番号を入力することで、表示を切り替えることができます。

図8-42 表示する生徒を切り替える

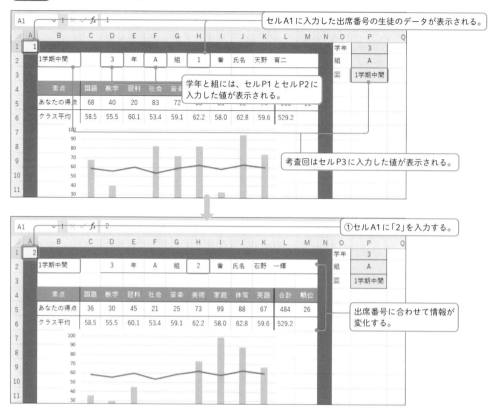

考査回も変更してみましょう。セルP3を選択し、表示される ▾ ボタンをクリックするとリストが表示されます。このリストから考査回を選択してください。

図8-43 考査回を切り替える

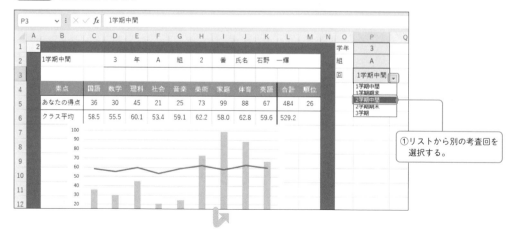

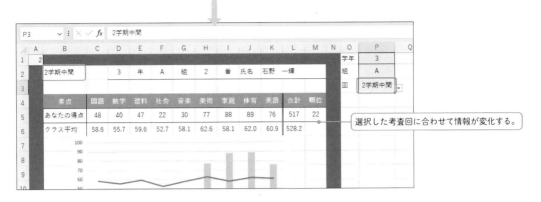

選択した考査回に合わせて情報が変化する。

考査回を指定するセルP3には、「4-2」の「データの入力規則」で紹介した「リスト」を設定しています（101ページ参照）。リストの［元の値］には考査回の値を「,」で区切って指定しています。

図8-44 考査回のリストの設定

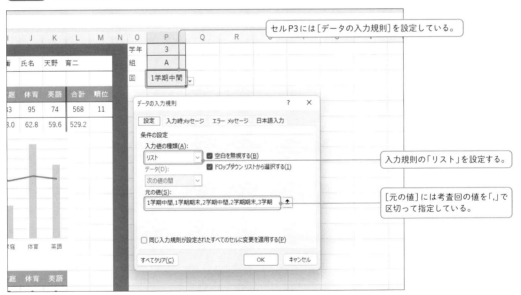

セルP3には［データの入力規則］を設定している。

入力規則の「リスト」を設定する。

［元の値］には考査回の値を「,」で区切って指定している。

> **memo** このサンプルファイルでは、［元の値］に指定する考査回の値（名称）を、5枚ある考査回ごとの成績入力シートのシート名と同じにしてください。

次に「個人成績推移」シートを選択してください。このシートも、セルA1に出席番号を入力して表示を切り替えます。

図8-45 出席番号を変更する

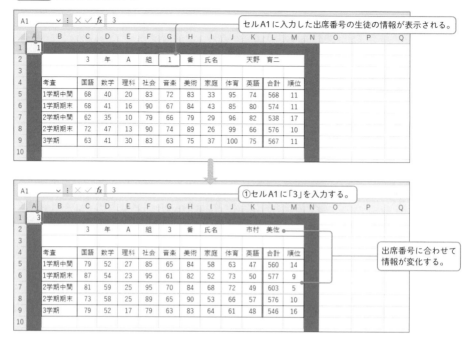

▶人数枠を増やす

考査ごとの成績入力シートでは、クラスの人数枠は40になっています。クラスの人数枠を増やす場合には座席表と同様に、行をコピーし、コピーしたセルを挿入してください。A列の「番号」は自動で設定されます。

図8-46 成績入力シートの人数枠を増やす

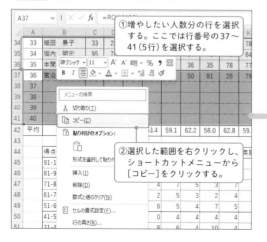
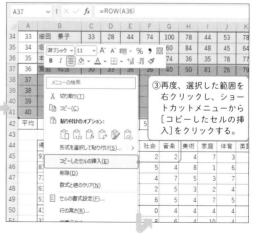

	A	B	C	D	E	F	G	H	I	J	K	L	M	N	O
28	27	西島 花	76	97	95	24	79	90	22	40	23	546	17		
29	28	野島 昴	73	92	78	60	51	83	92	78	56	663	1		
30	29	飛田 進	35	54	56	40	73	91	36	51	58	494	24		
31	30	平野 そら	38	72	93	26	30	86	97	86	63	501			
32	31	福沢 一恵	94	51	21	29	83	51	57	95	95				
33	32	細川 優一	47	34	36	91	77	31	72	85	72	545	18		
34	33	細田 景子	33	28	44	74	100	78	44	53	78	532	19		
35	34	堀内 明宏	95	78	89	87	60	84	48	45	64	650	2		
36	35	本間 みゆき	48	22	52	38	74	36	35	78	77	460	30		
37	36	宮迫 知世	30	33	36	36	40	50	81	26	79	411	36		
38	37														
39	38														
40	39														
41	40														
42	41	宮迫 知世	30	33	36	36	40	50	81	26	79	411	36		
43	42														
44	43														
45	44														
46	45														
47	平均		57.7	54.9	59.4	52.9	58.6	61.9	58.6	61.8	60.2	526.0			
48															

A37　=ROW()-1

- 選択した行数分の人数枠が挿入される。
- 色のついたセルに不要な氏名や得点データがコピーされたら削除する。
- 番号は自動で設定される。

考査ごとの成績入力シートは5枚ありますので、人数枠を増やす場合は、すべてのシートで同様に増やすようにしてください。5枚の成績入力シートが同じ人数枠になるように、注意してください。

考査ごとの成績入力シートの名前を変更する

考査ごとの成績入力シートの名前を変更したいこともあるでしょう。このサンプルファイルでシート名を変更する場合には、シート名のほかに2か所を変更する必要があります。

まずはシート名を変更してみましょう。シートの見出しをダブルクリックすると、見出しが編集モードになります。

図8-47 成績入力シートのシート名を変更する

5	4	今野 まみ	89	29	83	26	61	97	66	73	85	609	5
6	5	内田 和香	28	73	47	24	60	47	33	87	58	457	31
7	6	江口 明	71	21	56	59	43	71	35	97	49	502	22
8	7	大塚 美幸	100	37	56	22	31	41	60	52	69	468	27
9	8	小栗 陽子	42	38	41	60	41	20	93	47	86	468	27
10	9	片平 愛	53	77	85	33	54	23	52	90	21	488	25
11	10	唐沢 理紗	32	73	61	39	84	76	34	67	29	495	23
12	11	河合 淳子	46	100	86	70	32	94	60	32	46	566	12
13	12	桑原 小雁	97	47	48	59	58	55	48	69	31	512	20
14	13	小池 寿々花	39	90	79	36	57	45	41	92		549	16
15	14	斎藤 昴	25	42	94	99	93	31	23	84			
16	15	佐久間 敏和	96	77	53	51	81	91	37	34			
17	16	重田 みあ	95	21	31	75	34	88	97	75	76	592	

①シート見出しをダブルクリックし、名前を変更する。

1学期_1 | 1学期期末 | 2学期中間 | 2学期期末 | 3学期 | 個人票 | 個人成績推移

準備完了　　アクセシビリティ: 検討が必要です

考査ごとの成績入力シートのシート名を変更したときは、「個人票」シートと「個人成績推移」シートにも変更が必要な箇所があります。

「個人票」シートのセルP3にはデータの入力規則を設定していますが、このリストには成績入力シートのシート名を表示しています。セルP3を選択し、[データ]タブから[データの入力規則]コマンドをクリックして変更してください。

図8-48 「個人票」シートで[データの入力規則]のリストを変更する

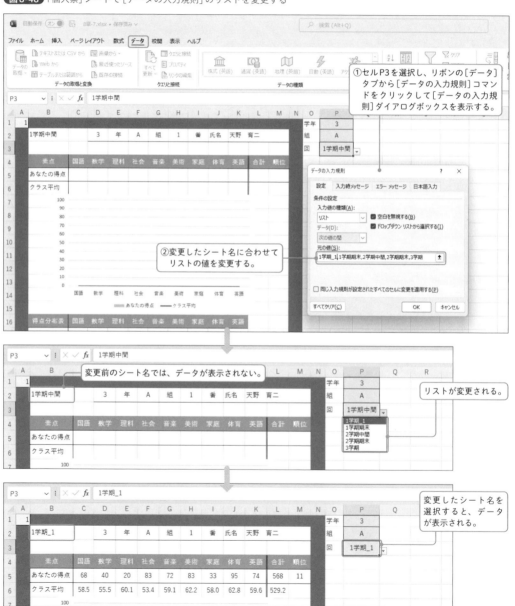

「個人成績推移」シートのセルB5からセルB9には、成績入力シートのシート名を入力しています。成績入力シートのシート名を変更した場合には、セルB5からセルB9の値も変更してください。

図8-49 「個人成績推移」シートで参照するシート名を変更する

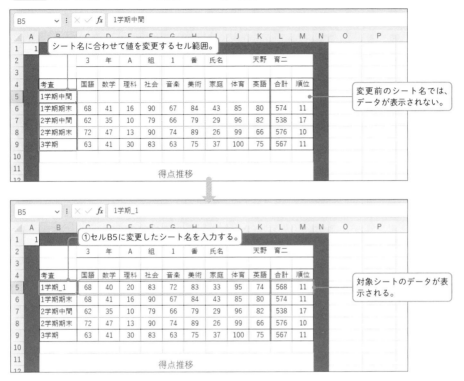

このサンプルファイルでは、考査回ごとの成績入力シートのシート名と連動しているところが2か所ありますので、覚えておいてください。

> *memo* 入力規則や「個人成績推移」シートに設定する値は、シート名と同じである必要があります。特にアルファベットや数値、カタカナを設定する場合には、半角と全角のどちらなのかを確認して設定するようにしてください。間違いを防ぐためには、シートの見出しをダブルクリックして編集モードでシート名をコピーし、入力したい箇所に貼り付けるとよいでしょう。

▶ 面談用の個人成績票で使用している数式と関数

面談用の個人成績票で使用している関数のほとんどは、これまでに紹介したものです。ここでは新たに使用している関数について、簡略化したサンプルファイルで確認しましょう。

IF関数（図8-53 ❷❸）

サンプル
ファイル 8章-7.xlsx

考査ごとの成績入力シートのL列には教科の合計点を表示していますが、得点が入力されていないときには空白になるようにしています。ここで使用しているのがIF関数です。

IF関数は、論理式（第1引数）の結果に応じて、指定された値を返します。第1引数の論理式には、さまざまな式を設定できますが、大切なことはクローズドクエスチョンのように、「はい」か「いいえ」のような2択になる式にすることです。

それではサンプルファイル「8章-7.xlsx」を開いてください。サンプルファイルのA列には5つの数値が入力されています。この数値が70以上の場合には「○」、70未満の場合には「×」を表示するような数式を、B列に設定してみましょう。

図8-50 IF関数で条件分岐を行う

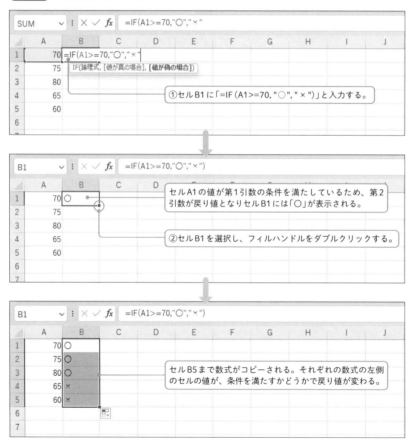

このようにIF関数は、条件によって戻り値を変えたい場合に使用します。一般に使用頻度の高い関数の1つですので、ぜひ覚えておきましょう。

📝 もっと詳しく！

[IF関数]　　　　　　　=IF(論理式,[値が真の場合],[値が偽の場合])

　　論理式：処理を分けるための条件……………　例 教科ごとの得点が1つでも入力されている

　　値が真の場合：論理式の結果が成立した場合(真の場合)の戻り値

　　　　　　　……………………………………　例 教科ごとの得点の合計を計算する

　　値が偽の場合：論理式の結果が成立しない場合(偽の場合)の戻り値　……　例 空白にする

> ▼memo　IF関数の第2引数または第3引数は省略することができますが、条件分岐の処理がわかりにくくなり間違いも生じやすいため、省略せずに指定するようにしましょう。

=IF(A1>=70,"○","×")
　　　　❶　　　❷　　❸

❶ IF関数の第1引数には論理式を指定する。この例では「A1>=70」という論理式を指定して、「セルA1の値が70以上の場合」といった条件を設定している。

❷ 第2引数には条件を満たした場合の戻り値を設定する。数式内に文字列を入力する場合は「"○"」のように「"」(ダブルクォーテーション)でくくる。

❸ 第3引数は条件を満たしていない場合の戻り値を指定する。文字列なので「"×"」のように指定する。

INDIRECT関数（図8-53 ❻❼）

サンプルファイル　8章-8.xlsx

　面談用の個人成績票の「個人票」シートでは、セルP3で選択する考査回によって、参照するシートを切り替えています。このようにセルやシートの参照を切り替える場合に使用するのがINDIRECT関数です。難しそうに感じるかもしれませんが心配はいりません。「文字列をセル参照にする」というくらいの理解で大丈夫です。

　サンプルファイル「8章-8.xlsx」を開いてください。サンプルファイルの「Sheet1」シートと「Sheet2」シートには、セル範囲A1:C3に値が入力されています。また、「Sheet1」シートのセル範囲E1:E6には、INDIRECT関数の第1引数(参照文字列)として利用する文字列が入力されています。

図8-51 「Sheet1」シートと「Sheet2」シート

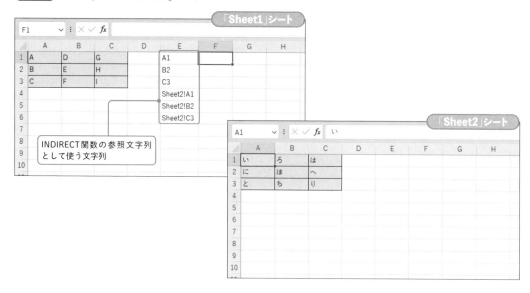

INDIRECT関数の参照文字列
として使う文字列

INDIRECT関数の働きを確認しましょう。

図8-52 INDIRECT関数で参照先を指定する

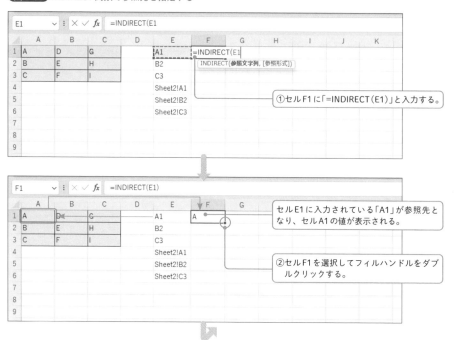

①セルF1に「=INDIRECT(E1)」と入力する。

セルE1に入力されている「A1」が参照先と
なり、セルA1の値が表示される。

②セルF1を選択してフィルハンドルをダブ
ルクリックする。

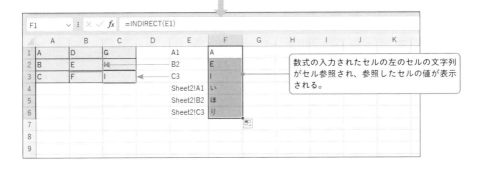

数式の入力されたセルの左のセルの文字列がセル参照され、参照したセルの値が表示される。

> **memo** ほかのシートを参照する場合には、セルE4のように「シート名」に「！」を付けて、そのあとにセルやセル範囲を入力します。セルE4には「Sheet2！A1」と入力されてるので、「=INDIRECT（E4）」で「Sheet2」シートのセルA1の値を参照します。

　このように、INDIRECT関数は、セルに入力された文字列や、関数内に直接入力した文字列をセル参照とすることができるのです。

　この関数は、一般に使用されることはあまり多くないと思いますが、セルの文字列によって参照を切り替えたい場合に利用できるので、覚えておくとよいでしょう。

もっと詳しく！

> 構文

[INDIRECT関数] 　　=INDIRECT（参照文字列,［参照形式］）

　　　参照文字列：指定したセルの値を参照先にする。文字列を指定した場合は、その文字列をセル参照にする

　　　　　例 セルA1に「C1」、セルC1に「5」と入力されている場合、「INDIRECT（A1）」でセルC1の値を参照して「5」を返す

　　　参照形式（省略可）：参照文字列のセル参照の種類を論理値（TRUE：A1形式、FALSE：R1C1形式）で指定。省略するとA1形式。通常は省略（A1形式）

=INDIRECT（E1）
　　　　　　　　①

❶INDIRECT関数の第1引数に、セルE1を指定する。セルE1の値は「A1」なので、セルA1を参照してその値「A」を返す。

　INDIRECT関数では、指定した文字列を参照先にすることもできます。面談用の個人成績票で「個人票」シートの「あなたの得点」の数式を見てみましょう。

セルC5には、次の数式が入力されています。

=IFERROR（VLOOKUP（$A$1, INDIRECT（$P$3&"！$A：$M"）,
COLUMN（）, FALSE）, ""）

　セルP3では考査回を選択しています。そのため、セルP3で「1学期中間」を選択しているときは「 INDIRECT（'1学期中間'！$A：$M）」となって「1学期中間」シートのA列からM列を参照しますが、「2学期期末」を選択すれば「 INDIRECT（'2学期期末'！$A：$M）」と変更されて「2学期期末」シートのA列からM列を参照するように切り替わります。

> ▼**memo** 数式内で文字列を連結するときは「&」を使います。ここではセルP3の値と「！$A：$M」という文字列を「&」でつないで、「シート名！セル範囲」にしています。

---

column **面談用の個人成績票の数式**

　面談用の個人成績票で使用している数式を紹介します。

図8-53 面談用の個人成績票の数式

❶ =ROW（）-1
A列に、数式を入力したセルの行番号から1を引くことで、1から始まる連番を表示する。

❷ =IF（COUNT（C2：K2）=0, "", SUM（C2：K2））
教科ごとの得点が1つも入力されていなければ空白、入力されていたら合計を計算する。

❸ =IF（L2="", "", RANK.EQ（L2, $L$2：$L$41, 0））
合計が空白だったら空白、合計が計算されていたら順位を計算する。RANK.EQ関数については190ページを参照。

❹ =IFERROR（AVERAGE（C2：C41）, ""）
教科ごとの平均を計算する。AVERAGE関数がエラーになる場合は空白にする。

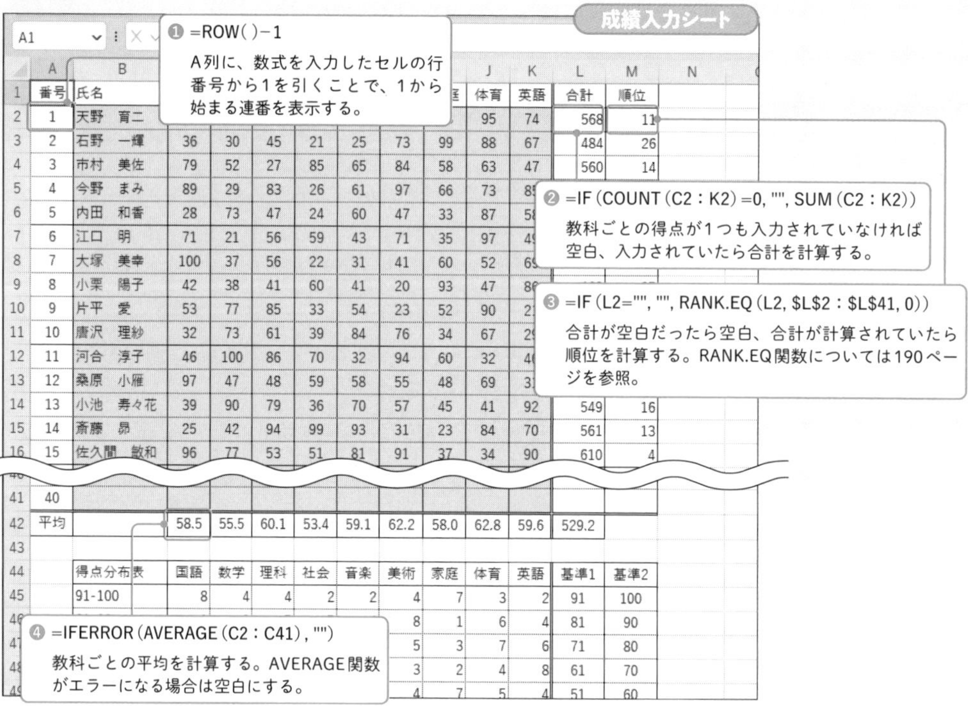

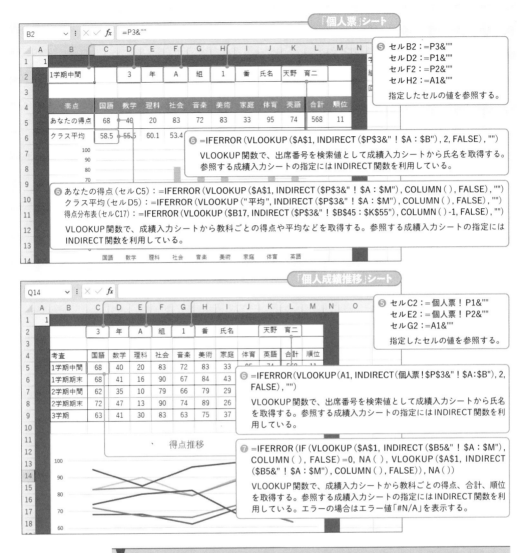

「個人票」シート

| B2 | ✓ fx | =P3&"" | |

⑤ セルB2：=P3&""
セルD2：=P1&""
セルF2：=P2&""
セルH2：=A1&""
指定したセルの値を参照する。

⑥ =IFERROR(VLOOKUP($A$1, INDIRECT($P$3&"！$A：$B"), 2, FALSE), "")
VLOOKUP関数で、出席番号を検索値として成績入力シートから氏名を取得する。
参照する成績入力シートの指定にはINDIRECT関数を利用している。

⑥ あなたの得点（セルC5）：=IFERROR(VLOOKUP($A$1, INDIRECT($P$3&"！$A：$M"), COLUMN( ), FALSE), "")
クラス平均（セルD5）：=IFERROR(VLOOKUP("平均", INDIRECT($P$3&"！$A：$M"), COLUMN( ), FALSE), "")
得点分布表（セルC17）：=IFERROR(VLOOKUP($B17, INDIRECT($P$3&"！$B$45：$K$55"), COLUMN( )-1, FALSE), "")
VLOOKUP関数で、成績入力シートから教科ごとの得点や平均などを取得する。参照する成績入力シートの指定には
INDIRECT関数を利用している。

「個人成績推移」シート

| Q14 | ✓ fx | | |

⑤ セルC2：=個人票！P1&""
セルE2：=個人票！P2&""
セルG2：=A1&""
指定したセルの値を参照する。

⑥ =IFERROR(VLOOKUP(A1, INDIRECT(個人票！$P$3&"！$A：$B"), 2, FALSE), "")
VLOOKUP関数で、出席番号を検索値として成績入力シートから氏名を取得する。参照する成績入力シートの指定にはINDIRECT関数を利用している。

⑦ =IFERROR(IF(VLOOKUP($A$1, INDIRECT($B5&"！$A：$M"), COLUMN( ), FALSE)=0, NA( ), VLOOKUP($A$1, INDIRECT($B5&"！$A：$M"), COLUMN( ), FALSE)), NA( ))
VLOOKUP関数で、成績入力シートから教科ごとの得点、合計、順位を取得する。参照する成績入力シートの指定にはINDIRECT関数を利用している。エラーの場合はエラー値「#N/A」を表示する。

▼*memo* 「個人成績推移」シートでは、「#N/A」というエラーを表示するNA関数を使用しています。これはグラフの表示に関する箇所で使用しているものですので、本書では説明を割愛します。

8-4 名簿作成支援を使いこなす

　教育現場ではクラスや学年だけでなく、委員会や部活動、少人数グループやイベントなど、さまざまな名簿が必要となります。もちろん、このような場合に児童・生徒情報一覧からオートフィルタで抽出することもできますが、数式を用いるとより手軽な抽出システムが作成できます。

　本節では、現場ですぐに使える名簿作成支援のサンプルファイル「8章-9.xlsx」を紹介します。

▶ シート構成

サンプルファイル　8章-9.xlsx

　まず、名簿作成支援サンプルファイルのシート構成について説明します。

　サンプルファイルには2つのシートがあり、「児童・生徒情報」シートに情報を入力し、「名簿作成」シートで抽出条件を設定すると名簿ができるといったシンプルなシステムです。

「児童・生徒情報」シート

　児童・生徒の氏名やふりがなといったさまざまな情報を入力するシートです。このシートは、ほかのファイルからデータを貼り付けたり、入力したりする操作になります。また、任意で縦横の欄を増やせるように数式を入力してありますが、数式の列は誤操作防止のため非表示にしています。

> ▼memo　元の児童・生徒データが別のファイルにあることを前提とした編集用のシートです。

図8-54 「児童・生徒情報」シートの入力欄

児童・生徒情報の入力欄

数式欄：誤操作防止のため
列を非表示にしている。

	学籍番号	学年	組	番号	氏名	ふりがな	性別	部活動	委員会	備考
2	R040005	1	A	1	浅沼 建	あさぬま けん	男	バスケットボール		
3	R040008	1	A	2	芦田 京子	あしだ きょうこ	女			
4	R040012	1	A	3	池畑 真帆	いけはた まほ	女		体育委員	
5	R040019	1	A	4	稲田 ヒカル	いなだ ひかる	女	ハンドボール	代表委員	
6	R040020	1	A	5	井上 倫子	いのうえ のりこ	女	ソフトボール	美化委員	
7	R040022	1	A	6	岩沢 明	いわさわ あきら	男			
8	R040024	1	A	7	上村 美幸	うえむら みゆき	女	サッカー	体育委員	
9	R040029	1	A	8	大竹 孝太郎	おおたけ こうたろう	男			
10	R040030	1	A	9	大津 正敏	おおつ まさとし	男	栄養		
11	R040037	1	A	10	海音寺 賢治	かいおんじ けんじ	男			
12	R040039	1	A	11	勝又 なつみ	かつまた なつみ	女	ソフトボール		
13	R040052	1	A	12	川西 杏	かわにし あん	女	軽音楽		
14	R040052	1	A	13	楠 優	くすのき ゆう	男			
15	R040054	1	A	14	車 紀里	くるま ゆり	女	ソフトボール	生活委員	
16	R040055	1	A	15	児島 フミヤ	こじま ふみや	男	卓球	代表委員	
17	R040058	1	A	16	坂本 桃子	さかもと ももこ	女	軽音楽	厚生委員	

「名簿作成」シート

さまざまな抽出条件によって名簿を作成するシートです。作成した名簿データをほかのブックにコピーしたり、印刷したりすることを想定しています。

シートのA列からH列には抽出したデータを表示する枠組みがあり、この部分が印刷エリアです。薄い黄色の背景色のセルを選択するとリストが表示され、リストを選択するとそれに対応したデータが反映されます。

また抽出データ表示エリアの右に、抽出条件を設定するエリアがあります。このエリアで設定した条件に基づいてデータが抽出されます。

図8-55 「名簿作成」シートの抽出条件設定エリアと抽出データ表示エリア

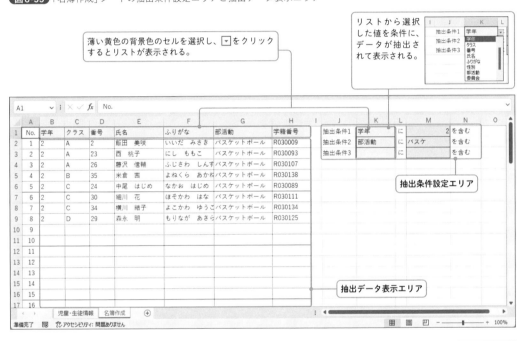

▼ *memo* 抽出条件設定エリアのほか、抽出データ表示エリアの薄い黄色の背景色が付いた見出しも、セルを選択して▼をクリックするとリストが表示されます。抽出データ表示エリアの見出しを切り替えると、表示されているデータの別の項目を表示できます。

図8-56 抽出データ表示エリアの見出しの切り替え

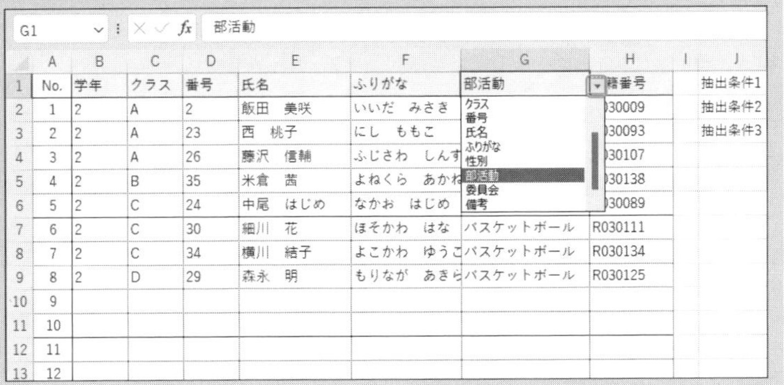

▶仕様・操作方法

仕様と操作方法について確認しましょう。

「名簿作成」シートを選択してください。「名簿作成」シートでは、抽出条件設定エリアのセルK1からセルK3で「児童・生徒情報」シートに入力されている見出し項目を選択し、セルM1からセルM3に抽出したいデータに含まれる数値や文字列を入力して、データの抽出条件を設定します。

設定した抽出条件は後述する関数の引数として利用します。抽出データ表示エリアには、条件を満たすデータを抽出する数式が入力されているので、抽出条件を設定すると名簿が完成するシステムになっています。

完成した名簿はそのまま印刷したり、別のブックに値を貼り付けたりして利用します。

まずは抽出条件を1つ設定してみましょう。

図8-57 抽出条件を設定する

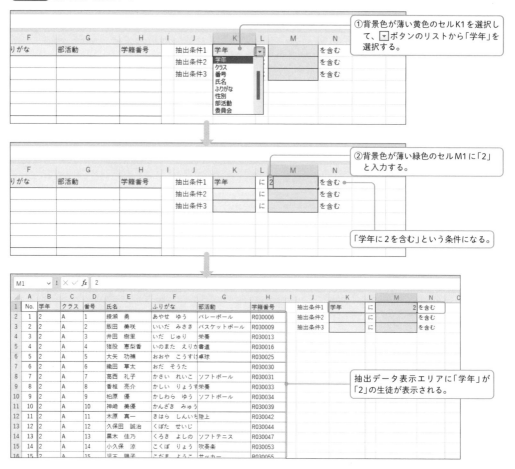

①背景色が薄い黄色のセルK1を選択して、▼ボタンのリストから「学年」を選択する。

②背景色が薄い緑色のセルM1に「2」と入力する。

「学年に2を含む」という条件になる。

抽出データ表示エリアに「学年」が「2」の生徒が表示される。

> **memo** 抽出条件を入力するセルM1からセルM3は、半角・全角の違いの判別には対応していません。数値やアルファベットの半角・全角や異体字などは正確に入力してください。
> また、このサンプルファイルでは、セルM1からセルM3にスペースだけが入力されていても抽出条件として設定されます。正しい結果が表示されないような場合には、セルM1からセルM3の値の全角・半角や余計なスペースが入力されていないかなどを確認してください。

複数の条件でさらに抽出データを絞り込みたいときは、抽出条件2や抽出条件3を設定します。

図8-58 複数の抽出条件でデータを絞り込む

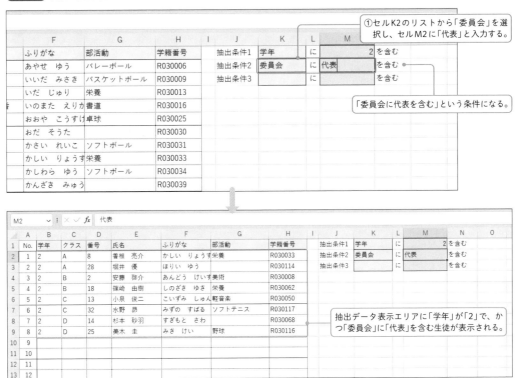

抽出データは確かに絞り込まれましたが、抽出データ表示エリアの見出しに「委員会」がないため、正しい結果なのかわかりません。そこで、抽出データ表示エリアの見出しを切り替えて、「委員会」を表示しましょう。

図8-59 抽出データ表示エリアに表示する項目を指定する

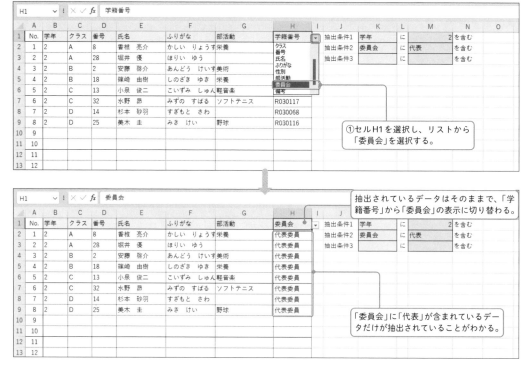

このように、表示したい項目は抽出データ表示エリアの見出しで選択します。

さらに3つめの抽出条件を設定したい場合は、セルK3とセルM3に条件を入力します。

図8-60 3つの抽出条件でデータを絞り込む

	A	B	C	D	E	F	G	H	I	J	K	L	M	N	O
1	No.	学年	クラス	番号	氏名	ふりがな	部活動	委員会		抽出条件1	学年	に		2	を含む
2	1	2	A	28	堀井 優	ほりい ゆう		代表委員		抽出条件2	委員会	に	代表		を含む
3	2	2	B	18	篠崎 由樹	しのざき ゆき	栄養	代表委員		抽出条件3	性別	に	女		を含む
4	3	2	D	14	杉本 砂羽	すぎもと さわ		代表委員							
5	4														
6	5														
7	6														
8	7														
9	8														
10	9														

> 3つの抽出条件をすべて満たす生徒の
> データが表示される。

> セルK3とセルM3に条件を設定する。
> ここでは「性別に女を含む」という条件
> を設定した。

▍抽出したデータをコピーする場合

この名簿作成支援では別のブックにデータをコピーすることを想定していますが、データをコピーする際に留意しなければならないことが2つあります。

1つ目はデータを「値」で貼り付けることです。データが抽出されるエリアには数式が設定してあるので、そのままコピー&貼り付けをすると数式が貼り付けられてしまいます。そのため、コピーしたデー

タは「値の貼り付け」で貼り付けなければならないのです。「値の貼り付け」については46ページで解説していますので、参照してください。

2つ目は値を貼り付けたあとのデータについてです。値を貼り付けると、図8-61のように数値が文字列として貼り付けられます。もしこの数値を「文字列」ではなく「数値」として利用したい場合には、データを数値に変換してください。

図8-61 文字列形式の数値を数値形式に変換する

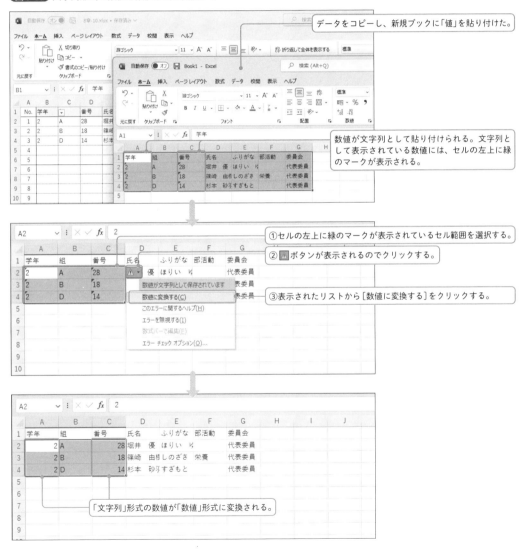

データをコピーし、新規ブックに「値」を貼り付けた。

数値が文字列として貼り付けられる。文字列として表示されている数値には、セルの左上に緑のマークが表示される。

①セルの左上に緑のマークが表示されているセル範囲を選択する。

②⚠ボタンが表示されるのでクリックする。

③表示されたリストから[数値に変換する]をクリックする。

「文字列」形式の数値が「数値」形式に変換される。

▶リストの内容を変更する

「名簿作成」シートの薄い黄色のセルを選択すると表示されるリストは、「児童・生徒情報」シートの見出しと連動しています。そのため、リストの内容を変更したい場合には「児童・生徒情報」シートの見出しを変更してください。

図8-62 リストの内容を変更する

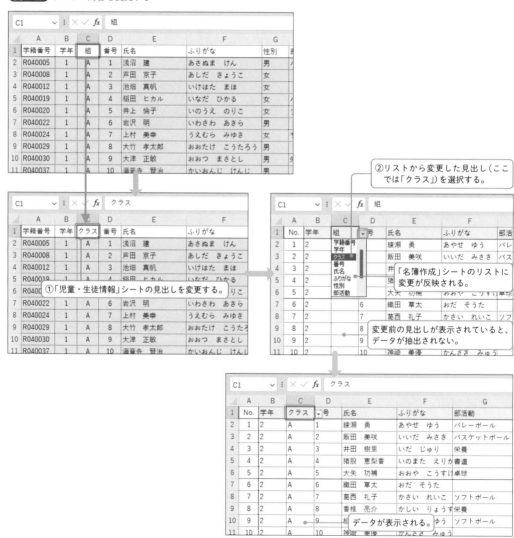

▶「児童・生徒情報」シートの入力欄を増やす

サンプルファイルの「児童・生徒情報」シートで児童・生徒情報の入力欄は1000行ありますが、入力欄を増やしたいこともあるでしょう。そこで、児童・生徒情報の入力欄を増やす方法を紹介します。基本的な流れは、223ページで解説した座席表の縦の枠を増やす方法と同様です。

図8-63 児童・生徒情報の人数（行）を追加する

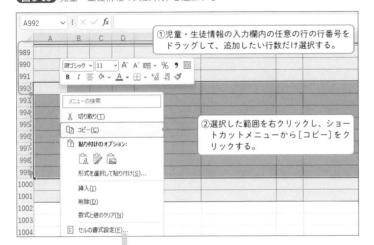

①児童・生徒情報の入力欄内の任意の行の行番号をドラッグして、追加したい行数だけ選択する。

②選択した範囲を右クリックし、ショートカットメニューから［コピー］をクリックする。

memo コピーした行を別の行に挿入したい場合には、選択した範囲ではなく挿入したい行の行番号を右クリックしてショートカットメニューを表示し、［コピーしたセルの挿入］をクリックします。

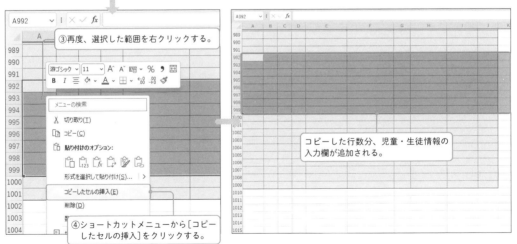

③再度、選択した範囲を右クリックする。

④ショートカットメニューから［コピーしたセルの挿入］をクリックする。

コピーした行数分、児童・生徒情報の入力欄が追加される。

　このように、児童・生徒情報の入力欄内の行をコピーし、入力欄内にコピーしたセルを挿入することで、児童・生徒情報の入力欄を追加できます。「児童・生徒情報」シートには数式も設定されていますが、この方法で追加すれば数式もコピーされます。

▶「児童・生徒情報」シートの入力欄の項目を増やす

サンプルファイルの「児童・生徒情報」シートには10項目の列があります。この項目を増やしたいときには、児童・生徒情報の入力欄内で列をコピーして挿入します。基本的な流れは同じですので難しいことはありません。

図8-64 児童・生徒情報の項目(列)を増やす

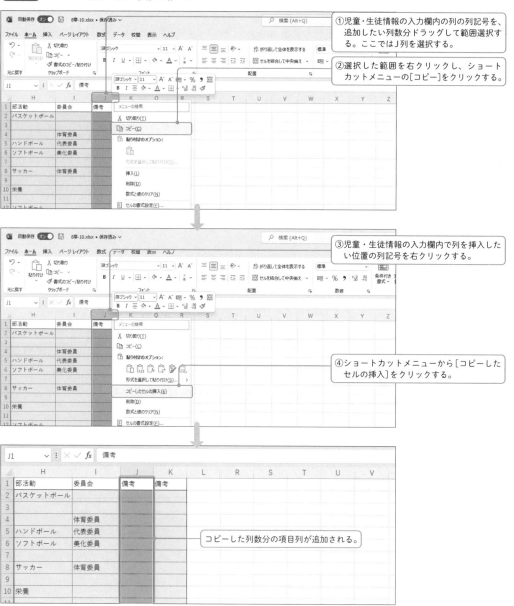

①児童・生徒情報の入力欄内の列の列記号を、追加したい列数分ドラッグして範囲選択する。ここではJ列を選択する。

②選択した範囲を右クリックし、ショートカットメニューの[コピー]をクリックする。

③児童・生徒情報の入力欄内で列を挿入したい位置の列記号を右クリックする。

④ショートカットメニューから[コピーしたセルの挿入]をクリックする。

コピーした列数分の項目列が追加される。

この手順で項目列を増やすときには、数式の参照に対応するため、入力欄内の列(サンプルファイルではA列～J列)をコピーして、そのコピーしたセルを挿入するようにしてください。なお、挿入した列の見出しは必要に応じて変更し、そのあと各行にデータを追加していってください。

「名簿作成」シートの抽出データ表示エリアの行を増やす

「名簿作成」シートの抽出データ表示エリアは70行ありますが、抽出データの件数が多く行を増やしたい場合には、抽出データ表示エリア内の行をコピーし、最下行の下にすべて貼り付けてください。この操作は、これまで紹介したサンプルファイルの行の増やし方とは異なりますので気を付けてください。

図8-65 抽出データ表示エリアの表示件数(行)を増やす

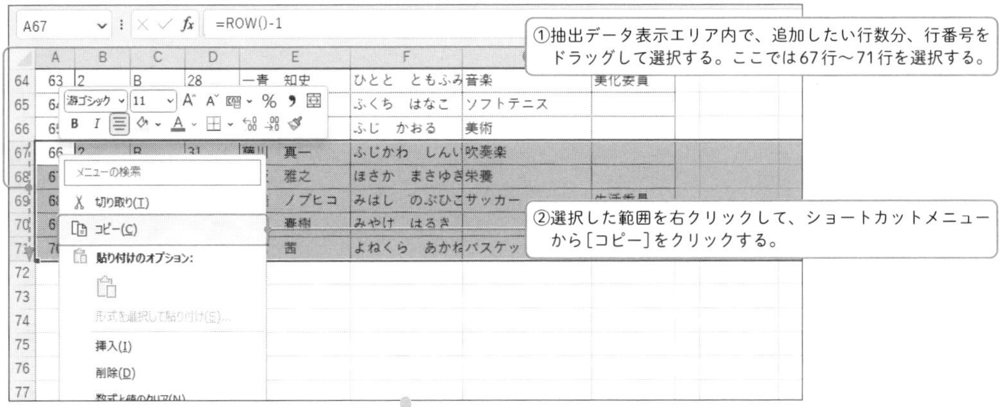

①抽出データ表示エリア内で、追加したい行数分、行番号をドラッグして選択する。ここでは67行～71行を選択する。
②選択した範囲を右クリックして、ショートカットメニューから[コピー]をクリックする。

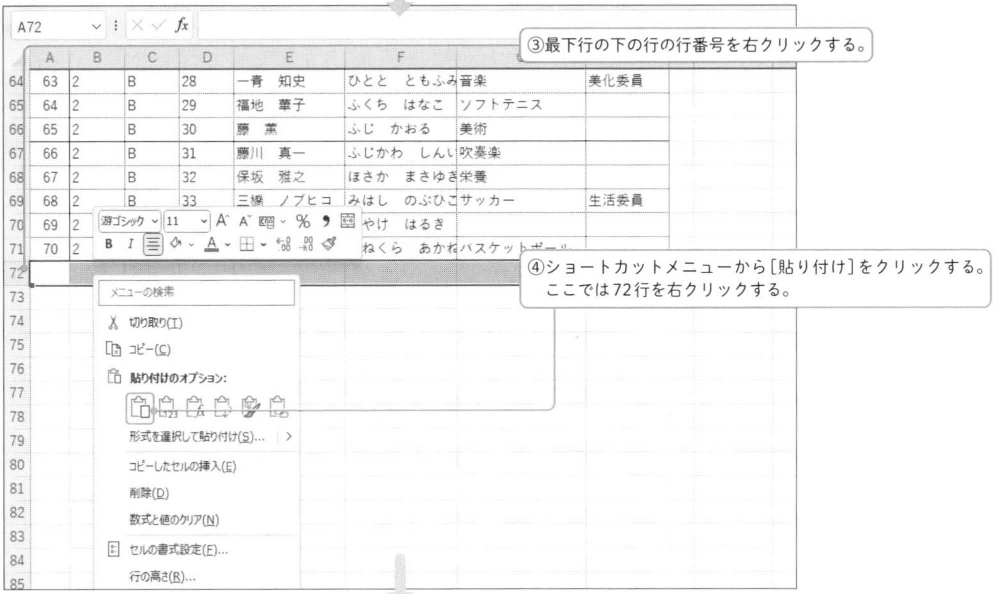

③最下行の下の行の行番号を右クリックする。
④ショートカットメニューから[貼り付け]をクリックする。ここでは72行を右クリックする。

A72				f_x	=ROW()-1					

	A	B	C	D	E	F	G	H	I	J
64	63	2	B	28	一青 知史	ひとと ともふみ	音楽	美化委員		
65	64	2	B	29	福地 華子	ふくち はなこ	ソフトテニス			
66	65	2	B	30	藤 薫	ふじ かおる	美術			
67	66	2	B	31	藤川 真一	ふじかわ しんいち	吹奏楽			
68	67	2	B	32	保坂 雅之	ほさか まさゆき	栄養			
69	68	2	B	33	三橋 ノブヒコ	みはし のぶひこ	サッカー	生活委員		
70	69	2	B	34	三宅 春樹	みやけ はるき				
71	70	2	B	35	米倉 茜	よねくら あかね	バスケットボール			
72	71	2	C	1	足立 信輔	あだち しんすけ	軽音楽			
73	72	2	C	2	新垣 充則	あらがき みつのり	バレーボール			
74	73	2	C	3	池谷 博之	いけたに ひろゆき				
75	74	2	C	4	稲田 明慶	いなだ あきよし	音楽			
76	75	2	C	5	大竹 ジョージ	おおたけ じょーじ	音楽			
77										
78					抽出データ表示エリアに行が追加される。「No.」やデータは自動で反映される。					

▶「名簿作成」シートの抽出項目(列)を増やす

「名簿作成」シートの抽出項目は7列です。この項目列を増やしたい場合には、「児童・生徒情報」シートの項目列を増やした方法と同じように、抽出データ表示エリア内の列をコピーし、コピーしたセルを挿入します。

図8-66 抽出データ表示エリアの項目を増やす

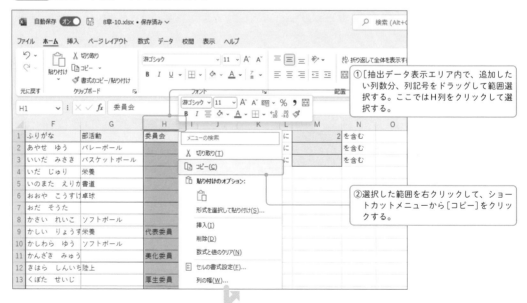

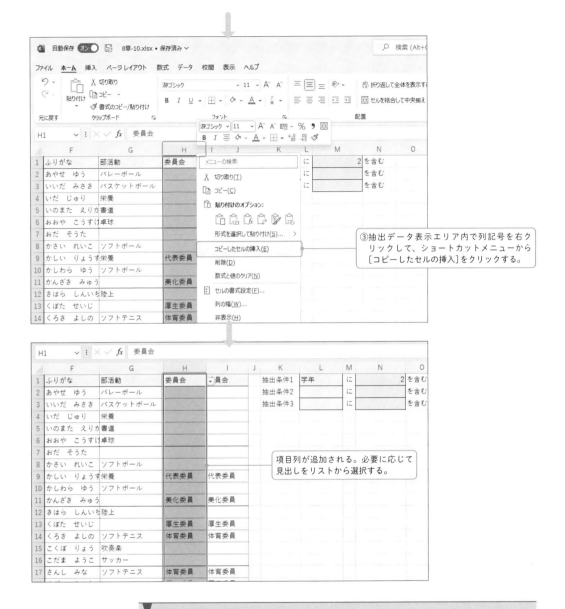

③抽出データ表示エリア内で列記号を右クリックして、ショートカットメニューから[コピーしたセルの挿入]をクリックする。

項目列が追加される。必要に応じて見出しをリストから選択する。

▼*memo* 名簿作成支援は、項目を自由に設定したり、項目数や入力欄の数を増やしたりできますので、授業や少人数グループの記録、テストや評価の管理といった形でも応用できます。自分なりの使い方で役立ててください。

▶ 名簿作成支援で使用している数式と関数

名簿作成支援で使用している関数のほとんどは、これまでに紹介したものです。ここでは新たに使用している関数について、簡略化したサンプルファイルで確認しましょう。

■ SMALL 関数（図8-71 ❸）

サンプル
ファイル 8章-10.xlsx

SMALL 関数は、データの中で指定した順位番目に小さな値を求めます。「児童・生徒情報」シートでは、抽出条件に一致したデータの行番号を SMALL 関数で取得しています。

> ▼*memo* 名簿作成支援サンプルファイルでは、「児童・生徒情報」シートの非表示にしてある P列で利用しています。

それでは、サンプルファイル「8章-10.xlsx」を開いてください。サンプルファイルにはあらかじめ、セルA1からセルA10に数値が入力されています。

セルC1に、指定した順位の数値を抽出してみましょう。

図8-67 指定した順位の値を小さい順に抽出する

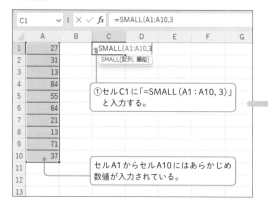
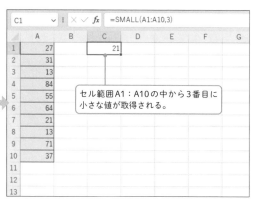

SMALL 関数の第1引数には一般にセル参照を指定します。数式をコピーして使う場合には、セル参照がずれないように F4 キーで「$」を付けて、絶対参照にするとよいでしょう。

このようにわかりやすく使用頻度の高い関数ですので、ぜひ覚えてください。

> ▼*memo* SMALL 関数と対をなすものとして LARGE 関数があります。LARGE 関数は第1引数に指定したセル範囲の値から、第2引数で指定した順位の値を大きい順に抽出します。LARGE 関数の使い方は SMALL 関数と同じですので、あわせて覚えることをお勧めします。
>
> 構文
> ［LARGE関数］ =LARGE（配列, 順位）

もっと詳しく！

【構文】

[SMALL関数]　　　　=SMALL（配列, 順位）

　　配列：一般にはセル範囲を指定

　　順位：小さいほうから何番目のデータを抽出するのかを指定

$$=SMALL（A1：A10, 3）$$
　　　　　　　　　　 ❶　　　　 ❷

❶ SMALL関数の第1引数には、対象となるセル範囲を指定する。ここでは数値が入力されている
　セル範囲「A1：A10」を指定している。

❷ 第2引数には順位を指定する。ここでは小さいほうから3番目の値を抽出する。

MATCH関数（図8-71 ❶）

【サンプルファイル】8章-10.xlsx

　MATCH関数は、ある検査値を検査範囲の中で検索し、相対的な位置を求めます。難しく考える必要はなく、「ある値がセル範囲の中で何番目にあるかを調べる」といった認識で大丈夫です。

　サンプルファイル「8章-10.xlsx」で、図8-67のSMALL関数で取得した「21」が、セル範囲A1：A10の中で何番目にあるのかを調べてみましょう。

図8-68　値がセル範囲の何番目にあるか調べる

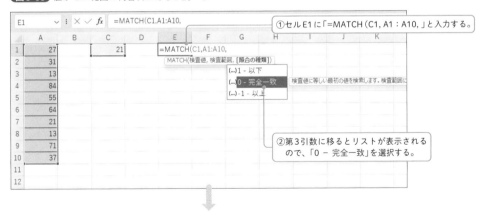

①セルE1に「=MATCH（C1, A1：A10,」と入力する。

②第3引数に移るとリストが表示されるので、「0 - 完全一致」を選択する。

| E1 | | : | × ✓ | fx | =MATCH(C1,A1:A10,0 ● | | | | | |

第3引数に自動で「0」が入力される。

	A	B	C	D	E	F	G	H	I	J	K
1	27		21		=MATCH(C1,A1:A10,0						
2	31				MATCH(検査値, 検査範囲, [照合の種類])						
3	13										
4	84										
5	55										
6	64										
7	21										
8	13										
9	71										
10	37										
11											
12											

③「)」を入力して Enter キーで数式を確定する。

| E1 | | : | × ✓ | fx | =MATCH(C1,A1:A10,0) | | | | | |

	A	B	C	D	E	F	G	H	I	J	K
1	27		21		7						
2	31										
3	13										
4	84										
5	55										
6	64										
7	21										
8	13										
9	71										
10	37										

セル範囲A1：A10の中で「21」は7番目にあるため、「7」が戻り値になる。

📖 もっと詳しく！

構文

［MATCH関数］　　=MATCH（検査値, 検査範囲, [照合の種類]）

検査値：調べたい値

検査範囲：一般に検査するセル範囲

照合の種類（省略可）：検査値が完全に一致した場合のみ一致とするか、近い値でも一致とするかを指定。1または省略で検査値「以下」の最大値、0で「完全一致」、−1で検査値「以上」の最小値

$$=MATCH(\underset{①}{C1}, \underset{②}{A1：A10}, \underset{③}{0})$$

❶ MATCH関数の第1引数（検査値）には、調べたい値を指定する。この例ではセルC1を指定しているので、セルC1の値「21」が検査値となる。

❷ 第2引数には、検査値を検査するセル範囲を指定する。この例ではセル範囲A1：A10を指定している。

❸ 第3引数に移るとリストが表示されるので、選択して入力する。この例では「完全一致」を選ん

でいるので「0」が入力される。

> **memo** MATCH関数の第3引数の照合の種類のリストには、「完全一致」のほかに、「以下」や「以上」といった選択肢があります。「以下」の場合にはデータを昇順に並べておく必要があり、「以上」の場合にはデータを降順に並べておく必要があります。そうすることで、完全一致のデータがない場合に、「以上」や「以下」で一番近い値の位置が戻り値として求められます。

INDEX関数（図8-71 ❶❺）

サンプルファイル 8章-11.xlsx

INDEX関数は、指定した範囲の中から、指定した行と列の交点の値やセル参照を取得します。

サンプルファイル「8章-11.xlsx」を開くと、セル範囲A1：C3にアルファベットが入力されています。このセル範囲A1：C3の中から、指定した行・列の値を取得してみましょう。

図8-69 セル範囲から指定した行目・列目の値を取得する

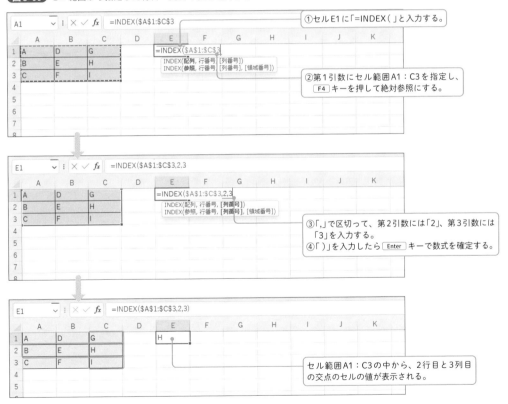

セルE1に「H」と表示されましたね。この数式では、第1引数で指定したセル範囲の中から、2行目と3列目の交点のセルの値を取得しています。

📖 **もっと詳しく!**

構文

[INDEX関数]　　　　=INDEX(範囲, 行番号, [列番号], [領域番号])

　　　範囲：1つまたは複数のセル範囲

　　　　　　例 複数のセル範囲を指定するには「(A1：C5, A10：C15)」のように「,」で区切る

　　　行番号：範囲内で取得したい行の位置

　　　　　　例 範囲が「A10：C15」の場合、セルB12の値を取得するなら「3」

　　　列番号(省略可)：範囲内で取得したい列の位置

　　　　　　例 範囲が「A10：C15」の場合、セルB12の値を取得するなら「2」

　　　領域番号(省略可)：範囲に複数のセル範囲を指定した場合に、指定した番号で対象とするセ
　　　　　　ル範囲を切り替える

　　　　　　例 範囲が(A1：C5, A10：C15)の場合、領域番号が「1」なら「A1：C5」、「2」なら「A10：
　　　　　　C15」

=INDEX($A$1 ： $C$3, 2, 3)
　　　　　❶　　　　❷ ❸

❶INDEX関数の第1引数には、対象となるセル範囲を指定する。この例ではセル範囲A1：C3を選
択し、F4 キーを押して絶対参照にする。

❷第2引数には、指定した範囲内で何行目の値を取得するか指定する。ここでは範囲の2行目の値
を取得するため、「2」と入力する。

❸第3引数には、指定した範囲内で何列目の値を取得するか指定する。ここでは範囲の3列目を取
得するため、「3」と入力する。

277ページで紹介したMATCH関数はシンプルな仕組みですが、INDEX関数と組み合わせて使用
されることが多く、名簿作成支援でもINDEX関数と組み合わせて使用しています(図8-71 ❺を参照)。

=IF(COUNT(児童・生徒情報! $P ： $P) < ROW( ) − 1, "", IFERROR(
INDEX(児童・生徒情報! $A ： $J, 児童・生徒情報! $P2,
　　　　　　❶　　　　　　　　　　　　❷

MATCH(名簿作成! B$1, 児童・生徒情報! $A$1 ： $J$1, 0))) &"", ""))
　　　　　❸

❶INDEX関数の第1引数(配列)に「児童・生徒情報」シートのA列からJ列の範囲を指定。

❷第2引数(行番号)は「児童・生徒情報」シートのセルP2を参照。

❸第3引数(列番号)はMATCH関数で求める。「名簿作成」シートのセルB1を、「児童・生徒情報」シー
トのセル範囲A1：J1から完全一致で検索する。

SEARCH関数（図8-71 ①）

サンプルファイル 8章-12.xlsx

SEARCH関数は、ある文字列が対象文字列の中で何番目にあるかを調べる関数です。名簿作成支援では、抽出条件で入力した値がデータに含まれるかをこの関数で調べています。

それではサンプルファイル「8章-12.xlsx」を開いてください。サンプルファイルには、メールアドレスが入力されています。このアドレスの中で「@」が何番目にあるかを調べます。

図8-70 SEARCH関数で「@」の位置を調べる

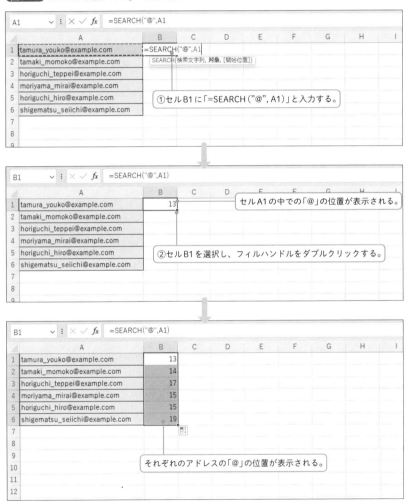

このように、SEARCH関数を使えば調べたい文字列が対象の中で何番目にあるかを簡単に求められます。ただし、調べたい文字列が対象の中にない場合にはエラーになります。そのため、IFERROR関数などで対策するようにしてください。

📖 もっと詳しく！

構文

［SEARCH関数］　　　=SEARCH（検索文字列, 対象, ［開始位置］）

　　　検索文字列：調べたい文字列を指定

　　　対象：一般に検索文字列に指定した値が含まれるかどうかを調べるセル

　　　開始位置（省略可）：調べ始める位置を指定。1または省略で対象の先頭から

> **memo** 開始位置を省略すると対象の先頭から調べるので、省略することが多いのですが、調べたい文字列が対象の中に複数ある場合などには、開始位置を指定することがあります。SEARCH関数は大文字と小文字は区別しません。また、検査文字列が見つからなかった場合にはエラーになります。

=SEARCH（"@", A1）
　　　　　　　❶　 ❷

❶ SEARCH関数の第1引数は検索文字列。この例では「"@"」を入力している。

❷ 調べる対象のセルを指定する。

> **memo** 数式内に直接文字列を入力する場合には、「"」（ダブルクォーテーション）でくくることを忘れないようにしてください。

　名簿作成支援では、「児童・生徒情報」シートの非表示にしてあるL列からN列でSEARCH関数を使用しています（図8-71 ❶）。

=IFERROR（IF（名簿作成！$M$1="", 0, IF（SEARCH（名簿作成！$M$1,
　　　　　　　　　　　　　　　　　　　　　　　　　　　　　　 ❶

INDEX（$A：$J, ROW（）, MATCH（名簿作成！$K$1, $A$1：$J$1, 0）））> 0,
　　　　　　　　　　　　❷

1, 0）），0）

❶ 「名簿作成」シートのセルM1に設定した抽出条件を、第2引数の文字列から検索する。

❷ 検索の対象となるセルをINDEX関数で取得する。INDEX関数の第3引数（列番号）はMATCH関数で、「名簿作成」シートのセルK1に設定された項目が、「児童・生徒情報」シートのセル範囲A1：J1の中で何列目にあるのかを調べる。

名簿作成支援で使用している数式を紹介します。

図8-71 名簿作成支援の数式

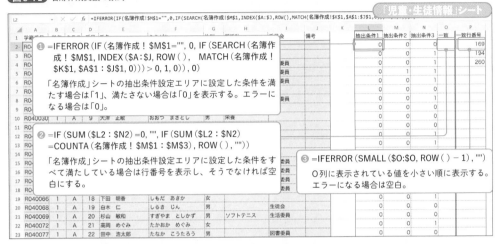

❶ =IFERROR (IF (名簿作成！$M$1="", 0, IF (SEARCH (名簿作成！$M$1, INDEX ($A:$J, ROW ( ), MATCH (名簿作成！$K$1, $A$1：$J$1, 0)))) > 0, 1, 0)), 0)

「名簿作成」シートの抽出条件設定エリアに設定した条件を満たす場合は「1」、満たさない場合は「0」を表示する。エラーになる場合は「0」。

❷ =IF (SUM ($L2：$N2)=0, "", IF (SUM ($L2：$N2) =COUNTA (名簿作成！$M$1：$M$3), ROW ( ), ""))

「名簿作成」シートの抽出条件設定エリアに設定した条件をすべて満たしている場合は行番号を表示し、そうでなければ空白にする。

❸ =IFERROR (SMALL ($O:$O, ROW ( ) − 1), "")

O列に表示されている値を小さい順に表示する。エラーになる場合は空白。

▼memo 「児童・生徒情報」シートの計算式は、誤操作防止のため非表示になっています。計算式を確認するには、K列からQ列の列記号を範囲選択し、右クリックのショートカットメニューから[列の再表示]を選択します。

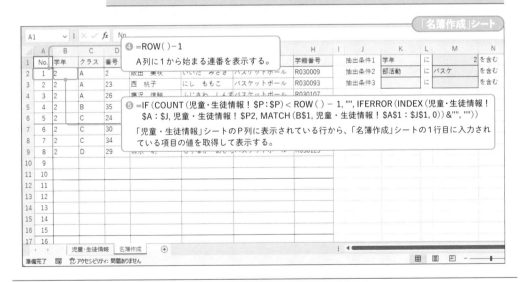

❹ =ROW ( )−1

A列に1から始まる連番を表示する。

❺ =IF (COUNT (児童・生徒情報！$P:$P) < ROW ( ) − 1, "", IFERROR (INDEX (児童・生徒情報！$A：$J, 児童・生徒情報！$P2, MATCH (B$1, 児童・生徒情報！$A$1：$J$1, 0))&"", ""))

「児童・生徒情報」シートのP列に表示されている行から、「名簿作成」シートの1行目に入力されている項目の値を取得して表示する。

反転表示に対応した座席表

　第8章「8-1」で紹介した座席表では、「名簿」シートにクラスと名簿情報を入力し、「印刷」シートに出席番号を入力するというシンプルな仕組みで、教卓が上にある配置の座席表を作成しました。

　しかし実際には、教卓が上にある配置の座席表だけでなく、教卓が下にある配置の座席表もよく使います。そこで、「印刷」シートに出席番号を入力すると、教卓が上にある配置の座席表と、反転表示させた座席表（教卓が下にある配置の座席表）を同時に作成できるサンプルファイル「付録-1.xlsx」を紹介します。

▶ シート構成

サンプルファイル	付録-1.xlsx

　シート構成は第8章「8-1」で紹介した座席表と同じです。「名簿」シートにクラスと生徒情報を入力し、「印刷」シートに出席番号を入力すると、「名簿」シートの生徒情報をもとに座席表を作成します。

「名簿」シート

　生徒情報を入力するシートです。A列が「番号」、B列が「氏名」、C列が「ふりがな」です。学年と組はセルF1の1か所に入力する形にしています。生徒欄は40人分ですが、必要に応じて人数を増やしたり減らしたりできます。

図Appx-1 「名簿」シートの入力欄

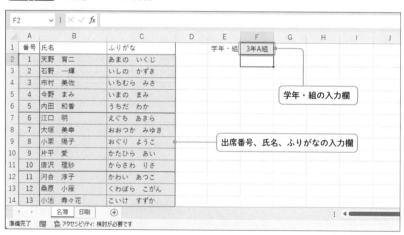

「印刷」シート

　シートの上部には座席の枠組みがあり、この部分が印刷エリアです。

　シートの下部は出席番号を入力する入力エリアです。左の番号入力欄に出席番号を入力すると、上部の対応する座席枠に該当生徒の氏名とふりがなが表示されるようにします。

図 Appx-2 「印刷」シートの番号入力欄と印刷エリア

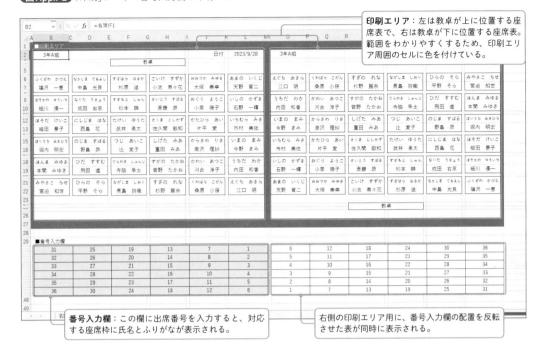

印刷エリア：左は教卓が上に位置する座席表で、右は教卓が下に位置する座席表。範囲をわかりやすくするため、印刷エリア周囲のセルに色を付けている。

番号入力欄：この欄に出席番号を入力すると、対応する座席枠に氏名とふりがなが表示される。

右側の印刷エリア用に、番号入力欄の配置を反転させた表が同時に表示される。

仕様・操作方法

基本的な仕様と操作方法は第8章「8-1」を参照してください。ここでは、反転した座席表で注意する点について解説します。

図 Appx-3 番号入力欄に出席番号を入力する

①番号入力欄のセルに出席番号を入力していく。

番号入力欄に対応する座席枠が埋まっていく。

反転した位置に対応する座席枠が埋まっていく。

入力した出席番号が反転した位置に表示される。

横の座席枠（列）を増やす

横の座席枠を増やすには、列をコピーして挿入します。このとき、左と右の両方の印刷エリアで同様の操作を行い、左右の座席枠を同じ席数（同じ配置）にすることを忘れないようにしてください。

図Appx-4 列を挿入して横の座席枠を増やす

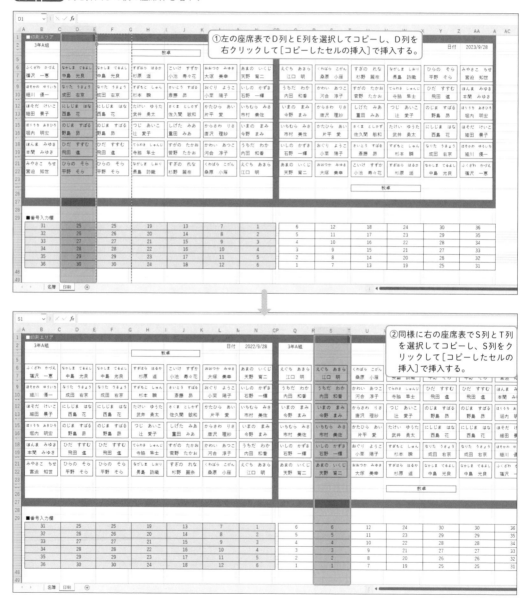

memo 座席の枠の間にスペースを入れるため、座席枠の列とスペースの列の2列をまとめてコピーします。また、座席表の左端ではなく、中の列を2列選択してコピーしている点に注意してください。

これで座席表とその下にある番号入力欄に列が追加されましたが、右の座席表では左の座席表の右端の列が2列あり、ずれが発生しています。

図Appx-5 右の座席表にずれが生じている

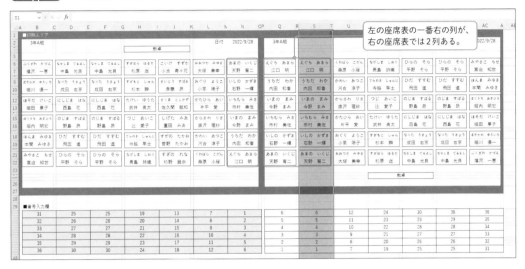

このずれは、右の座席表の下にある番号欄の数式をコピー＆貼り付けし直せば修正できます。

図Appx-6 数式をコピーしてずれを修正する

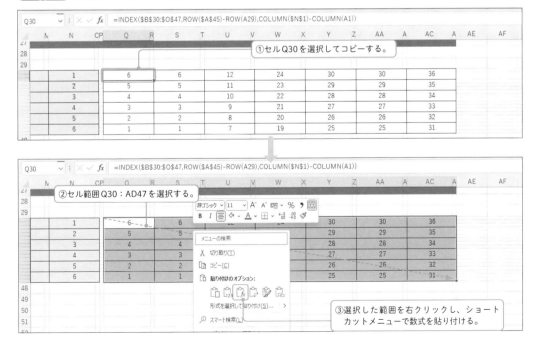

これでずれがなくなります。

図 Appx-7 横の座席枠を増やした座席表の例

縦の座席枠（行）を増やす

縦の座席枠を増やすには、行をコピーして挿入します。このとき、シート下部の「番号入力欄」を増やしてから「座席枠」を増やすようにしてください。

横の座席枠を増やしたときと同じように、縦の座席枠を増やした場合も左右の座席表にずれが生じます。この場合も、右の座席表の下にある番号欄の数式をコピー＆貼り付けし直せば修正できます。

図 Appx-8 縦の座席枠を増やして、右の座席表のズレを修正する

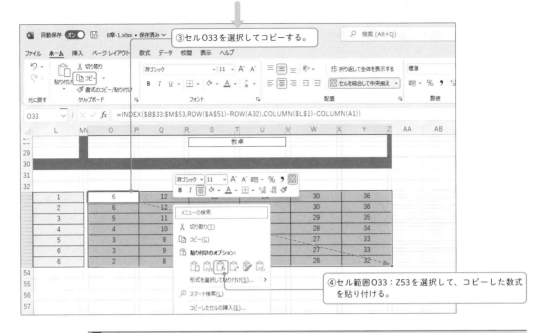

③セルO33を選択してコピーする。

O33　fx　=INDEX($B$33:$M$53,ROW($A$51)-ROW(A32),COLUMN($L$1)-COLUMN(A1))

④セル範囲O33：Z53を選択して、コピーした数式を貼り付ける。

> **memo** 座席枠にはフリガナと名前を表示するため、1つの枠に2行（2セル）を使っています。さらに座席枠の間にスペースを入れるため、座席枠2行とスペースの行の合計3行をまとめてコピーします。また、番号入力欄は座席枠と対応しているため、位置がずれないように3行ずつセルを結合しています。

　このように、座席枠を増やして右の座席表にずれが生じた場合には、右の座席表の下にある番号欄で左上のセルの数式をコピーし、番号欄全体にその数式を貼り付けます。

図Appx-9 縦の座席枠を増やした座席表の例

▶反転表示に対応した座席表の数式と関数

サンプル
ファイル　8章-11.xlsx

　ここでは、座席表を反転するための数式について解説します。使用している関数は、INDEX関数、ROW関数、COLUMN関数です。

　INDEX関数は指定したセル範囲から値を取得できますが、行目・列目の指定方法を工夫することで、表の形を変えて表示することもできます。

　それではINDEX関数とCOLUMN関数・ROW関数を組み合わせてみましょう。

> ▼**memo**　INDEX関数は279ページ、ROW関数とCOLUMN関数は241ページで説明しています。

図Appx-10 INDEX関数にROW関数とCOLUMN関数を組み合わせる

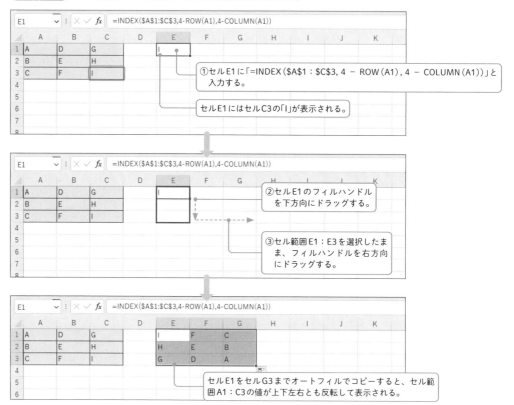

　セルE1の数式は、INDEX関数の第2引数の行も、第3引数の列も、「4」から「1」を引いた「3」を指定したことになるため、結果として3行目と3列目の交点の「I」を取得しています。

　この数式を下方向にコピーすると行目が3、2、1と減っていき、右方向にコピーすると列目が3、2、1と減っていきます。その結果、範囲に指定した表を反転した表が作成できます。

$$=INDEX(\$A\$1:\$C\$3, \underset{❶}{4 - ROW(A1)}, \underset{❷}{4 - COLUMN(A1)})$$

❶「ROW(A1)」は「1」なので、この例の第2引数は「4 - 1」で「3」になる。この数式を下方向にコ
   ピーすると、「4 - ROW(A2)」「4 - ROW(A3)」のようにセル参照がずれて、第2引数が「2」「1」
   と変わる。範囲で指定している表が3行のため、「4 - ROW(A1)」で1を引いて「3」になるよう
   に調整している。

❷「COLUMN(A1)」は「1」なので、この例の第3引数は「4 - 1」で「3」になる。この数式を右方向
   にコピーすると、「4 - COLUMN(A2)」「4 - COLUMN(A3)」のようにセル参照がずれて、第3
   引数が「2」「1」と変わる。範囲で指定している表が3列のため、「4 - COLUMN(A1)」で1を引
   いて「3」になるように調整している。

反転表示に対応した座席表では、INDEX関数の行目・列目の指定にさらに一工夫しています。

ここで注意したいのは、番号入力欄の行数と列数です。番号入力欄をよくみると、縦3行・横2列の
セルを結合したセルに1つの番号を入力していますので、見た目には6行・6列の表ですが、実際には18行・
12列を使っていることになります。

図 Appx-11 番号入力欄を前後反転する

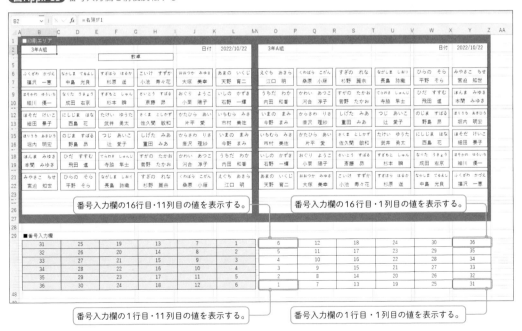

📓 もっと詳しく!

=INDEX($B$30：$M$47, ROW($A$45) − ROW(A29),
          ❶   ❷

        COLUMN($L$1) − COLUMN(A1))
                 ❸

❶ 範囲には番号入力欄を絶対参照で指定する。この例では3行・2列のセルを結合しているので、セル範囲B30：M47が番号入力欄の範囲となる。

❷ 番号入力欄の1行目の数字が入力されているのはセルB30、2行目はセルB33というように2行おきなので、6行目の数字が入力されているのはセルB45となる。セルB45は番号入力欄の中では16行目にあたるので、45から数字を引いて「16」となるように、行目には「ROW($A$45) − ROW(A29)」と指定する。これを下方向にコピーすると、「45 − 29 = 16」「45 − 30 = 15」… というように減っていく。

❸ 番号入力欄の1列目の数字が入力されているのはセルB30、2列目はセルD30というように1行おきなので、6列目の数字が入力されているのはセルL30となる。セルL30は番号入力欄の中では11列目にあたるので、12（L列はA列から数えて12列目）から数字を引いて「11」となるように、列目には「COLUMN($L$1) − COLUMN(A1)」と指定する。これを右方向にコピーすると、「12 − 1 = 11」「12 − 2 = 10」… というように減っていく。

> **memo** 行目、列目は「45 − ROW(A29)」「12 − COLUMN(A1)」としてもよいのですが、番号入力欄の右下の位置を45行目12番目のセル（L45）に固定してしまうと、座席枠を増やしたときに対応できません。ここで説明しているように、「ROW($A$45) − ROW(A29)」「COLUMN($L$1) − COLUMN(A1)」とすることで、座席枠の行や列を増やしても自動で番号入力欄の右下の位置を参照できます。

付録 2

校務に役立つ関数一覧

Excelには500個近い関数が用意されています。本書では基本的な関数から30個を紹介していますが、それ以外にも校務に役立つ関数はたくさんあります。ここではよく使う関数をまとめて紹介しましょう。

バージョン注意 の表示がある関数は Excel 2010 や Excel 2019、Microsoft 365 で追加されたもので、お使いの Excel のバージョンによっては使用できないことがあります。

参照 の表示がある関数は本書で紹介しています。参照ページもご確認ください。

AND関数

構文 =AND（論理式1,［論理式2］, … ）

指定したすべての引数が成立する場合（TRUEのとき）にTRUEを返す。IF関数の条件などにも使用できる。

ASC関数

構文 =ASC（文字列）

全角の英数カナ文字を半角の文字に変換する。引数には変換したい文字列や、文字列が入力されたセル参照などを指定する。指定した文字列に全角の文字がなければ変換されない。全角と半角が混在する文字列を半角で統一するときなどに便利。

AVERAGE関数   **参照** p.187

構文 =AVERAGE（数値1,［数値2］, … ）

引数の平均値を返す。引数には数値や、数値が入力されたセル参照などを指定する。

AVERAGEIF関数   **参照** p.200

構文 =AVERAGEIF（範囲, 検索条件,［平均範囲］）

「範囲」の中で「検索条件」に一致するすべてのセルの平均値を返す。第3引数の「平均範囲」が指定されていたら、「範囲」の中で「検索条件」に一致する行の、「平均範囲」の値で平均を求める。「平均範囲」が省略されていたら、「検索条件」に一致する「範囲」のセルの平均を求める。

AVERAGEIFS関数

構文 =AVERAGEIFS（平均範囲, 条件範囲1, 検索条件1,［条件範囲2, 検索条件2］, … ）

複数の検索条件を指定できる。「条件範囲」と「検索条件」をセットで指定し、すべての「検索条件」を満たす行について、「平均範囲」のセルの値の平均値を返す。引数の順番がAVERAGEIF関数と異なる点に注意。

COLUMN 関数

参照 p.241

構文 =COLUMN（[範囲]）

「範囲」に指定したセル参照の列番号を返す。省略した場合は数式を入力したセルの列番号を返す。

CONCAT 関数 バージョン注意

構文 =CONCAT（テキスト1,[テキスト2],…）

指定した文字列やセル範囲などの文字列をつなげて1つの文字列にする。

CONCATENATE 関数

構文 =CONCATENATE（テキスト1,[テキスト2],…）

指定した文字列やセル範囲などの文字列をつなげて1つの文字列にする。

COUNT 関数

参照 p.186

構文 =COUNT（数値1[,数値2],…）

指定したセルやセル範囲の中にある数値の個数を数える。

COUNTA 関数

構文 =COUNTA（数値1[,数値2],…）

指定したセルやセル範囲の中で空白ではないセルの個数を数える。

COUNTBLANK 関数

構文 COUNTBLANK（範囲）

指定したセル範囲の中にある空白セルの個数を数える。

COUNTIF 関数

参照 p.194、206

構文 =COUNTIF（範囲,検索条件）

指定した「範囲」の中で、「検索条件」に一致するセルの個数を数える。

COUNTIFS 関数

参照 p.210

構文 =COUNTIFS（条件範囲1,検索条件1,[条件範囲2,検索条件2],…）

複数の検索条件を指定できる。「条件範囲」と「検索条件」をセットで指定し、すべての「検索条件」を満たす行（セル）の個数を数える。

FIND関数

参照 p.130

構文 =FIND(検索文字列, 対象, [開始位置])

指定した「検索文字列」が「対象」の文字列の中で何文字目にあるかを調べる。大文字と小文字は区別する。検索文字列が見つからない場合はエラー値(#VALUE!)になる。「開始位置」を省略すると先頭の文字から検索する。

FREQUENCY関数

参照 p.216

構文 =FREQUENCY(データ配列, 区間配列)

「データ配列」や「区間配列」は、セル範囲や配列で指定する。「データ配列」のデータの頻度分布を、「区間配列」の間隔で計算して、列方向の配列(垂直配列)にする。配列数式として入力しなければならない。

HLOOKUP関数

構文 =HLOOKUP(検索値, 範囲, 行番号, [検索の型])

「範囲」の上端行で「検索値」を検索し、該当する列から「行番号」で指定した行のセルの値を返す。「検索の型」に「FALSE」を指定した場合は完全一致で検索を行う。「検索の型」に「TRUE」を指定するか省略した場合は近似値で検索を行う。このとき、「範囲」の上端行は左から右に昇順に並べ替えておく必要がある。

IF関数

参照 p.258

構文 =IF(論理式, [値が真の場合], [値が偽の場合])

「論理式」が正しい場合(真の場合)と正しくない場合(偽の場合)とで処理を分ける。第2引数と第3引数は省略することもできるが、わかりにくくなるため省略しないほうがよい。

IFERROR関数

参照 p.231

構文 =IFERROR(値, エラーの場合の値)

「値」に指定した数式がエラーの場合は「エラーの場合の値」を返し、エラーでなければ数式の結果を返す。

INDEX関数

参照 p.279

構文 =INDEX(範囲, 行番号, [列番号], [領域番号])

指定した「範囲」から、「行番号」「列番号」で指定した位置の値を返す。

INDIRECT関数

参照 p.259

構文 =INDIRECT(参照文字列, [参照形式])

「参照文字列」で指定した文字列を参照先とする。たとえばセルA1にシート名「1学期」が入力されている場合、「INDIRECT(A1&"!B1")」で「1学期」シートのセルB1を参照する。セルA1を「2学期」に変更すれば「INDIRECT(A1&"!B1")」で「2学期」シートのセルB1を参照するので、数式を修正しなくてもセル参照を変更できる。

JIS関数

構文　=JIS（文字列）

半角の英数カナ文字を全角の文字に変換する。引数には変換したい文字列や、文字列が入力されたセル参照などを指定する。指定した文字列に半角の文字がなければ変換されない。全角と半角が混在する文字列を全角で統一するときなどに便利。

LARGE関数

参照 p.276

構文　=LARGE（配列, 順位）

「配列」に指定したセル範囲などから、大きいほうから数えた「順位」の値を返す。

LEFT関数

参照 p.130

構文　=LEFT（文字列, [文字数]）

「文字列」の先頭（左端）から指定された「文字数」の文字を返す。「文字数」の指定にFIND関数を利用することも多い。

LEN関数

構文　=LEN（文字列）

「文字列」に含まれる文字数を返す。スペースも文字として数える。

MATCH関数

参照 p.277

構文　=MATCH（検査値, 検査範囲, [照合の種類]）

「検査範囲」から「検査値」を検索し、「検査範囲」の中で何番目の値かを返す。「照合の種類」を1にするか省略すると「検査値」以下の最大の値を検索する（「検査範囲」は昇順に並べ替えておく）。0にすると「検査値」と等しい値、－1にすると「検査値」以上の最小の値を検索する（「検査範囲」は降順に並べ替えておく）。

MAX関数

参照 p.189

構文　=MAX（数値1 [, 数値2], …）

指定した引数の値から、最大値を返す。

MEDIAN関数

参照 p.189

構文　=MEDIAN（数値1 [, 数値2], …）

指定した引数の値から、メジアン（中央値）を返す。

MID関数

参照 p.130

構文　=MID（文字列, 開始位置, 文字数）

「開始位置」から「文字数」分の文字を「文字列」から取り出す。

MIN関数

参照 p.189

構文　=MIN（数値1［, 数値2］, … ）

指定した引数の値から、最小値を返す。

OFFSET関数

参照 p.242

構文　=OFFSET（参照, 行数, 列数,［高さ］,［幅］）

「参照」のセルから指定した「行数」と「列数」だけ移動した位置を基準とする。「高さ」や「幅」を指定すれば、基準の位置から指定した「高さ」と「幅」のセル範囲を参照する。

OR関数

構文　=OR（論理式1,［論理式2］, … ）

指定した引数のどれか1つでも成立する場合（TRUEのとき）にTRUEを返す。IF関数の条件などにも使用できる。

PHONETIC関数

参照 p.133

構文　=PHONETIC（参照）

「参照」の文字列からふりがなを抽出する。

RANK関数

参照 p.192

構文　=RANK（数値, 参照,［順序］）

「参照」に指定したセル範囲で、「数値」で指定した値の順位を返す。「順序」に0を指定するか省略すると降順の順位、0以外の数値を指定すると昇順の順位。

RANK.EQ関数　バージョン注意

参照 p.190

構文　=RANK.EQ（数値, 参照,［順序］）

「参照」に指定したセル範囲で、「数値」で指定した値の順位を返す。「順序」に0を指定するか省略すると降順の順位、0以外の数値を指定すると昇順の順位。Excel 2010で追加された関数のため、それ以前のバージョンではRANK関数を利用する。

RIGHT関数

構文　=RIGHT（文字列,［文字数］）

「文字列」の末尾（右端）から指定された「文字数」の文字を返す。

ROUND関数

構文　=ROUND（数値, 桁数）

「数値」を四捨五入して指定した「桁数」にする。「桁数」に0を指定すると小数点以下第1位を四捨五入して整数に、正の値だと小数点以下の桁数、負の値だと整数部分の桁数の指定になる。

ROUNDDOWN関数

構文　=ROUNDDOWN（数値, 桁数）

「数値」を切り捨てて指定した「桁数」にする。「桁数」に0を指定すると小数点以下を切り捨てて整数に、正の値だと小数点以下の桁数、負の値だと整数部分の桁数の指定になる。

ROUNDUP関数

構文　=ROUNDUP（数値, 桁数）

「数値」を切り上げて指定した「桁数」にする。「桁数」に0を指定すると小数点以下第1位を切り上げて整数に、正の値だと小数点以下の桁数、負の値だと整数部分の桁数の指定になる。

ROW関数

参照 p.241

構文　=ROW（[範囲]）

「範囲」に指定したセル参照の行番号を返す。省略した場合は数式を入力したセルの行番号を返す。

SEARCH関数

参照 p.281

構文　=SEARCH（検索文字列, 対象,［開始位置］）

「対象」の文字列を左から検索し、「検索文字列」が最初に見つかった位置を数値で返す。「開始位置」を省略すると1を指定したとみなされる。

SMALL関数

参照 p.276

構文　=SMALL（配列, 順位）

「配列」に指定したセル範囲などから、小さいほうから数えた「順位」の値を返す。

SUM関数

参照 p.177, 184

構文　=SUM（数値1,［数値2］, … ）

指定した引数を合計する。

SUMIF関数

参照 p.197

構文　=SUMIF（範囲, 検索条件,［合計範囲］）

「範囲」の中で指定した「検索条件」に一致するセルを検索し、同じ行の「合計範囲」のセルを合計する。「合計範囲」を省略した場合は「検索条件」に一致する「範囲」のセルを合計する。「検索条件」にはワイルドカードや比較演算子を利用できる。

SUMIFS関数

構文　=SUMIFS（合計範囲, 条件範囲1, 検索条件1,［条件範囲2, 検索条件2］, … ）

複数の検索条件を指定できる。「条件範囲」と「検索条件」をセットで指定し、それぞれ「条件範囲」から「検索条件」と一致するセルを検索して、すべての条件を満たす行の「合計範囲」のセルの値を合計する。SUMIF関数とは「合計範囲」を指定する順番が異なる点に注意。

TEXT関数

構文　=TEXT（数値, "表示形式のコード"）

指定した「数値」を、指定した表示形式で表示する。「表示形式のコード」は文字列のため「"」でくくる。日付（シリアル値）から曜日を表示したい場合などに便利。たとえば「"yyyy/m/d（aaa)"」とすれば「2023/12/5(火)」、「"aaaa"」とすれば「火曜日」などと表示できる。

表Appx-1　よく使う日付の表示形式のコード

内容	表示形式の コード	表示例
年	"yy"	00〜99
年	"yyyy"	1900〜9999
月	"m"	1〜12
月	"mm"	01〜12
月	"mmm"	Jan〜Dec
月	"mmmm"	January〜December
月	"mmmmm"	J〜D

内容	表示形式の コード	表示例
日	"d"	1〜31
日	"dd"	01〜31
曜日	"ddd"	Sun〜Sat
曜日	"dddd"	Sunday〜Saturday
曜日	"aaa"	日〜土
曜日	"aaaa"	日曜日〜土曜日

TODAY関数

p.227

構文　=TODAY（）

現在の日付をシリアル値で返す。セルの書式設定やTEXT関数で表示形式を指定できる。

TRIM関数

構文　=TRIM（文字列）

単語間のスペースを1つ残して、指定した「文字列」から不要なスペースを削除する。

VLOOKUP関数

p.227

構文　=VLOOKUP（検索値, 範囲, 列番号, ［検索の型］）

「範囲」の左端行で「検索値」を検索し、該当する行から「列番号」で指定した列のセルの値を返す。「検索の型」に「FALSE」を指定すると完全一致で検索を行う。「検索の型」に「TRUE」を指定するか省略すると近似値で検索を行う。このとき、「範囲」の左端行は上から下に昇順に並べ替えておく必要がある。

XLOOKUP関数　**バージョン注意**

構文　=XLOOKUP（検索値, 検索範囲, 戻り値の範囲, ［見つからない場合］, ［一致モード］, ［検索モード］）

「検索範囲」から「検索値」を検索し、該当する行の「戻り値の範囲」の値を返す。一致するものがない場合は、「見つからない場合」が指定されていればその文字列、省略されていればエラー値#N/Aを返す。
また、「一致モード」に0を指定するか省略すると完全一致、1を指定すると次の大きな値、−1を指定すると次の小さな値を返す。「検索モード」は1を指定するか省略すると先頭から検索を行い、−1を指定すると末尾から検索を行う。

付録2　校務に役立つ関数一覧　　299

索引

■ 著者紹介
久保 栄（くぼ さかえ）
東京藝術大学音楽学部卒業。私立中高一貫校で20年余り教員勤務を経たのち、ITエンジニアに転身。
教員時代は広報部長、ICT推進委員長、芸術科主任等を務める。新任時代から日々の授業準備、部活動指導、校務分掌の業務に過大な時間を費やす。業務の軽減化、学校組織の在り方、教員の働き方に疑問を抱き、教員一人に任される仕事の量と重さの改善策を模索しながら取り組んできた。広報部長を務めた際には、データによるエビデンスに基づく広報活動を進めることで入学者数を伸ばし、学校の再建に貢献する。教員の働き方改革、校務支援の推進、ICT教育が進んでいる昨今、教育現場におけるデータリテラシーのベースライン向上の重要性を提唱している。
作成したExcel関連のツールは、これまで『一瞬で仕事が片づく!エクセル時短ワザ』『仕事がはかどるExcelプロの達人ワザ』(学研プラス)他多数の書籍・雑誌に掲載されている。

[Webサイト] https://excel.syogyoumujou.com/

■ 監修者紹介
大村 あつし（おおむら あつし）
ExcelとVBAの解説を得意とするテクニカルライター。
ExcelやVBAの解説書はおよそ30冊出版しており、その解説のわかりやすさと正確さには定評がある。過去にはAmazonのVBA部門で1〜3位を独占し、同時に上位14冊中9冊を占めたこともあり、「今後、永遠に破られない記録」と称された。国内最大級のMicrosoft Officeのコミュニティサイト「moug.net」の創設者で、徹底的に読者目線、初心者目線で解説することを心掛けている。また、2003年には新資格の「VBAエキスパート」を創設。20万部のベストセラーとなった『エブリ リトル シング』(講談社)など小説家としても活動中。主な著作は『新装改訂版 Excel VBA 本格入門』(技術評論社)、『超時短!魔法のExcel関数』(秀和システム)など多数。

教師のExcel
（きょうし　エクセル）

校務(個人業務+チーム業務)カイゼンのためのデジタルリテラシー
（こうむ　こじんぎょうむ　ちーむぎょうむ）

2024年　2月2日　初版　第1刷発行

著　者	久保 栄（くぼ さかえ）
監修者	大村 あつし（おおむら あつし）
発行者	片岡 巌
発行所	株式会社技術評論社
	東京都新宿区市谷左内町21-13
	電話 03-3513-6150 販売促進部
	03-3513-6166 書籍編集部
印刷／製本	昭和情報プロセス株式会社

定価はカバーに表示してあります。

■ カバーデザイン
喜來 詩織（デザイン事務所エントツ）

■ 本文デザイン+レイアウト
田中 望（Hope Company）

ISBN978-4-297-13963-6　C3055

Printed in Japan

■ お問い合わせについて
本書の運用は、お客様ご自身の責任と判断において行ってください。本書に掲載されている操作手順や、ダウンロードしたサンプルファイル等の実行によって万一損害等が発生した場合でも、筆者、監修者および技術評論社は一切の責任を負いかねます。
本書の内容に関するご質問は、弊社Webサイトのお問い合わせフォームからお送りください。そのほか封書もしくはFAXでもお受けしております。
ご質問は本書の内容に関するものに限らせていただきます。本書の内容を超えるご質問にはお答えすることができません。あらかじめご了承ください。
なお、サンプルファイルのダウンロード方法や訂正情報は、https://gihyo.jp/book/2024/978-4-297-13963-6/support に掲載します。

■ 宛先　〒162-0846
東京都新宿区市谷左内町 21-13
株式会社技術評論社　書籍編集部
「教師の Excel」質問係
■ Web　https://gihyo.jp/book/2024/978-4-297-13963-6
■ FAX　03-3513-6183